高尔夫球场设计

高尔夫球场设计

[美] 罗伯特·穆尔·格雷夫斯
　　　杰弗里·S·科尼什 著

杜鹏飞　　李蕊芳
孟　宇　　王崇烈 译

中国建筑工业出版社

著作权合同登记图字：01-2003-3663 号

图书在版编目(CIP)数据

高尔夫球场设计／（美）格雷夫斯，科尼什著；杜鹏飞，李蕊芳，孟宇，王崇烈译．
北京：中国建筑工业出版社，2005
ISBN 978-7-112-07518-8

Ⅰ．高… Ⅱ．①格…②科…③杜…④李…⑤孟…⑥王… Ⅲ．高尔夫球运动－
体育场－建筑设计 Ⅳ．TU245.1

中国版本图书馆 CIP 数据核字（2005）第 076706 号

Copyright © 1998 by John Wiley & Sons, Inc.
Chinese Translation Copyright © 2006 by China Architecture & Building Press
All rights reserved.
GOLF COURSE DESIGN / ROBERT MUIR GRAVES, GEOFFREY S. CORNISH

本书由 John Wiley & Sons 出版社授权翻译、出版

责任编辑：董苏华　戚琳琳
责任设计：郑秋菊
责任校对：李志立　张　虹

高尔夫球场设计
［美］罗伯特·穆尔·格雷夫斯　著
　　　杰弗里，S．科尼什
　　杜鹏飞　　李蕊芳　译
　　孟　宇　　王崇烈

*
中国建筑工业出版社出版、发行（北京西郊百万庄）
各地新华书店、建筑书店经销
北京嘉泰利德公司制版
廊坊市海涛印刷有限公司印刷
*
开本：850×1168毫米　1/16　印张：27½　字数：680千字
2006年1月第一版　　2014年8月第六次印刷
定价：**88.00元**
ISBN 978-7-112-07518-8
　　　（13472）

版权所有　翻印必究
如有印装质量问题，可寄本社退换
（邮政编码　100037）

本社网址：http://www.cabp.com.cn
网上书店：http://www.china-building.com.cn

目　录

序
前言
致谢

第一部分
高尔夫运动和球场

第一章　高尔夫运动的历史演变和高尔夫球场设计　　3
　　　　Robert Muir Graves, Geoffrey Cornish, and Thomas A.Marzolf

第二章　规划设计球场　　23
　　　　Robert Muir Graves, Geoffrey Cornish, and Ronald G.Dodson

第三章　选择场地和设计路线以及计算机的应用　　53
　　　　Robert Muir Graves and Geoffrey Cornish

第四章　高尔夫球洞的设计　　83
　　　　Robert Muir Graves, Geoffrey Cornish, and Desmond Muirhead

第五章　高尔夫球场的改造规划　　127
　　　　Robert Muir Graves and Geoffrey Cornish

第六章　规划毗邻的房地产　　137
　　　　Kenneth DeMay, FAIA

第七章　练习设施、小场地和凯门高尔夫球　　165
　　　　Robert Muir Graves, Geoffrey Cornish, and William W.Amick

第二部分
建造和增长

第八章　建造高尔夫球场　　185
　　　　Robert Muir Graves and Geoffrey Cornish

第九章　排水　　207
　　　　Robert Muir Graves and Geoffrey Cornish

第十章	高尔夫球场的灌溉 James McC. Barrett	225
第十一章	废弃地上的高尔夫球场 William W.Amick	239
第十二章	高尔夫球场草坪铺设 Robert Muir Graves, Geoffrey Cornish, John H.Foy, James Francis Moore, and Norman Hummel,Jr.	245
第十三章	高尔夫球场的草种选择 James T.Snow	275
第十四章	建造的方法、设备和物品：从建造者的观点 W.Gary Paumen, with Richard H.Elyea, Virgil Meier, Dean Mosdell, and Christine Faulks Compiled by the Golf Course Builders Association of America, Executive Vice President: Philip Arnold	295

第三部分
高尔夫球场设计的运营

第十五章	高尔夫球场的资金运作 Richard L.Norton	311
第十六章	组建团队进行管理监督 The L.A.Group S.Jeffrey Anthony, Barbara B.Beall, and Kevin J.Franke	327
第十七章	高尔夫球场建造事务 Robert Muir Graves and Geoffrey Cornish	349
第十八章	高尔夫球场设计师的培训 Robert Muir Graves, Geoffrey Cornish, and Mark A.Mungeam	365
附录 A	设计准则	375
附录 B	设计实践	379
附录 C	球场设计专用符号	389

资料来源	难以查找的书籍资料	395
	草种科学教材	
	社团组织和图书馆	
	小册子和录像带	
	电子资源	
参考文献		399
术语表		405
译后记		425

序

有一个关于高尔夫球场设计师的小秘密,也许你不会从我的好朋友,格雷夫斯和科尼什写的这本书里知道。

那就是这两位设计师的从业时间之长。

他们从事这方面的设计工作已经很久了,尤其是对于我们这些年岁较轻的人而言,似乎他们是在一直干这件事。格雷夫斯设计高尔夫球场的时间,要比杰克·尼克劳斯赢得比赛的时间要长,更是长于保罗·纽曼拍电影的时间,甚至比阿拉斯加和夏威夷成为我们的一个州的时间还长。科尼什从业开始于你可以用十个点去细石海岸玩一场高尔夫比赛的年代,那时奥古斯塔不过初见规模,杰克·肯尼迪的俱乐部也只值一个零售摊而已。

格雷夫斯和科尼什在这本书里介绍了高尔夫设计的一切知识,除了如何在这方面经营出一份漂亮的、成功的、长久的职业。

当然了,正是他们在这方面的常年的经验积累,使得他们成为了高尔夫设计的出色的教师。他们已经做到了。

科尼什,加拿大人,在著名的斯坦利·汤姆森监护学校中长大。在1950年代早期,格雷夫斯发现在新英格兰地区缺少一个高尔夫球场,于是他就系统地在当地建设了一系列的可能的球场。他建造了美国的真正的短式球场之一,鳕海角的蓝色岩石三号,以及全美范围内堪称最长的球场,8300码(7590m)长的马萨诸塞州的波尔顿国际球场。他在岩石的地基上建造了不同档次的高尔夫球场,包括档次很高的球场。无论他走到哪里,他都会从一无所有的状态中开创出可供娱乐发展的可能性。

格雷夫斯,来自密歇根州,在密歇根州立大学和伯克利大学学习景观建筑学,正赶在全国性的动荡时期之前十年毕业,然后就在桃木小溪定居下来,从那里可以俯瞰整个西海岸。他曾经在海边的峭壁上,在马来群岛的沼泽中,通过砍伐杜科波尔杉树开辟航道,移植橡树的办法,建造了那个国家最可爱的一个高尔夫球场"战栗山林"中最艰难的一个,拉·泊尔维西马。他走到任何地方,都会创造美丽。

他们两位没有在建造高尔夫球场上有过合作,但是30年以后,他们共同追求的事业把他们拴到了一起。在同一年,1967年,他们都成为美国高尔夫球场设计建筑师协会的会员,而且格雷夫斯在1974年成为该会主席,科尼什在第二年接任主席。

在两人的共同努力下,他们曾经激励、训练、提拔甚至资助过很多有激情的高尔夫球场设计师,在这点上他们做得比任何其他人都好。他们在近20年来,一直在四处游历,从哈佛大学的讲堂到拉斯韦加斯一带,进行为期两天的高尔夫球场设计教程。这个方式取得了巨大的成功,吸引了包括监督人、俱乐部成员、绿色环保组织、作家甚至心脏病专家在内的很多人,向他们每一个人讲述和表达了高尔夫球场设计是所有运动中最有创造性、最迷人的工作。

这本书,实际上,是这些教程的一些副产品。就好像是格雷夫斯和科尼什两人在课堂上的巧妙的讲述一样,这本书教给我们怎样用不同的眼光和方法来看待高尔夫球场设计。不管你是把高尔夫球场设计看成一项艺术、一种科学,还是毕生的研究学习,它都会告诉你很多东西。它使得我们梦想成为高尔夫球场设计者。

这本书无论如何是很值得一读的,虽然它没有告诉我们怎样像格雷夫斯和科尼什一样活得长寿。

罗纳德·E·惠滕

前　　言

本书介绍了高尔夫球场设计的基本内容和参数。书中用图示和叙述性的文字勾画出了如何创造一个激动人心的、有纪念性的、可持续发展的高尔夫球场，而后者是对于环境和社区作用的一个重要方面。

高尔夫运动没有对于球场的严格的尺寸和标准的规定，凡是设计过高尔夫球场（或者曾经打过高尔夫球）的人，都一定对于球场应该是什么样子有自己的想法。而恰恰是高尔夫球场的多样性本身，也构成了高尔夫运动令人迷恋、持久不衰的原因之一，也正因为此，高尔夫球场设计才成为了所有职业中最吸引人的职业之一。

如今的高尔夫球场设计实践本身更是处于一个技术进步和全球化经济飞速发展的时代。在我们生活的各个方面都发生了显著的变化，变化之大，是文艺复兴和工业革命以后所无可企及的。古典的皇家的高尔夫打法及其对应球场，在这个变化迅速的过程中，逐渐成熟，并提供了一些稳定性。

当然了，一些游戏的规则也已经发生了变化。器械装备的技术进步，加上对于环境质量的日益关照，给高尔夫球场设计不断提出挑战。我们在第一部分中都论述了这两方面的影响，并在全书中给予贯彻。

我们认识到，无论是在杰出的设计或是仅仅在功能性的设计中都会有天赋，甚至是天才的影子。但是，积累了将近一个世纪的经验，我们终于发现天赋或天才，它是坚韧、辛勤工作、经验，以及对于知识和可利用资源的理智的应用的结果，而不像是很多建筑师展示出来的所谓的内在的东西，除非这种"内在"的东西指的是实践中的决断和能力。

没有什么东西可以取代建筑师用铅笔画草图的扎实的设计研究。但是相关练习也是学习过程的一部分，这是我们在哈佛大学设计研究院和为美国高尔夫球场监督委员会开设的高尔夫球场设计课程中发现的。在这本书的附录B中，我们列出了这种设计训练。我们敦促读者接受这一挑战，并且熟练掌握。

一位高尔夫球场设计师的知识面一定比单纯设计球场所需要的要多。我们在这本书里，还是主要把精力放在了介绍深入的球场设计知识，同时平行介绍相关的重要领域，如植草、灌溉、周边房产运作、资金运营、建造，以及如何使得球场成为野生动植物的栖息地。很多相关领域的专家们，对我们的这些章节都作出了重要的贡献。

而且，我们发觉了一个设计师的持久伟大的创造，也要求助于场地的精细的管理，而这方面，我们除了草皮的养护以外，没有涉及太多。

我们对待环境问题在某种程度上类似于把环境看作是建造高尔夫场地的背景。这里有很详尽的环境问题的设计性说明，就像前面所说的其他问题一样。

我们的编辑人员的介绍，设计术语的词汇表——也许是这个主题的最完整的版本——以及参考书目表都在书后附录。附录A中还列出了在我们艺术形式设计中颇有影响的三位设计师所撰写的设计准则，被称为"设计秘诀"，这是一些基本的、永远有用的东西。

著名的高尔夫球场设计师罗伯特·特伦特，曾经指出我们这个职业的从业者在广阔的大地上创造了一种艺术形式，也就是建造了为这项运动服务的最基本的球场。

高尔夫球场设计者总是在他们的创造工作中表达了内心深处的价值观，虽然在工作中，他们总是要在这种和那种价值观中作出选择。在实践他们的自由（托马斯·法伊佐）的过程中所表达的完整性（罗纳德·E·惠滕），很大程度上依赖于他们的眼界（托马斯·多克）和判断力。努力的结果便是一件艺术品，它的创作者，一旦认定它是最好的，就会忽视一些规则，这些规则在本书中都有介绍，而他们则要对他们自己的行为负责。

半个世纪前，1947年，刚刚经历了那场将要把我们的艺术毁灭的第二次世界大战，一群富有创意的建筑师集会成立了美国高尔夫球场设计师协会。自从高尔夫球从苏格兰引入以后的几十年来，已经得到了惊人的、明显的、无限的发展，涌现了许多富有创造性的令人印象深刻的高尔夫球场的规划设计。

对于将来重要的是严谨负责地去做教育和研究，做得出色，以及对于环境和社会的负责任的行为，最终设计出好的高尔夫球场。相信21世纪将会给高尔夫球场设计师比以往任何时候都多的机会。

罗伯特·穆尔·格雷夫斯
杰弗里·S·科尼什

致　　谢

　　这本书是汇集了13年来每年一度在哈佛大学夏季继续教育课程名义下开办的研讨会的内容而成的，该继续教育课程由负责外事事务的副院长威廉·桑德组织领导。同时，这本书也参考了美国高尔夫球监督管理协会在过去14年中举办的一系列讲座的成果。

　　除了本书作者的杰出贡献以外，我们衷心感谢美国高尔夫球场设计协会所有成员的热心帮助，以及优秀的管理秘书人员保罗·福莫和妻子桑德拉的工作。我们也要感谢保罗的助手，查德·瑞特布什，他在美国高尔夫球场设计协会的相关工作中以极大的热情，克服了众多困难。实际上，美国高尔夫球场设计协会所有成员的善意合作促成了这本书的诞生，我们由衷地感到他们几千年来积累延续至今的智慧和经验，在这里得到了集中的体现。

　　我们与英国高尔夫球场设计协会有着长期合作关系并从中受益，其间我们聆听了众多公证人的演讲，包括弗雷德·郝瑞及其儿子马丁·郝瑞（郝瑞家族在高尔夫球场设计方面的第三代传人）、设计师及作家汤·斯特林，以及实践了世界观光旅行家马肯锡和艾莉森的传统理念的霍华德·斯文。

　　两位作家也帮助了我们的工作。如果没有马萨诸塞州阿默斯特的兼职专业作家瓦莱丽·菲斯，我们不可能完成本书。他不顾日常工作的繁忙，额外地担负了大量的准备工作。作为一名优秀作家以及《佛蒙特州高尔夫》、《新汉普郡高尔夫》、《纽约高尔夫》杂志和《新英格兰高尔夫系列图集》的主编，佛蒙特州木桥地区的鲍勃·拉本斯帮助我们在丹·希瑞（本书的策划者）给定的最后期限之前完成了工作。在工作中我们得到了俄亥俄州玛丽韦勒斯科特种子公司的丁勒·韦伯的大力帮助，感谢她帮助我们找到了她们公司两位杰出的科学家协助我们浏览和编辑了有关种子和肥料筛选和购买方面的技术资料。

　　我们也要感谢加利福尼亚州胡桃木小溪格拉夫和帕斯库卓公司的达米·帕斯库卓，他帮助格拉夫完成了很多工作，使他能够有精力从事本书的撰写工作。我们还要感谢威而顿的马汉CAD设计公司，使大量草图形成成图。查理·马汉和达米·帕斯库卓都努力扩展CAAD的应用范围，增加其在高尔夫球场设计工作中的影响。

　　美国高尔夫基金会主席兼首席执行官周瑞弗·贝德茨，对我们的众多请示给予了帮助。他委托基金会的理查德·诺顿和凯瑟琳·萨登斯分别准备了一章和附录部分。

　　最后，我们还要感谢著名的植物生理学家西奥多·考茨罗斯基，他曾经写过25本教科书，现在正在加利福尼亚州大学伯克利分校的自然资源学院作访问学者。我们不仅要感谢他在教科书中提供给我们以及后代的众多实例，而且还要感谢他在贯穿我们工作重要阶段前后数年间给予我们的鼓励和帮助。

第一部分

高尔夫运动
和
球　场

第一章

高尔夫运动的历史演变和高尔夫球场设计

> 英国的高尔夫运动在塑造经典方面做得淋漓尽致,必须好好研习才能把握它的最卓越和大胆的特性。但即便如此,它也还有很多改进的余地。
>
> 摘自《苏格兰的馈赠：高尔夫》,1928 年,查尔斯·布莱尔·麦克唐纳(1856—1939 年)

高尔夫运动一方面起源于苏格兰,起伏的坡地上散布着可供畜牧的酥油草和金雀花,另一方面起源于英格兰小岛的周边海岸线上。经过了大约 500 年的或者更长的时间,高尔夫运动已经发展成熟为全世界的一种休闲娱乐活动,还是很多人的生活主体。

作为一项有配套设施的休闲运动,高尔夫早在罗马帝国时期就开始流传了。那时候,同时风靡的有意大利的铁圈球运动,比利时和法国的科尔运动,荷兰的箝玟,有人说高尔夫运动正是在荷兰开始流传的。所有这些,除了苏格兰的运动,都已经消失了。

早期苏格兰的起源

风和气候条件,对于高尔夫的发展是至关重要的,就像对于苏格兰地区人们生活的影响一样。影响同时期高尔夫球场设计的因素有：

- 植被情况：金雀花,石南花,还有球场专用草混杂着,兼有大片的牧草,其中以酥油草为主。
- 地景状况：没有树木,也没有活水的池塘,这些都不会使得运动更加有趣,反而容易扫兴。
- 天气情况：带有咸味的空气,使得大片的草能够保持静止不动而直立,这样才能够很好地支撑早期外边包着皮革的高尔夫球,在皮革球之前曾经出现过木头做的球。
- 土壤状况：要偏碱性一点,有很好的灌溉,而这种碱性、高尔夫球和灌溉三者之间的神秘关系,一直流传到今天。
- 风：经常起飓风,牲畜不得不在山凹里寻找庇护,成群聚集的牲畜,把草地践踏成了一块一块的凹凸不平的状况,而这恰恰增加了在其间打球人的难度和兴致。
- 凹凸的土地：坑越深的话越容易被飓风更多地侵蚀,高尔夫球落进坑里的机会就会越来越多,还有一些坑是因为当地居民为筑造家里的花园而挖掘海边的岩石而形成的。
- 纬度较高：使得在夏天有很长时间的日照,人们能够从早晨很早的时候开始玩,一直到晚上很迟的钟点。

英国高尔夫运动的流传

自从 15 世纪高尔夫运动在苏格兰兴起,就一直没有著名的设计师的参与。直到 19 世纪中叶,皮革做的球,才被杜仲胶质球所代替。在苏格兰的圣安德鲁斯,空场被扩大,用以容纳更多的高尔夫运动需求,因为这种杜仲胶质球更加有活力、便宜而且经久耐用。同时,英国铁路建设的高速发展,使得人们能够从像伦敦这样的大城市方便地来这些球场,观看著名的职业性比赛,而只要花费一天甚至更少的时间。

在英国,最早玩高尔夫的是 17 世纪的苏格兰移民,他们不但在伦敦附近,而且还远至爱尔兰南方都伯林的大农庄玩球。但是这些早期的高尔夫运动场没有一个保存至今。真正的高尔夫运动是在 19 世纪后半叶才从苏格兰流传到英格兰的。开始的时候还是延续着在海边发展,但是很快就转移到了内陆的一些地方。刚开始,人们遇到了较硬的土壤,不适应高尔夫球运动的开展,而且那个时代人们很少知道关于土壤管理、种植管理、用人工方法对其加以改良的知识。

专业的高尔夫球场设计者很快就在发现适合的土地并改造成为能够提供良好运动场所的球场方面凸现出来,成为专门的设计师。早期的英格兰的三位设计者是艾伦·罗伯逊,汤姆·莫里斯,汤姆·邓恩,他们都被誉为"专业的绿色的维护者"。

艾伦·罗伯逊(1815—1859 年),来自圣安德鲁斯,是最早的著名的高尔夫球场设计者,他的第一个项目是"空洞道路",17 世纪在圣安德鲁斯的"老球场",是他在家乡的作品,他在设计中创造了在古老的球场使用巨型双道的先例,同时加宽了场地。他在苏格兰很多地方建造了球场,包括在巴里安格斯的球场,最终发展成为今天的卡诺斯提(Carnoustie)。

罗伯逊的继承者,汤姆·莫里斯,在高尔夫运动的世界中被人们美誉为"老汤姆"。他在苏格兰、英格兰、威尔士和爱尔兰,都建造了大量的高尔夫球场,数目之多远远超过了他的老师。他还同时继续了老师罗伯逊在圣安德鲁斯的球场的建造和改良,尤其是在双道和拓宽的球场方面。莫里斯的项目包括威尔士的"穆尔田地"、"皇家乡村"、道纳克和皮黑里,以及在圣安德鲁斯的新朱比力球场。

汤姆·邓恩(1849—1902 年),也许是 19 世纪最后一个 10 年最活跃的高尔夫球场设计师了,虽然老汤姆也许是最富盛名的。汤姆·邓恩的最大贡献就是创造了一系列的功能性的设计,主要是位于内陆,可以供新手很好地从事于这项运动。

但是,直到 20 世纪就要开始的时候,仍然有很多设计师认为真正能很好娱乐的球场还是位于海滩上的那些。不久,人们就发现位于伦敦不远处的欧石南丛生的荒野,充满了沙土,也是理想的高尔夫运动场所。

汤姆·邓恩也在欧石南丛生的荒野上创造了几个高尔夫球场,但是欧石南丛生的荒野为主导的高尔夫时代也在走下坡路。一群有创造力的设计师,对欧石南丛生的荒野加以整治,移去了土壤,重新建造出特色。

在苏格兰建造了好几个高尔夫球场的小威利·帕克,以及 H·S·科尔特,W·H·福勒,J·F·阿伯克龙比,是那个时代的四位有名的设计师。他们的设计作品蕴涵了一整套的方法以整治场地并达到设计满意的程度。

高尔夫运动传到了北美

所有这些设计师，除了阿伯克龙比，都跨海和苏格兰的设计师合作，而苏格兰的设计师则在更早的时候，就已经在新世界中设计球场了——1872年，高尔夫运动就流传到了加拿大，而在大约十年以后流传到了美国。在20世纪刚刚开始的时候，当橡皮内核的球被引进时，美国的高尔夫球场已经在数量上超过了英国。

虽然那时北美的高尔夫球场也是由苏格兰的著名设计师和园艺师设计建成的，但是无论在设计的趣味方面，还是在最终运动本身的休闲性方面，都不及当时苏格兰海边的和英格兰中心地带的高尔夫球场。这也为后来由美国的和英国的设计师在广阔的北美土地上建造有地标性质的高尔夫球场，留下了余地。

1890年代，查尔斯·布莱尔·麦克唐纳就在芝加哥地区设计高尔夫球场了。他在1892年在贝尔蒙为芝加哥高尔夫俱乐部设计了头九个洞，又在第二年接着设计了九个洞。

生于加拿大，长于芝加哥，毕业于苏格兰大学的查尔斯·布莱尔·麦克唐纳不愧为实践"高尔夫球场设计师"这一称号的先驱者，被誉为"美国高尔夫球场设计之父"。1911年他自己的美国全国性高尔夫球场在长岛落成。它的成功导致了美国很多已经建成的高尔夫球场的改造——可能还影响到了英国的球场——而它的优良的品质，也为后来建设的球场提供了楷模。

1913年，年轻的美国业余高尔夫球手弗朗西斯·乌伊梅击败英国著名的职业高尔夫球手瓦登和雷，赢得了在马萨诸塞州的溪流乡村俱乐部举行的全国公开大奖赛，这更是把美国的高尔夫运动推向了高潮。在这之前，美国的高尔夫运动只是沿袭了古老的大英帝国的方式，也大多分布在英国人聚集的地方。1913年之后，它迅速地成为了美国本土化的运动，并且开始随着美国的社会和经济的潮流而发生着涨落。

在繁荣的1920年代，高尔夫运动一直在扩展着：华丽的设计进入了球场中，主要是在美国的土地上，可以找到资金，而地产的投资成本相对也较低，很多理想的土地被开发出来做球场。著名的北美高尔夫球场设计师，包括A·W·蒂林哈斯特，斯坦利·汤普森，唐纳德·罗斯，威廉·弗林，还有英国的哈里·科尔特，查尔斯·艾莉森，阿利斯特·麦肯齐，都在大西洋沿岸的各个州，建造了自己的杰作。

但是，1930年代的经济萧条，以及紧接着的第二次世界大战，阻碍了高尔夫运动的扩展。尽管，根据全国高尔夫运动基金会的数据，从1930年代起，到二战结束，共有1000个新的高尔夫球场在北美建造起来，但是在此期间还有很多原有的球场关闭了，所以总体来说，1953年全国的球场数要比1929年的少。

发展的时代：从1950年代到现在

朝鲜战争以后，高尔夫运动开始了另一个高速发展的时期，也就是经常被人们提到的罗伯特·特伦特·琼斯的时代。琼斯在全世界设计了400多个球场，对于高尔夫球场设计的影响，在历史上无人能比。

战后的发展一直持续到今天，除了在1974年至1982年间，客观经济条件的劣势，导致了高尔夫球场建设投资的不充分。但是1982年以后高尔夫球场的建设，重新又在北美、欧洲、日本和世界的其他地方，迅速地发展起来。充足的资金资助，使得很多设计独特的球场涌现，而且施工和维护的质量也愈来愈高。

高尔夫球场设计的历史，是和球场的开辟建造紧密相关的（表1.1）。凯瑟琳·萨德思，美国高尔夫基金会的高级研究员，根据每十年美国新开辟的球场的数量统计编撰了这个表，美国国家统计数据并不能提供全国15000个新增球场的各自的建造时间，而且那个表也不包括面向媒体开放的球场。比如说，1990年至1994年每年新建和扩建的球场的数量分别是289、351、354、358和381。这是美国高尔夫基金会提供的数据。在1995年有500个新建球场。

1980年代和1990年代的球场设计中景观效果的改善和改良方面，进步显著。但是同时，对于环境的关注也在不断提高。对于必需条件的审查，经常包括湿地问题，使得很多基地被禁止用作球场（图1.1）。设计师接受了这些挑战。在1980年代，很多高尔夫运动加居住地综合体，被设计和建造，主要是分布在美国。虽然其中的很多居住建筑并不是很成功，但是球场却无一例外地取得了很好的效果。

1970年代由保罗·皮特和艾丽斯·戴伊所倡导的夫妻队受到了越来越多的关注，在其影响下，高尔夫球场的设计重新又回到了海边，但是这一次主要是在北美。戴伊的风格需要大量土壤的移动和堆积，设计师早就在巧妙地利用地形和土壤模仿出自然形成的风貌，那是一种充满刺激和乐趣的苏格兰风格，即使如此，谁也没有达到戴伊的艺术性的高度。戴伊的创造新的地形的实践是和唐纳德·罗斯的相反，罗斯是1920年代高尔夫球场设计实践的鼻祖，他坚信"上帝创造了高尔夫球洞，设计师的任务是要发现它们"（图1.2）。

表1.1
新开辟的球场数

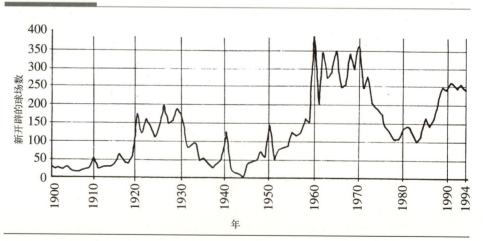

注：有关全国的高尔夫球场的开放时间的数据，是无从获得的。这些数据不包括现存球场的扩建，1990年到1994年每年新建和扩建的球场的数量分别是289、351、354、358和381，1995年和1996年的新建球场和扩建工程的总量分别是468和442。大约有1000个球场并没有关于开放时间的记录。

数据来源：全国高尔夫基金会，高级研究协会，凯瑟琳·萨德思。

图1.1 位于华盛顿州的港口球场设计巧妙,三块标准场地散布在森林、谷地中,被繁茂的林木所包围。

图1.2 位于俄勒冈州本德的韦基溪流球场,建造在一块相对较平的场地上,少量地借用了一些其他地方的土壤,造成一些起伏。

  无论如何,戴伊的雕塑式的设计风格确实吸引了很多人来到高尔夫球场。球场的视觉的冲击力成为那个时候的一个规则,应用巨型卵石、罐状的堡石、木质的隔水壁和其他有浓重苏格兰海岸风格的方法。高尔夫球场继续成为提高周边房产、土地价值的引导因素,因为生活质量有所提高,并且为多种野生动植物提供了栖息场所。所以并不奇怪的是,专业的设计者经常把这段时间中高尔夫球场在建造和维护方面的出色表现,称作皮特·戴伊的时代,虽然在年代上她和罗伯特·特伦特·琼斯几乎一致。

到1990年代，风气又有所回转，自然的、充分利用地形而尽量减少土壤的运输量的球场设计，受到人们的尊崇。这里是由几位著名的设计师来承担的：托马斯·多克和威廉·库尔等。库尔是和著名的高尔夫运动员本·克伦肖合作的。这股潮流在著名的高尔夫球场设计评论家，罗纳德·惠滕的文章中也有明显的流露。在1990年代早期，理查德·费尔普斯和丹尼斯·格里菲斯等建筑师，在球场设计中考虑了为残疾人提供方便；迈克尔·赫德赞和威廉·洛夫把高尔夫球场推广到了湿地上，而且还解决了一些其他的环境问题。

团队设计概念的出现

在英国的高尔夫球场设计刚刚开始的时候，就有一些专业的高尔夫球手在美国开业了。有受过专业训练的设计者作为后盾，这些著名的巡回赛球手，他们用自己对运动的理解，给球场设计增加了一个艺术的维度。同样重要的是，他们庞大的设计队伍也给年轻的设计师们提供了更多的机会，这些新人，在专业上有很好的背景和积极的准备。

1980年代和1990年代期间，高尔夫球场设计这个职业因为更多的专业技术人员的参加，从而达到了一个前所未有的成功的高度。因为有环境、管理以及咨询等专业队伍的支持，设计师能够在更加专业的设计空间里自由发挥。这期间，全国高尔夫运动协会接管或帮助其他的团体，作出了很大的贡献。

同样，随着高尔夫球场的建设逐渐扩展，有更多的专业加入进来，但是这绝不意味着设计师在通观全局方面的责任的减少。而是，有更多的"设计和建造"公司产

图1.3　这个位于加利福尼亚的七株橡树乡村俱乐部的球场，在凹凸的地形的应用方面，堪称现代设计的典范。"羽化"的边缘，可以让人们想起很早的苏格兰高尔夫球场。

生。结果，在1990年代，高尔夫球场设计成为独立的一个专业，而在1950和1960年代，从来都是被相关领域的设计所支配的。

纵观高尔夫运动的发展过程，是和高尔夫球场质量的逐步提高紧密联系在一起的。盖伊·坎贝尔爵士（1885—1960年），一位设计师、作家和军人，曾经说过"很早以前在海边的球场建设中学到的教训一定不能忘掉"。这句话被后来的设计师们一直奉行着。当代的设计者、签约人、监督者，还有很多高尔夫球手，都对于从古老的海边流传下来的关于沙土和高尔夫运动的关系，有着特殊的关注（图1.3）。

如果没有关于草场设计方面的科学家和工程师，很可能今天人们熟悉并且已经在使用的美丽的球场、独特的空间景观，都不会出现了。

高尔夫运动对于环境的影响是不能够被忽视的。在美国这些巨大的开放空间的面积加起来可以等于特拉华州和罗得岛的大小，它们对于环境的作用，我认为，是正面的。比如，设计师、建造者、监督人、管理者反复表示对于高速公路的关注，并且资助独立的研究，当问题有较明显的显露时采取行动，这些从事实中可以看出来。

高尔夫运动特征的演变

高尔夫运动是一项有着悠久历史的运动，它的魅力，一方面是源于运动本身的规则知识，另一方面要归功于球场的风格。但是风格总是会变化的。就好像一颗树要长大就必会伸出枝杈，一种健康的艺术形式也必须有所分支来保持发展。

最主要的两种高尔夫运动的流派，和其他很多小流派，共同存在着。一个流派主张承袭现有的地形特点，另一流派主张创造独特的景观而不必太多考虑现有状况。早期的苏格兰的设计者们是高尔夫球场设计艺术的渊源，而后来的主流设计师们组成了树干部分。我们可以认为设计者在地形上的艺术性的原形的创造，是树的分支。

说到各种艺术性象征意义的球场可以想到的有：佛罗里达的阿本德乡村俱乐部的戴尔蒙德·穆尔赫德球场、新泽西的石头港口球场和一些海外的球场。在南加利福尼亚的罗伯特·卡普的帕默斯托·霍尔种植园，是另一个例子，有些人会把设计师罗贝尔·贝尔泰在法国的众多有争议的项目也算在内。

毫无疑问这些象征性的设计极大地丰富了球场类型，俄勒冈州大学的景观建筑师肯尼思·L·赫尔芬德在他的著作《向海边学习》[1]中就对这些风格进行了描述，但是奇怪的是，这并不和他的观点相一致，他说"高尔夫球场设计是一种与地形进行对抗的艺术……"

自从16世纪苏格兰的玛丽王后参加了这项运动以后，妇女们也在高尔夫运动中满怀热情。但是令人奇怪的是，尽管在1920年代就已经有几个"妇女请进"的俱乐部诞生了，并且有两位从业的女性高尔夫球场设计师，分别是英国的玛丽·古尔利[*]，汤姆·邓恩的女儿，美国的梅·胡普费尔，但是一直到第二次世界大战之前，在设计上对于妇女的接纳都没有什么实质性的进展。一直到1950年代才因为防灾和什么

---

[*] 大约在1892年，作为一家由妇女发起组织、仅允许妇女参加的高尔夫俱乐部，莫里斯高尔夫俱乐部在新泽西州康威特车站附近诞生了。但是由于妇女无法使它维持收支平衡而不得不在上个世纪初期邀请了她们的丈夫来参加活动，以维持俱乐部正常运转。几年以后，妇女们被排挤出去了，俱乐部变成只有男人参加的活动了。

别的因素，对于妇女的发球区位的安排才有了特殊的考虑，1980年代，设计师爱丽斯·戴伊在女子的高尔夫比赛中夺冠。

今天几乎所有年龄的男人女人都来参加高尔夫运动，可以说在一个飞速变化的时代，这项运动能够保持它的传统是因为它的魅力。正像它的发展依赖于经济和社会的潮流，它的设计也依赖于这些因素，属于那些有充分准备的人。

果岭、发球区和沙坑

现在被精心塑造的果岭是从苏格兰的海边球场逐渐演变而来的，早期的海边球场是天然的羊群和野兔的驯养地，而最早的球道则是草场，或者说是被草覆盖的土地，源于被兔子啃食较少的草场。今天，起伏的果岭是经过几个世纪在自然形成的隆起或凹下的地面上，铺上沙子而形成的。

辊子的引入，使得平整果岭的工作变得更加简单，而且经由逐年的平整和铺沙土的工作以后，海边的高尔夫球场，不论在厚度上还是在规模大小上，都已经变得更加适合于现代的运动了（图1.4—图1.8）。

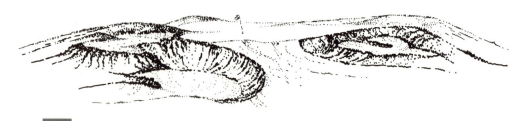

图1.4 我们可以看到，这个稍平的小山顶，怎样被长时间的高尔夫运动"磨平"了。

图1.5 从周围的地形上判断，这个苏格兰北部海边的果岭有点像典型的高原果岭，有时候被称作"子弹发射台"式的果岭。

第一章　高尔夫运动的历史演变和高尔夫球场设计　**11**

图1.6　这个位于加利福尼亚的、有一点现代气息的奥理达乡村高尔夫球场，很明显是模仿典型的高原果岭建成的。

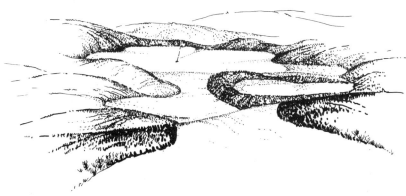

图1.7　这个诱人的小山谷是一个天然形成的高尔夫球场。

图1.8　圣安德鲁斯老球场的第十八道果岭，几乎很难与周围的球道分辨开来。著名的"悲伤谷"，位于图片的右方，需要在很多的出口入口中辨别，才能到达球洞。

1875年以前,一直没有发球区。直到一个球手将一把沙土放在了果岭上一个球洞的旁边,并把球置于其上。从那以后,小且平的发球区被广泛地应用到了球场上(图1.9)。这些发球区变得越来越大,而且形状上也越来越诱人。即使如此,也还是有很多的球手习惯于用草场,直到1920年代,人们意识到是球场的规模大小决定了是草场的还是发球区更好用(图1.10)。而且球场的规模可以通过布置一个较大的发球区,不管是几何形的,还是自由形式的来实现,虽然有很多例子是一个球洞旁边使用很多发球区(图1.11—图1.13)。

在海边的球场用地上,时常有牲畜践踏草场,而损害草场的情况。这一方面给设计者们提出了挑战,一方面也创造出了无穷的乐趣(图1.14、图1.15)。很快,开发者们就用各种各样的方法修整了这些场地,防止了进一步的侵害,阻止了沙土的流失(图1.16、图1.17)。有趣的凹凸不平的地形,变得越来越受欢迎而普遍推广开来。

图1.9 按照今天的标准,发球区离果岭太近是不安全的。而在早期,这是一项伟大的重要的改进,使得果岭的维持和修护的艺术得以发展。

图1.10 在一个练习场中的人造的发球区,就类似于当铺草的发球区太小或者过于简陋时,在正规的球场中使用的人造的表面。

第一章　高尔夫运动的历史演变和高尔夫球场设计

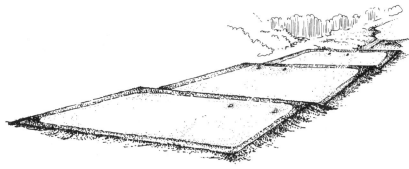

图1.11　这样的发球区适合于有坡的地形，并且提供了足够的开球区域。它们模仿了在老式的发球区中经常用的矩形样式。

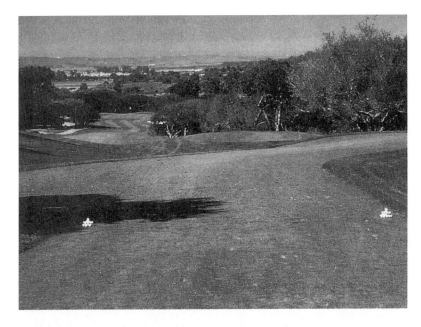

图1.12　这个巨大的发球区，兼有几何形的和不规则的，是邻近加利福尼亚州圣巴巴拉的一个高尔夫球场的一部分。

图1.13　现代的自由风格的发球区的典型代表是内河高尔夫球场，而且把主要的百慕大草场布置在寒冷季节的草场的周围的做法，更加突出了特色。

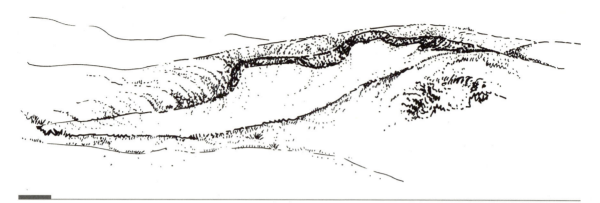

图1.14 这片区域,由于受到了山坡的保护免受风寒的袭击,因而聚集了大量的牲畜,继而它们破坏了草场,暴露出了沙土,这样,一个未来的洼地障碍物就诞生了。

图1.15 在这个爱尔兰的高尔夫球场上,前面的U形的障碍物被保持下来,用作发展一个新的形状的球场。在它的右方,我们可以看到一个由于气候和放牧的因素而变得暴露的沙土的场地,就好像它旁边的已经被改良过的"邻居"。

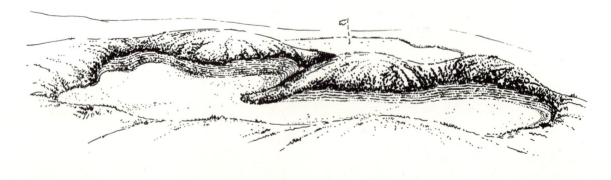

图1.16 在沙土持续不断发生塌落的地方,人们使用了草皮和土壤来砌筑了一道墙,防止了沙土流失。

图1.17 在苏格兰的北部沿海边的地方,人们用搭建的木板代替了土壤做堤岸,因为这样可以避免由于球的反弹而造成的伤害。

草皮

高尔夫以及它的球场的影响是和草皮密切相关的。

铺置一层表皮

铺草皮的科学是一项和高尔夫艺术相互交织重叠的学科。如前所述,高尔夫草皮最初是由牲畜的放牧而形成的。后来,表层的养护成为平整的草皮所必需的一项日常工作。

在19世纪末期,草场就已经是由除草工定期来进行养护了。从1880年到第一次世界大战期间,精通草皮的建造和养护的除草工源源不断地从苏格兰和英国的其他部分来到了北美。

1863年,一位植草工,马丁·萨顿,在英国建立了第一家相关的商业性的研究和开发机构,萨顿草皮站。很快英国的草皮供应商们就把他们的业务扩展到了大英帝国的其他部分,还有北美。在1920年代,发明了多刀片的除草机。它的高效率使得人们开始给较为平整的场地除草养护了。

在美国,几所有相关草皮研究的大学,在19世纪的后几十年里,成立了一些草皮的研究机构。在一战之前,美国农业局的草皮研究科学家,C·V·派珀,对美国国家高尔夫球场的草皮引种和使用情况进行了研究,这被认为是第一次有农业专家参与到美国高尔夫球场的建设中来。1917年,派珀和R.A.奥克利合作出版了《高尔夫球场的草皮》一书。

1912年,英国的一家草场维护的协会成立了。1920年USGA开设了绿色草皮研究局成为在草场研究和管理方面的一支主要力量。1926年美国和加拿大的草场维护者成立了一个专业协会,很快发展成为美国高尔夫球场监督委员会(GCSAA)。1927年马萨诸塞农业大学的饲养专业学院成立了一个草皮养护学院,尾随者众多,甚至发展了更多的研究工作。

二战以后,有了更多的技术上的变化:科学的草皮管理、自动灌溉系统、养护机械的技术革新等等,而且还有人提出了空中的高尔夫,不止是在地上打球,还可以在空中玩玩高尔夫球。

由马文·费拉居松提出的有关草皮铺种的USGA的方法,在1960年代的时候被引进了美国。马文后来成为了一名高尔夫球场设计师。在那个年代的后半期,越来越多的承包者进入了高尔夫球场的建造工程中。1970年,他们成立了一个专业的组织,美国高尔夫球场建造者协会。

1978年,一种用于测量草场生长速度的仪器被改造了,于是各球场竞相使用生长更快的草皮,这又返回来要求不太陡的地形。1980年代,有更多建造资金预算的球场,减少了对草皮的三重割草的使用,而是更多的关注于草皮本身的质量。

球　道

1980年代,轻质的球道变得越来越流行。同时割草走的路径也变曲折,使得球道和周围野草区的边界不是那么清晰,而是变得起伏曲折。这样视觉上更加美观,也增加了打球的乐趣。

同时,有更多品种的草皮如弯腰草、兰草、黑麦草、牛毛草被引进来,在第一批草种中也有1950年代由H·伯顿·慕斯尔培育的本克罗斯弯腰草和梅里奥大叶烟兰草。叶片边缘锋利的百慕大草,也在蒂福顿乔治亚海边实验站的格雷·W·伯顿的努力下,被培育出来。

绿色草皮研究局的工作除了日常的对草皮养护提出建议以外,还包括资助一些研究项目,比如高尔夫运动对人们生活以及周围环境的影响,他们还和纽约州立奥都本协会合作进行关于野生动植物和高尔夫运动的关系的研究。

高尔夫球场的草皮的养护继续由一些有专业学历背景的监督者来管理。他们在土地管理方面的训练,加上设计本身的修饰改造作用,使得高尔夫球场在各个方面都变得与环境更加协调。

规则、设备和球技

在第一个高尔夫俱乐部被正式建造之前,高尔夫运动就已经在苏格兰的海边地区流行了三个世纪了。然后,1747年,在爱丁堡成立了一家高尔夫公司,这样才在利斯的海边流传开来。这家公司发表了13项法规,这是大家所知道的最早为这项运动制定的规则。这样,第一家俱乐部的成立和第一批规则的建立,促使了一百年以后第一个高尔夫球场的设计。最直接的促进因素就是俱乐部之间的竞争。

圣安德鲁斯俱乐部诞生于1754年，它沿袭了先前制定的13项规则。1834年，在国王威廉四世的认同下，这家俱乐部成为了皇家古典高尔夫俱乐部（R&A），1897年，它成为了英国制定高尔夫运动规则的权威机构。

1894年，早于英国三年，美国的高尔夫管理机构已经成立了。它最终演变成为美国高尔夫协会（USGA）。1951年，R&A和USGA联合制定了一套全球性的规则。现在它们也在有关比赛规则和设备的事务上，一起发挥着作用。

最早的高尔夫球在杜仲胶被发明以后，就由皮革和羽毛代替了早先的木质球。后来球棒也由硬棘变成了经久耐用的果树材。发球器、木杆、铁杆和轻击棒，也都很快使用开来。

铁杆能够轻易地打倒石南花，所以后来就普遍使用了柔软的草皮，以及酥油草。这些草种，还有有意做宽的球道，都增加了运动本身的乐趣。这样，球场总是挤满了人，高尔夫运动很快地流传到了苏格兰以外的区域。

1900年，橡皮做核心的球被推广开来，需要更长的球洞。后来又出现了中心做轴的轻击棒。担心这些以及将来可能产生的新技术可能带来的影响，R&A和USGA在现有的器械的基础上对于球和其他设备都作了一些规定，当然了，对于大洋两岸，还是有所区别的。

1920年代众多的俱乐部竞争激烈，而且铁制轴的球棒也被认为合法了。在大萧条的年代，一位专业人士发明了直面的砂土的楔，这就迫使R&A和USGA制定了14个球棒的限制。球速也受到了限制。这些限制条件大都实现了，除了在几年之内，球还有一些差别。

革新了的技术和新的设备，继续为这项运动增加参数值。1994年，美国高尔夫球场设计协会（ASGCA）授权它的设备研究委员会专门作了研究，研究的结果将在下面的问答部分给出，这些都是由主席授权的。

高尔夫设备研究委员会的发现

以下是ASGCA设备研究委员会主席、高尔夫球场设计师，托马斯·A·马尔佐夫以问答形式发表的意见：

问：高尔夫运动是不是已经因为在球场维护、俱乐部设计和用球的技术上的进步，而改变了？

答：是或不是不好说。如果你是一名巡回的比赛者或者高尔夫设计师、场地监督者的话，那就是了；但是如果你是一名平均水平的高尔夫爱好者，那就不是。如果你是一家俱乐部的双薪成员，那就是；如果你是一名USGA的双薪职员，就不是。如果你曾经徒步去球场割草，那就是；如果你对于这些年来高尔夫球场的发展变化不关心的话，就不是。如果你在任何一家提供巡回比赛的高尔夫球场玩球的话，就是；如果你不玩高尔夫，那就不是了。

问：高尔夫被日渐改进的用球和俱乐部影响了么？美国人对于维护相当完好的球场的热衷，是不是已经改变了我们比赛的方式？

答：这取决于你问的是谁了。有些会很确定地说是，有些则会一口否定。这正是这项运动的正常的发展而已。我们在列举影响高尔夫运动的因素的时候所谈到的一切都是事实，或者它们仅仅是一种观点？

所有的事情都在变化。高尔夫运动跟上这种发展是很正常的。在过去30年的飞速发展中USGA已经很好地控制和掌握了高尔夫的发展。但是很多设计者和监督者所关心的是今天高尔夫运动在设计和维护方面的真正的变化。

维护变得越来越昂贵，草皮的质量在提高。很多的人都想要优质的草皮，愿意花钱在这上面。设计者已经察觉了这个变化，并且在设计中有所反映。现在的球和球场的状况允许顶级的高尔夫球手在更远的地方，以更高的准确性打球。

这份报告的目的在于给直接的变化和已经发生的变化以关注。这是一个很漫长、缓慢的变化过程。让我们在细节中回顾一下高尔夫是怎样变化的吧。

问：草皮的养护是不是已经使得高尔夫球场的设计有所改变？

答：在20世纪初期，在球场铺设草皮被认为是对当时习惯做法的一种挑战。早期的割草工人，相对于当时的机械割草机来讲，是做工粗糙的，因为实在是不平整。结果就是当时的草都很长，不能达到今天草皮的光滑和平整的程度。

用今天的观点来看，当时的草皮怎么讲都是长得很慢的。有多慢呢？这个不好直接说，但是确定的是割草机虽然早在1930年代就已经发明了，但是直到1976年才变得流行。而且，早先的草皮都是被很重的卷子卷起来的，所以接下来的几天内，草会疯狂地长。

但是我们可以确定地说，那时候的草皮是种植在比今天要陡的坡地上的，很显然，较大的坡度是那时候的设计师为了取得更多的运动的乐趣而有意考虑的，因为那种草皮上球速会较慢。只有这样，才能取得一定的平衡。

20世纪初的草皮平均坡度是5%—8%，当时认为是很合适的。

现代的球场设计坡度降低了很多，为什么呢？主要是因为现在的草皮维护技术的提高，使得草皮更短、更平，这样就加快了球的速度，而球场的设计也因为坡度的变化，而有所变化了。

今天的坡度已经改作1.0%—3.75%，这样就可以就着现有的养护方法，提供了更多的挑战和乐趣。而如果是在以前坡度的球场上，发球都会很困难的。

总之，随着草皮的铺设的改变，高尔夫球场的设计已经改变了。

问：草皮的养护怎样地改变了高尔夫设备的设计？

答：陡坡将减慢或者停止迎面而来的击球，使球停下来，或者说，在更加现代的草皮上，逆坡而上的球还能走得比较远，不容易被滞留。

今天用严格的参数衡量的球场，使得球的轨迹更高，而着陆和停下来都比较快，向前滚动相应会少。

而且，今天的高尔夫球被设计为有更高的倒旋的比率，这样帮助它们停下来也比较容易。这样的设计是和坡度降低的设计相对应的，而坡度本身是和维护设备的进步直接相关的。

高尔夫运动继续在变化：

- 草皮的变化是更加平整。
- 草皮的品种更加丰富，剪得更低，所用机器也更加先进。
- 球手击球更高。
- 球有更多的倒旋。[2]

这些就是在美国近百年来高尔夫运动发生的变化。美国有美国化的高尔夫，而变化的维护手段是促进制造和设计方面变化的原因。

问：在球和球场方面的变化对球手的观点有怎样的影响？

答：高尔夫球场的设计师之前见证过很多变化，也倾听过很多优秀球手和有影响的人物的建议，很多人都相信，设备方面的进步导致了真正的变革。

关于这个观点人们有不同的意见："有着很好的技术的球手能够更好利用设备的进步，比起一般的或者拙劣的球手更是如此。"

——意见一：一般的球手是不会从进步中得到好处的。那些优秀的球手才有能力驾驭并合理利用这种进步。

——意见二：所有的人都会从这种进步中得到好处。

著名的球手也说，比起二三十年前，现在打球是更远一些了，但是这并不是因为我比以前更强壮有力，而是球的变化的原因。

高尔夫的顶级选手也说："球走得更远，飞得更直，更加精准。"

"我们的研究表明，1996年的球要比1960年前走远8—12码。"

——意见三：设备的变化，影响了运动本身，但是并不总是积极的影响。

著名的设计师表达了这样的观点：

"让我们使球慢下来。"（杰伊·莫里什）
"现在职业球手的击球速度已达每小时125英里。"（皮特·戴伊）
"球，总体而言，已经脱离了控制。"（博比·威德）
"1960年的160英亩的球场，现在需要扩大到176英亩，因为距离增加了。"（鲍勃·库珀）
"设计师已经增加了从发球区到狗腿形点的距离。"（克莱德·约翰逊）
"在草皮上的行走必须特别小心。"（罗恩·基迪）

设计师对于未来的发展有这样的见解：最好的球手的打球距离的增加，是更好的器械、更强壮的球手和改进的球共同作用的结果。

真正的变化是在哪个球场能够在打进第二洞时平均使用四到五个平标准杆。显然，如果第二杆使用斜角较大的球杆会比较容易打第二杆，但是更大的斜角会使得挑战最优秀的球手变得更加困难。

设计师意识到这些，并且有意地增加一些因素保证球手总会有所挑战。障碍物被设置在不同的位置上用以测试不同长度的打击效果。我们设计师重新使用球场旁边紧邻着的草地，这样误打的球可以很快地回来，增加了短距离的难度，保护了平标准杆。

问：好的球场是怎样帮助球手摆动得更快的？

答：钛、铅、硼铅和轻金属，这些是现在的正规PGA循环比赛所使用的球棒的材料。著名的约翰·鲍比使用的是山胡桃木做的球棒。在柄上的活动的点，帮助不同高度、臂长和球径的选手都能通过调节变长、变短或者两者，取得适应。这些高科技的手段比以往更容易获得认可。这样今天的专业选手就能够更有力地打球，较快适应。

显然，如果球手能够在一个是专门为他量身订做的球场打球，是很不错的。如果再加上一个宽大的俱乐部会所，拥有一个额外的周长以减少偏离中心的处罚罚杆，那么球手就不会白费力气了。

总之，新的金属球杆加上高科技手段适应不同条件的球手，就可以普遍地加快球速，已经有几个巡回赛手适应用这样的球棒了。显然，先进的设备给专业选手提供了优势。

约翰·鲍比在他打球的最后一刹那会稍有停顿，因为这样才使得山胡桃木的球棒能够赶得上手的运动。但是今天的戴维斯，打球时是放手最慢的一个了，这样却获得了惊人的出手速度。

问：科技手段已经改变了巡回赛了么？

答：无论如何，技术手段都在改变着顶尖的球手的运动。比方说，今天的球逆风飞时会不变线，而从前的球遇风会拐弯的。这样即使从来都不会打歪球的选手准确性也会降低很多。而新的设备提供了公平。有人说它创造了不公平。

问：草皮的养护有怎样的影响？

答：1. 从1990年代以来，割草机变化迅速。最末的一次变化已经使得割草的高度大大降低。
2. 新引进的草种是笔直向上生长的，这样可以减少磨擦阻力，增加球速。
3. 1970年代中期流行的割草机，本来是可以限制草的生长速度，达到一致，但是结果是草都长得比较快，因为各个球场之间争相用快速生长的草。
4. 卷草机的重新出现可以说是值得纪念的。这里，原先割草机的意图被沿用下来：允许监督者在更高的高度上，更加健康地割草，取得更平整、更快的长草的速度。但是最终还是步了别人的后尘，被错用在较低的高度上割草，想要草长得更快。
5. 墙对墙的灌溉技术已经软化了草场。草场的外观和整体状况已经有所改良。结果就是差一点的球手和好的球手之间的差距被扩大了。因为在软的草地上球滚得近些。这样，灌溉条件就已经使得这项运动的重点从苏格兰的地上运球，变成了美国的空中击球。

问：电视转播的高尔夫巡回赛有怎样的影响？

答：每周美国人都会打开电视收看高尔夫比赛。电视帮助了它的广泛传播，这个正面作用不能否认。但是另一方面，巡回赛发展为在镜头中的接近完美的状况。选手的收入也随之上升，草皮的养护费用由此得来，选手也更加地努力接近完美状况。

ASGCA 关于设备的报告，1996年增订

自从1994年发表报告以来，协会逐字检查了报告两次，两次都有所增补，有所修改。调整如下：

1. 球能够达到的最大距离从280码±6%变成280码±4%。

这2%的减少是因为对准确度的要求更高。今天球的制造技术也允许这样。

注意：这里的调整是针对于USGA指定的"拜伦铁杆厂"生产的109°旋转的球棒。这是一种铁轴木头棒。后来新技术产生的球棒并没有涉及。

2. 从1997年开始，每一种品牌的高尔夫球都有自己检测核定的"着陆角度"。这是由新的机器设备决定的。这也许会、也许不会对现在使用的球产生影响。新的1997年规定也许会给USGA的指定规则的权威带来质疑。现在的制造技术正在以一个很快的速度进行着更新。但是除非新的规则由USGA制定出来，否则新的射弹孔的技术是很难规定的。

3. 最近的高尔夫球场的改进包括

1970年：第一个空腔的铁杆；

1972年：铅轴；

1980年：铅轴的质量有所改进；

1990年：第一个超大规模的球场。

结 论

每一个人都会对R&A和USGA在高尔夫球场和球的生产技术日新月异的过程中对于这项运动的进步所作的贡献感到赞赏。

注 释

1. 肯尼思·L·赫尔芬德，"向海边学习"，《景观杂志》（1995年春季刊）P.74–85。
2. 布雷得利·S·克雷，高尔夫作家和大学教授，曾经提出一个相斥的说法：现代高尔夫球的问题不是在于距离，但是距离确实不是依靠地面滚动而是空中飞行来实现的。

他说现在的球比原来走得要远，但是滚动的距离并不远，因为飞行得比较平，所以专业球手的球要比较远了，而平均水平的球手则比以往要近一些（布雷得利·S·克雷，高尔夫周报，1995年3月18日）。

第二章

规划设计球场

巧妇难为无米之炊，如果没有好的实践机会，那么就不可能有一流的教程。最好的机会就是一块缓缓起伏、间歇地冲入山峦间的沙地。剩下的工作就是经验、种植方法和计算的组合了。

摘自《苏格兰的馈赠：高尔夫》，1928年，查尔斯·布莱尔·麦克唐纳（1856—1939年）

罗伯特·特伦特·琼斯说过，高尔夫设计就是在宽阔的画布上创造一种艺术形式："今天的高尔夫，就是一种设计师创造出来的休闲方式，为大多数的娱乐，而少数追求超越者在严格标准下的竞技。"[1] 而小琼斯则说"高尔夫的球场不同寻常。"[2]

这父子说出了对于高尔夫设计的基本看法。其他设计领域的人都承认高尔夫球场完全可以和一个有18幅巨幅作品的艺廊比大小，而他需要的还有监督者的维护工作。

一般的规则

设计者想要创造一个每个人都会感到舒适的场所，无论分数。在新鲜的空气里的运动是它的健康的一面。反过来，这又由于球场本身的宏大、草皮的精致而有所增强，更不用说进球的策略、兴致和激动，以及一直环场的连续感了。

在设计中，有三项基本的考虑：

- 运动本身
- 美学
- 未来的维护

在图 2.1 中将 3P——"可玩性"（Playability）、"可观性"（Pulchritude）、"可维护性"（Practicality）描述成一个三角形。每一个顶点代表一项因素，中间区域代表环境，这是一个在设计中贯穿始终的重要词汇，在社会和经济的背景中要做的"自然"。

最主要的设计就是在场地中确定洞的位置，但是设计还要考虑到远景的自然的因素：天空、地平线、白天光影的变化等。在圣安德鲁斯的著名的球场就是因为白天光线的变化而产生了无穷的魅力。而加拿大的一家球场却是在雪峰的掩映下，激发出人们的热情。相反的例子是在城市区域里，设计师总是把视野中的不利因素，如

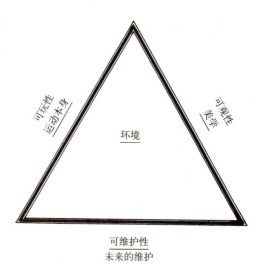

图 2.1 这 3P，可玩性、可观性、可维护性，可以被用来描述高尔夫球场、高尔夫球洞或者高尔夫的特征。环境问题是最重要的。

道路、建筑物和不好看的风景等抹去。

设计的素材是土壤、草、树、沙土和水。设计目标就是要巧妙地运用这些素材创造一个完美的、自由的场地，同时符合三角中的标准。下面就将详细讲述。

设计因素

在高尔夫球场的设计中，最恼人的就是长度了，但是如果挑战只是长度问题，那么设计就会变得枯燥了。

技术设备方面的突破使得高尔夫日渐变成一个空中飞球的运动，在美国尤盛。园艺家和农学家的贡献、灌溉技术的发展、草场养护的进步，都推动了这一变化。

当专业的高尔夫球手设计构想一个场地时，他会在三个关系中偏重可玩性，而景观设计师一定会偏重于视觉的感觉的，但是没有这三种因素的合理结合，是不会有成功的球场出现的。所以要在三者之间建立一种平衡。

而这种敏感的辨析能力就成为设计整体性的标志。而且，在设计中的个人创造的因素，比如绿地和障碍物，"形式服从功能"等等，也必不可少。一击的距离越长，场地就要越大；障碍物离绿地越近，它就要更深更陡。

为运动而设计

现在的设计都主要是激发性的，而不是处罚性的。后者对于不好的表现会有所惩罚，对球手有所打击（图2.2）。而激发式的对于表现好的人有所激励，而辛苦许多的人也不会觉得单调。

它需要球手去思考。提供了从发球区到球洞的不同的路径，其中较安全而同时也较长的路径是准备给那些能够打得又远又准的人的（图2.3）。这样设计者还设置了一些险情，这样打较短路线的人就不会常受打击（图2.4）。

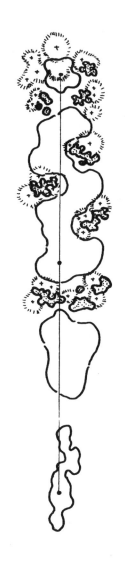
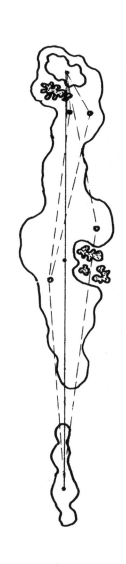

图2.2 你可以把惩罚性的设计看作是目标型高尔夫的前辈。旧式的设计不管是自然形成的，还是有意制造的，总会有一些小灾难。今天，设计师更加留意考虑大多数人的水平了。

图2.3 在激发性的高尔夫球场上，需要思维的路径随着击打路径一起动起来。球手必须自己去想去体验，安全地打球就多了一次击打的机会。

图2.4 障碍物的位置决定了先右后左的击打会比较成功，你决定跨过多少障碍物，就赢得了多少成功的机会。

设计的一个基本点是球打得越远就需要越高的准确度,这是什么时候都不变的。今天的设计主要是激发性的,但是必须要有一两个带有惩罚性的球洞的设计。还有第三种叫做英雄式的,或者是"咬掉"的。这样的球洞允许球手最大限度地击出飞跃球,击得越远,剩下的距离就越短(图2.5)。

这样,你就会得出一个结论了,球洞设计是三种类型的巧妙结合。现在的设计中这三种球洞都是一看即明的,不包括任何一种球洞的情况是不存在于现代球场的。往往在人们正想要休息的地方,会出现一个更加令人激动的高潮(图2.6)。

激发性的球洞设计奉行的是"越多的冒险,就会有越多的奖励"的原则。这种激励性的设计被视作高尔夫的核心。提出挑战、设法超越并赢得奖励,为人们所称道,

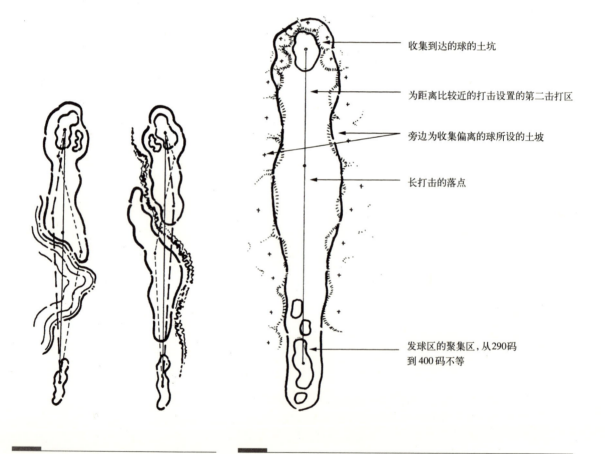

图2.5 在比赛场地中有湖泊,这个典型的英雄式的球洞需要你决定你向左能够最多击出多远,中间有河流穿过,所以顺利地跨过河流就需要先右后左的打法,如果先向左打得近一些也可以,但是会浪费两个击球的机会。

图2.6 这个球洞设计得适合于不同击打长度和宽度的球手。周围的小土丘有助于打偏的球回到中心来。

在这一击有所畏惧的人会使得下面的击打越加困难（图2.7、图2.8）。[3]

不管有怎样的困难，它是可见的，这样球手总是可以解决的。

经典的高尔夫球洞　经典指的就是在长期的实践中被人们认同而固定下来的球洞。还有一些固定的词汇用来形容它们，瑞登、阿而浦和海角。

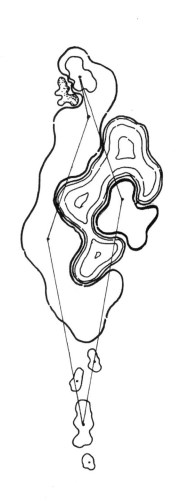 

图2.7　绿色障碍物的设置决定了走右方的路线会比较成功。冒险者可以选择右方，而谨慎的人会从左路过去，但会增加击打次数。

图2.8　这样的设计中，短击打会平庸过关，而长击打则需要精心选择落点位置，节省一次或更多击打机会。

图2.9 瑞登是最忠实的经典的副本了。它把冒险性设计带来的乐趣发挥到了极致。打在右边的球需要第二击更长。

瑞登：这是一个第三平推杆的中等长度的球洞设计。在短距离点上有绿化岛的设置，而在最终落点的左边则有大片绿化，要求球手尽力打出最长距离。如果打在了绿岛上，则会面临尴尬的局面，球会滑下来的（图2.9、图2.10）。

图2.10 最初的瑞登的设计，障碍物的设置又深又难，更不用说落点前方带有反向的斜坡。

阿而浦：在球飞行的路径上有一个小土丘，必须越过这个土丘才能到达球洞，但是任何打到土丘上的球，都会不由控制地飞向其他地方(图2.11—图2.14)。

海角：这是由查尔斯·布莱尔·麦克唐纳首创的。包含有几个英雄式的球洞设计，只有很忠实地使用4个平推杆，才能够在规定的杆数之内达到。一个很好的例子就是在百慕大的海角（图2.15、图2.16）。

在美国设计高尔夫球场时，麦克唐纳沿用了英国的传统，并且把它们和他自己的设计创意很好地结合了起来。

第二章 规划设计球场

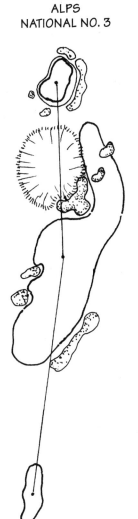

图2.12 这是一个经典的阿而浦式球场，球手必须走很远的路才能搞清楚如何打球。

图2.11 因为有小土丘的阻挡，视线不能穿透，所以不知道怎样的路径才是最合适的。

图2.13 如果你没有登上过小土丘，也没有咨询过其他人，那么爬上山以后才会知道打得是不是正确，还可能有什么样的补救。

图2.14 这里,最初的阿而浦式静卧在一块遮住了绿地的山脊下。葱郁的绿色美妙地完成了球洞的环境。

图2.15 著名的碎石海滩的全景,百慕大的海角也有一样的问题:多少海水和海湾,你能够切掉?

还有很多很经典的高尔夫球洞设计样式,有"拱背"(图2.17)、"山谷"(图2.18—图2.20)、"幽谷"(图2.21—图2.23)。还会发现有"长式"、"短式"、"燃烧"、"道路"等等不同样式。

值得注意的是设计师们已经设计了很多经典的样式,但是并不知道它们恰好吻合了古代的经典样式。这样的偶然其实是源于"形式服从功能"的。

关于球场应该为什么样水平的球手、什么样的打击长度、什么类型的比赛而设计,是没有定论的。实践当中,只要有充分的考虑,就可以把球场设计成为各种样式。

第二章　规划设计球场

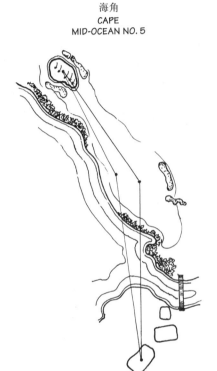

海角
CAPE
MID-OCEAN NO. 5

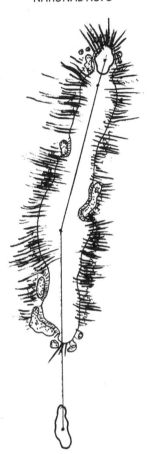

山脊
HOGSBACK
NATIONAL NO. 5

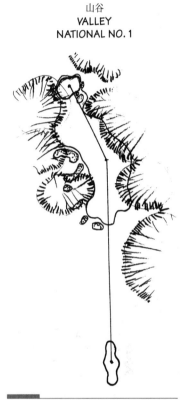

山谷
VALLEY
NATIONAL NO. 1

图2.16　在海中央的球场，球手向左每提高一点球的飞行高度，就可以减少一些击打。

图2.17　在山脊部分打球，可以说是有太多的危险，球只要稍微偏一点，就可能滚下山坡。

图2.18　在山谷里的球洞，比较容易击打，因为偏离的球可能滚回来。

图2.19　山谷球洞的很好的例子是加利福尼亚州圣巴巴拉的第十二球洞。一眼望过去好像很容易就能够跨越湖泊。旁边倾斜的草地有很好的景观。

图 2.20　回望发球区，好像能够很好地想出下次怎样击打会容易成功得多。

图 2.21　和阿而浦式球洞类似，球手是不能够看到球洞的，只有一块涂了颜色的岩石以为标记。

图 2.22　在周围看场地的状况，似乎更加地清晰。

因为今天的球场大都很拥挤，所以要在安全防护上有所设计。这也是现在的球场要比以前要求更大面积的原因。巧妙地设计树木、障碍、发球区，以及有趣的草皮样式，可以减少技术上面积的要求。但是设计师还是害怕更多的进步改良。

图 2.23 击打时，尤其是一次性的击打时，一定要避免盲打。在俄勒冈州有一种新式的球洞。有三分之一的绿地是可见的，其他的则要在靠近以后才能判断你是否有合适的击打。

美学的设计

高尔夫球场可以算是最漂亮的景观设计了。整洁的装饰和很好的草皮养护成为两大悦目的因素，再加上高大的树木、花儿、灌木，伴随着光影、颜色和纹理的变化，是如此诱人。

美感的增加更是因为神奇地设计了绿树、发球区、障碍物和池塘等。被白色的沙土环绕的绿色是赏心悦目的，发球区也不仅仅是矩形的，而是有各种各样的设计（图2.24）。池塘的设计也是锦上添花（图2.25）。

美的原则　可以说高尔夫打球过程已经变成了一种享受。为了达到这样的目的，设计师必须充分考虑各种美学的原则：

- 协调（图2.26）
- 比例（图2.27）
- 均衡（图2.28、图2.29）
- 韵律（图2.30）
- 重点（图2.31）

图2.24 这样有着曲线形边界的发球区可以说比起矩形的更显自然,可以和环境更好融合。

图2.25 在加利福尼亚的一个球场,一个湖泊覆盖着入口和左侧区域,而另一个球场则有大小不等的水域,从池塘到邻近的太平洋。

图2.26 天然石砌成的矮墙、前景中的湖泊、环绕的绿树,都和远处的起伏的山的边界相呼应。

第二章　规划设计球场　　35

图 2.27　在人的高度上的景色比起在加高的平台上的景致更重要吧。这些绿树、湖泊等都在比例大小上相互协调。

图 2.28　这个在华盛顿特区的球场创造出一种不对称的均衡。高尔夫球场的特征重点表现在左面，与右方的浓密的森林所造成的强烈的阴影相平衡。

图 2.29　几乎是对称设置的这个球场，当人们向上看时就会发现远处的山峦也是对称的，这样就可以使人们集中精力于眼前的打球了。

图 2.30 小洼地在绿地上的设置方式、形状，创造了一个重复、有韵律的视觉景象。

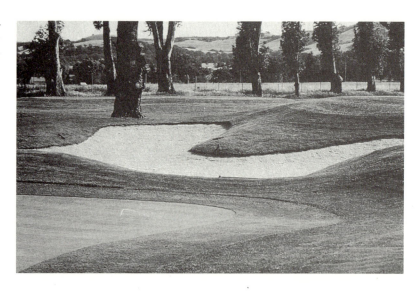

图 2.31 无疑这个绿地是这里的中心，因为风的原因会使得球的飞行偏离一些。

高尔夫球手很少仔细考虑这些原则在球场中的显现。但是，会把它们作为一个整体来考虑的。这也是打球的整体感觉良好的一个重要组成部分。

高尔夫球场的宽阔给这一切创造一个有利条件，在设计者、维护者的共同努力下，场地变得越来越漂亮。

为维护所作的设计

实际上球手首先注意到的会是草皮本身的质量。设计者帮助或是妨碍维护者的工作。要想有所帮助的一个主要方法就是创造易于割草的斜坡，还有就是要给出很好的灌溉条件。

其实在说明书中一般都会有这方面的规定的。比如说最小的清洁宽度,减少交通阻塞等。而且,工程承包文件,加上设计者和承包者的充分交流,也会有所帮助。如果维护者能够在施工过程中亲临现场给出建议,那么就会更有效果了。

为社区和环境所作的设计

就像高尔夫不仅仅是机械性的,高尔夫场地也不仅仅是游戏场而已。在20世纪的最后10年,15000个美国高尔夫球场总面积达到了罗得岛和特拉华州的面积总和。设计、建造和维护人员对于环境的影响很大。

高尔夫球场会带来很积极的环境效益,根据USGA发表的《高尔夫球场管理和建设——环境问题》一书,有时也会有负面的影响。有关机构正在作研究,如果发现了问题,那么设计、建造和维护人员就会采取措施改正。

下面列出了正负面的一些因素:[4]

正面的:
1. 休闲娱乐功能
2. 美观
3. 土壤侵蚀的控制
4. 大气污染物的吸收
5. 减轻水体污染
6. 控制尘土
7. 降温效果
8. 减少噪声
9. 房地产的增长
10. 为野生动植物提供栖息地

负面的:
1. 从既有土壤中流失了养分
2. 在建造和分区过程中损失了土壤颗粒和养分
3. 使得土壤组织、野生动植物和水生系统暴露于杀虫剂
4. 对于现有的化学管理体系有免疫力的害虫和疾病的复发和蔓延
5. 灌溉过量用水
6. 因为沉淀物、化学试剂和热量系统而造成的河流系统的品质下降

7. 湿地的减少和丧失，尤其是新增的高尔夫球场这个问题尤为严重
8. 对于野生动植物的干扰和毒害作用

设计、建造和维护人员对于环境问题一向有着很多的关注。如注意草种的选择和节水等，废水再利用如今被广泛地用于高尔夫球场，灌溉系统也更加有效率，而且发现好的绿地系统是防止滑坡、养分流失的重要因素。

有关专家认为对有害物的综合管理（IPM）是一项重要的，但不惟一的综合管理。综合管理的目标就是使得成本、收益能够平衡，公众健康和环境质量对于最广泛的人群有益。

纽约的奥杜邦协会把高尔夫球场看作是野生动植物的避难所。目标就是要强调用最少的代价来作设计。泰里·耶马达，加拿大高尔夫协会绿色部门的负责人，指出了在《奥杜邦联合保护计划》中对于高尔夫设计的六个方面的要求：

- 环境规划
- 动植物栖息地管理
- 扩展和教育
- 对有害物的综合管理
- 节水系统
- 水体质量管理

最后，设计师列出了有关环境的中心问题如下：[5]

1. 是否球场将消灭开放的绿地系统？
2. 它是否将改变湿地或者其他敏感场所？
3. 是否将影响重要的历史地区？
4. 对于生态系统将有怎样的影响？
5. 对于现有场地的性格将有怎样的影响？
6. 有水体污染或建造中塌落的危险么？
7. 灌溉系统是否会引起水供应过量？
8. 是否化学药剂会因为土壤塌落或渗透而造成水体污染？

和湿地有关的设计 使用湿地做高尔夫球场是很少被允许的，虽然不太严重的情况下可以允许在上面打球。清除树木以后可以建造出英雄式的球洞，矮灌木可以移动或不移动。

但是另一方面，湿地设计会增加额外的很多负担。距离很长，当然对于优秀的球手而言不在话下，但是短打的不熟练的球手会因为经常受到挫败而丧失兴趣。一种解决方法就是目标性的高尔夫。从一个固定的点打到另一个固定点（图2.32、图2.33）。

实际中，如果球场要使得很多人都有所适应的话，那么女子一击的距离在60码，男子在130码。还要考虑上下坡、顺逆风向的影响，以及在一圈的最后给老年或体力不够好的球手较短的距离。

有可能的话，高尔夫球场设计应该避免在湿地上进行。当然有先例是成功的，但

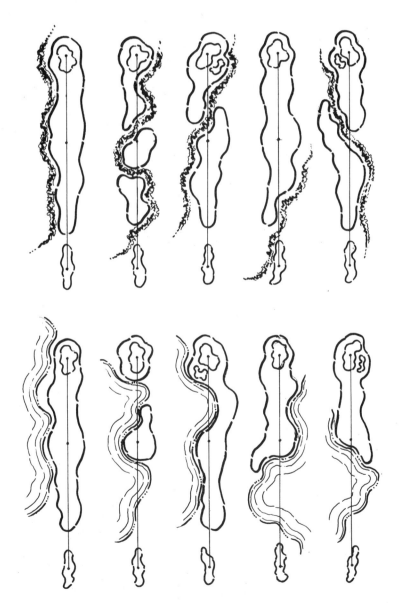

图2.32 这里有很多种目标球洞的设置方法都带有惩罚性：被水包围的球洞。

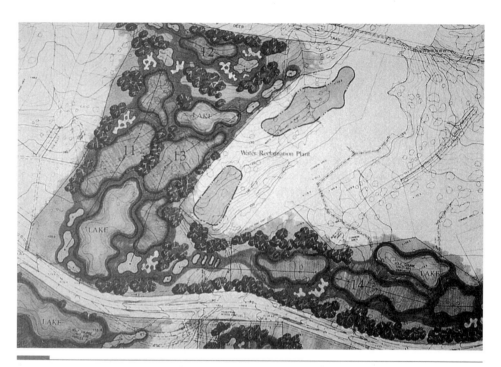

图2.33 这是在加利福尼亚州新建的球场。现在的目标球洞的设计,明智地使用本地草种,都在这里使用上了,这是1960年代在海边的球场所首先使用的方法。

是要开辟一块新的湿地来补偿这一块被排水填平的湿地则要花费很多。

与《美国无障碍设计法》(ADA)有关的设计　1990年通过的ADA中的有关条款并不是针对高尔夫设计而提出的。然而根据USGA的《高尔夫月刊》(1995年1月2月刊),高尔夫设计师有责任为残障人士设计能够到达置球区,其路径的坡度不超过5%,离最近的停车区域不超过75码的距离,并且能够安全而健康地到达每一块绿地。

USGA和GCSAA(美国高尔夫球场监督委员会)协同努力进行了有关辅助设施的研究。对于停车、根据ADA的条款作了规定的公用厕所、遮雨篷等都是设计者应该注意的问题。

把高尔夫和其他设施整合设计　现在很多高尔夫是和住宅、办公、商业设施、娱乐设施一起布置的。因为有高尔夫球场这样一整块永久性的开放场地的存在,所以周边地价上涨,环境质量有所改善。

整合设计中需要考虑的几个问题将在第三章中列出,在这方面被公认为专家的肯尼思·德迈,为我们准备了第六章。而高尔夫设计师威廉·阿米克,在第十一章讨论在废弃用地上设计高尔夫球场的问题。

高尔夫球场为邻近地区提供了一些就业机会。就我们观察，高尔夫球场本身就可以吸引工业、某些服务行业，如医疗等，在偏僻的地方建立实业。

高尔夫球场的类型

分类有几个不同的标准：所有权、长度、地貌、设计和土地划分。没有一个是十分精准无误的，下面就大致列出。

所有权
1．私人球场，或者大家平等的非营利性的，或者大家不平等的营利性的，无论是哪一种，都有可能：
　　a.绝对私有，仅仅是其成员
　　b.半私有，有部分所有权售出
　　c.按日计价的收费
2．按日计价的球场，由一群人、国家、州，或者其他的集团公有，或者由个人所有。
3．休闲球场，归一个度假村或者旅馆所有。
4．居住项目的一部分，兼有办公。开发商、住宅所有者、共治协会、退休组织或者其他组织，享有所有权。
5．军队所有的球场。
6．私人房地产项目，从1个球洞到18个球洞都有可能，但是一般至少有3个洞，由所有者、客户和朋友所享受。
7．工厂所有的球场，为员工或客户服务。

长度
1．全长的。
2．执行性的，或者准确的。
3．3个平推杆的。
4．劈起球和推球。
5．滚球和推球。
6．推球。
7．开曼高尔夫球场。

场地地貌　这是所有分类中最混乱的一种，但是发挥它的特点往往有惊人的创造。
1．沙丘球场：沙土、草、开阔起伏，类似于苏格兰高尔夫发源地的样子。
2．海边：坐落在高于海平面的向水中突出的陆地上，不像沙丘球场与海平面几乎平齐。
3．欧石南丛生的荒野和沼泽地，石南花家族的植物有统治地位。
4．森林，球洞也在其间。
5．温带之草木区，球洞设在分散布置的树木间。
6．起伏的沙丘，几乎没有草，类似于英国的沙丘。

7. 山地。
8. 草原。
9. 沙漠。
10. 丛林。

设计
1. 核心式的：设计上是自成单元的，没有其他的配套设施。
    a. 每九个是一个单元（图2.34、图2.35）。
    b. 九个加九个合成一个单元（图2.36、图2.37）。

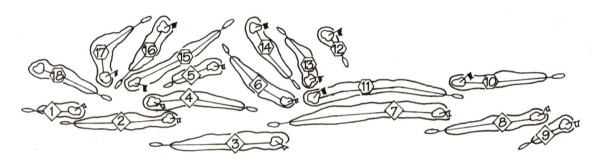

图2.34 这个18球洞的场地设置是基于英国的皇家莱斯姆和圣安妮球场所绘制的。球洞9个9个各自成组。一般地，高尔夫设计者认为18球洞的设计对于一个给定的场地是合适的，然而商业利益的驱使，加上有些球手确实喜欢9个球洞的设置。

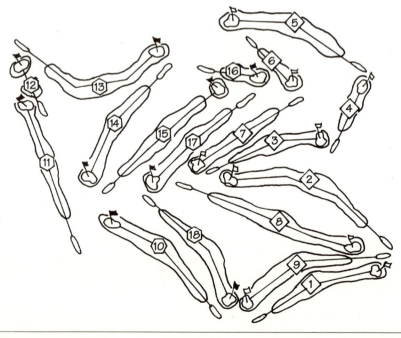

图2.35 佐治亚州的奥古斯塔球场因为9个球洞的成组布置而显得很传统，而球洞是布置在椭圆形上的，而不是伸展开来，这就给周围相对完整的空间。

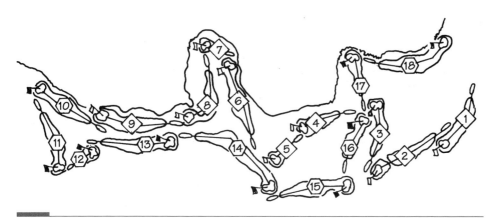

图2.36 这个在加利福尼亚州的碎石海滩球场也有18个球洞。但是两组9个的球洞在第3、4、16和17球洞处交叉。

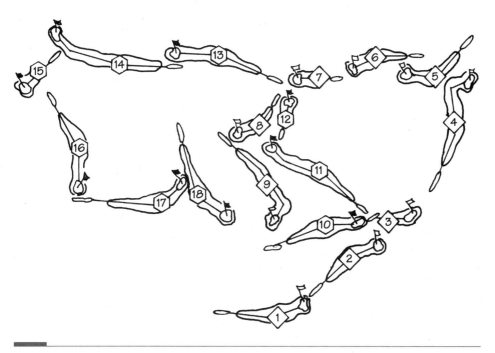

图2.37 和奥古斯塔球场不一样,佛罗里达州的鹰松球场把核心式布置和首尾相连的布置方法相结合,在第7、8、12和13球洞处相交叉。

2. 与住宅和办公建筑整合设计(图2.38、图2.40)。

 a. 单球道返回:两组9个球洞的球道组成18个洞的球场(图2.39)。

 b. 双球道,每9个球洞返回(图2.41、图2.42)。

 c. 穆尔赫德和兰多也描述了连续双球道和连续单球道只在第18个球洞才返回的情形(图2.42)[6]。

3. 网状中心,每三个球洞就回到俱乐部建筑(图2.43)。

44 第一部分 高尔夫运动和球场

图2.38 当高尔夫球场和住宅等项目整合设计时,在布局上也会相应变化。在北卡罗来纳州,橡树林球场就采用了鞋带式地布置球洞的方式,而在中间留下了充足的发展空间。每9个球洞就回到中间的俱乐部建筑旁,而在每个球洞的两侧都有足够的预留空间。

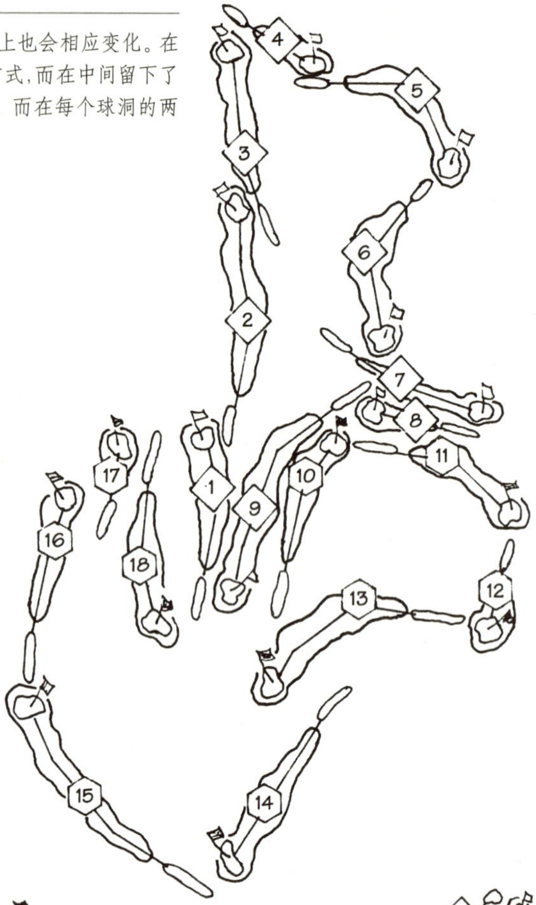

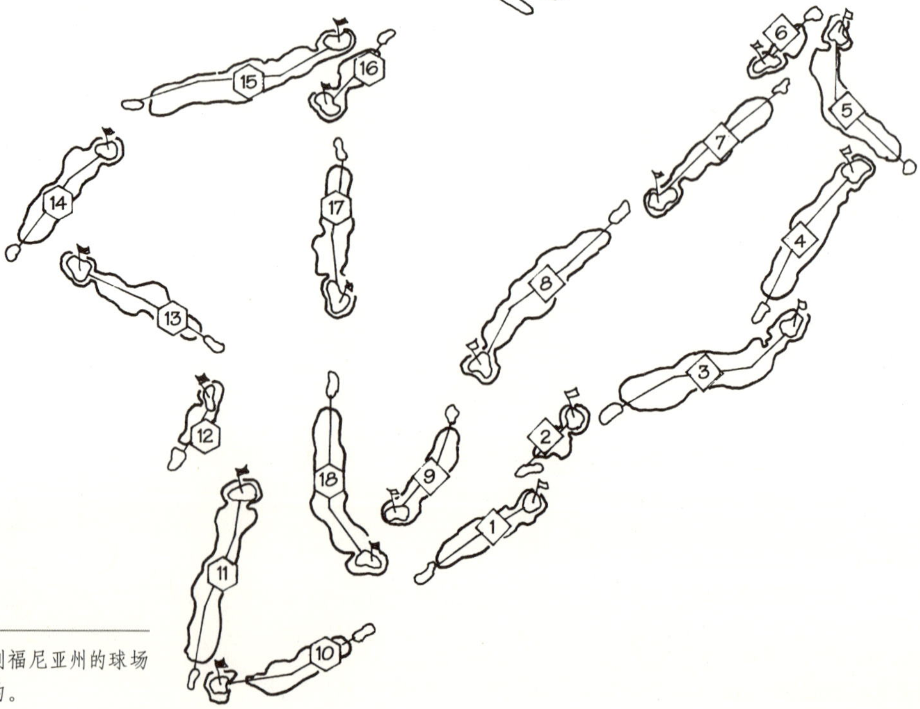

图2.39 这个位于加利福尼亚州的球场就是按照鞋带式布局的。

第二章　规划设计球场　　45

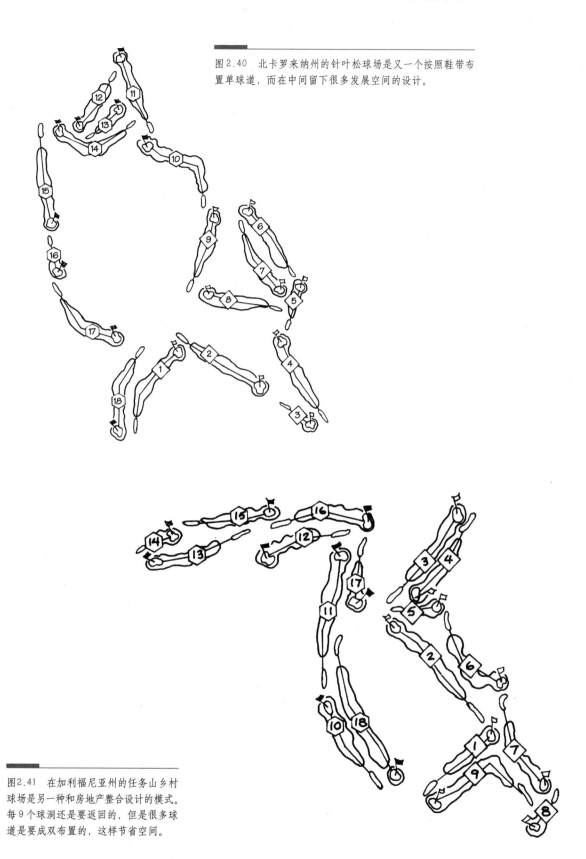

图2.40　北卡罗来纳州的针叶松球场是又一个按照鞋带布置单球道，而在中间留下很多发展空间的设计。

图2.41　在加利福尼亚州的任务山乡村球场是另一种和房地产整合设计的模式。每9个球洞还是要返回的，但是很多球道是要成双布置的，这样节省空间。

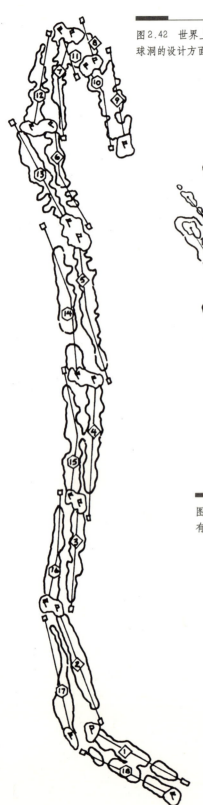

图2.42 世界上最老的、最著名的球场,位于苏格兰圣安德鲁斯的老球场,在使用连续双球道,18球洞的设计方面,堪称典范。一个在以往的球场中很难看到的特征是7和11的交叉。

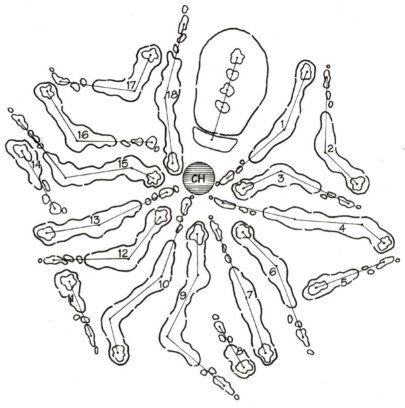

图2.43 这是一个笔者设计的例子。每三个球洞就回到中心的俱乐部建筑,这样可以有效提高商业价值,贯彻3B规则(打球、乐队配合、啤酒),与3P规则形成对照。

地形 布局方式仍然是一个划分标准。[7]

1. 起伏的
2. 山坡
3. 冰川留下的山谷
4. 沉积岩体
5. 梯田
6. 升起的平台
7. 沙地
8. 废弃地(包括垃圾、碎石、深坑、杂货堆积、煤场)

结合场地而不是覆盖场地进行设计

高尔夫对于环境的影响是当今的一个重要话题。支持者和反对者各执一词，我们总会找到一些事实的。

如果说开发是占用土地的，那么只要能够在选定场地进行设计时，保证有所创造性的设计，而且和既有的敏感益损地带有一定的隔离就可以。

在很多情况下开发商选定的地段，设计师只能够说明在这样的场地上应该作怎样的动作，才显合理。现代的技术手段已经能够提供一切方法实现开发商对于场地发展的梦想，不管是挖还是填，是堆积还是铲平。正是因为有大量这样的现象的发生才会引起相关的环境、立法和制定规则的机构，还有公众的重视，甚至反对。

这样庞大的立法管理程序，加上很高的建造费用，已经使得球场的开发是一个天文数字了。但是更重要的是，这样的做法，不管是在经济上，还是在更为关键的环境问题上，是不可持续发展的。

我们必须朝着一个更为可持续发展的方向迈进，少一些唐突和鲁莽，少一些花费，多一些管理控制。设计者在这当中可以扮演一个重要的角色。

理想情况下，设计会随着场地而变化。一个终极的目标就是当一个球场开放的时候，看上去它已经在那里存在很久一样。要达到这个目标，一个很重要的就是设计时要考虑到野生动植物将在这里怎样继续生存下去。

和人类一样，它们也需要空间、食物、庇护和水。考虑到这些的话，将在人和自然之间达到一种平衡。而且这样考虑动植物的要求来进行设计，始终不放弃对这些因素的关照，将使得设计在生态和经济方面都取得最大效益。

一旦确定了以生态为中心的设计宗旨，那么草种和其他植物的选择就成为最重要的了。对于球场的另一方面的批评就是过量地使用水和化学药剂，所以要选择适合在这个场地上生存的植物。

野生动植物的管理

野生动植物需要空间、食物、庇护和水这四个生存的要素。

首先考虑的就是食物来源（图2.44）。选择结实量比较大、质量比较高的植物品种，将给很多种类的动物提供食物。

水的供给必不可少。比如说鸟就不仅仅是喝水，还用水来整洁羽毛，给身体降温等（图2.45）。

庇护所，是给动物生育、哺乳、休息、喂食提供保证的（图2.46）。考虑提供庇护是和提供食物结合在一起的，因为如果没有场所进食的话，动物是不会来的。

动物在觅食的时候往往使用灌木篱墙或者高大的树木作为通行的通道。一个理想的设计要包含不同种类的花、草、灌木和树木，容纳不同种类的动植物。死去的树木、障碍物，给食虫的哺乳类动物和鸟儿提供了庇护，而森林下方的空间则是很好的遮挡。

足够的场地也是重要的，因为动物也会因为拥挤不堪而离去(图2.47)。合适的尺度是一只老鼠几平方英尺，而一只熊几千英亩。

一个场地不仅要足够空间，还要同时提供水、食物和庇护所才行。在一定的时段内，一个场地是适合一定数目的几种动植物共存的，这被称为"承载量"。

空间的组织方式决定了适合什么样的动植物的生存。四个要素是不可或缺的，有些场地有特殊性，河流适合鱼类，树林适合鸟类等。

图2.44 野生动植物的食物范围是很宽的，不管是本地生还是外来种的植物果实，或者人工投食，都一律可以接受，所以如果场地上有死去的植物，还是尽量保留吧，它是很多动植物的食物来源。

图2.45 这里展示的湖泊是一个大的湖泊群的一部分，有数目众多的野生动植物和我们一起分享着这个乐园。

图 2.46 加拿大不列颠哥伦比亚省的一个小山旁边的这个球场,可以说是野生动植物和球手共享的好场所。从黑熊到最小的动物,从小草到参天大树,都在这里很好地生息着。

图 2.47 这个加利福尼亚州的球场的航拍图,可以看到即使再增加几个新的球场,这里仍然会有大片的植被。这为大量的动植物提供了栖息地。

空间散布

不仅仅要有四个要素,而且它们要在空间上有一定的分散分布,不至于获得某一项太困难才行。一些种类需要很"纯净"的栖息地,但是大多数种类都是和其他种类共处的(图2.48)。比如说,沼泽地离草地越远,林场地就离田野越远,或者说在球道和池塘之间存在一个"边缘地带",这里比起单纯的沼泽,或者单纯的草地,有更多种类的生物。

在管理上,首先要确定有哪些种生物在这个场地上生存着,然后调查一下有哪些场地上现有的物种是适合这些生物的，再确定一份空间散布的评价报告。

评价报告需要明确在哪里有哪些物种的生存，确定有哪些因素对于这些物种的生存而言现阶段是缺少的，还要知道有哪些办法可以清除那些不希望在这里存活下去的物种。了解各种物种的生活的习性是至关重要的，这样才能明确鼓励或者抑制某些生物发展的可能的方法。

图2.48 在华盛顿的这个球场，就有一片面临池塘的草地，这里有很多生于"边缘地带"的生物品种。

植物的选择

植物的选择影响到了野生动植物的管理、维护的费用、杀虫剂的使用带来的环境问题和水体的保护等等，在这方面设计师要注意四点主要内容。

自然的地景 在可能的情况下，场地上现存的植物品种是应该被采用的。这不仅在经济上还是在环境上都有很多好处。因为它们将继续保持本地所有的物种，减少维护的费用。

本地生的植物品种的选择 单纯为了美学的效果而选择植物，会给费用的支出带来很大负担，而选择本地生的植物，则易于生存，减少用水和化学药剂的数量，减少维护费用。

草种的选择 选择的标准是自身恢复能力要强，能够进行理想高度的割草，能够适应土壤压紧的状态，耐磨损。

从环境的综合考虑的角度，草皮应该能够对于自然环境的冷暖、干旱、遮挡有很强的适应性，而对于病虫害和自然灾害不太敏感。草皮的选择应该是建立在上述条件之上的，而且应该分区片进行考虑。不合适的选择会增加用水量、用药量，增加经济负担。

生物种的过滤带 这样的过滤带一般是建立在球场和生物上较为敏感的地带之间的，这样易于保护现有的某些野生动植物栖息地。

总　结

合适的选址、设计和管理的高尔夫球场，会在很多方面给周围的环境带来好处。好的设计师、开发商和业主，应该从周围环境的角度多多考虑（图2.49）。因为他们有权建立一个可持续发展的、容纳动植物的、经济上合理、美观、被周边社区所接受的球场。可持续发展，从高尔夫事业的发展，从环境角度考虑，都是最重要的。

图2.49　这个高尔夫球场显然是在为创造一个人和动植物和平共处的乐园方面，考虑很多的一个典范。

注　释

1. Robert Trent Jones, foreword to *The Golf Course,* by G. S. Cornish and R. E. Whitten (New York: W. H. Smith, 1981), 6.
2. Robert Trent Jones Jr., *Golf by Design* (New York: Little Brown, 1993), 3.
3. George C. Thomas, *Golf Architecture in America* (Los Angeles: Times Mirror Press, 1927), 37.
4. James C. Balogh and William C. Walker, eds., Preface to *Golf Course Management and Construction: Environmental Issues* (Chelsea, Mich.: Lewis Publishers, 1993).
5. William R. Love, *An Environmental Approach to Golf Course Management* (Chicago: The American Society of Golf Course Architects, 1992), 6.
6. Desmond Muirhead and L. Guy Rando, *Golf Course Development and Real Estate,* (Washington, D.C.: Urban Land Institute, 1994), 45.
7. Robert Price, *Scotland's Golf Courses.* (Aberdeen, Scotland: Aberdeen University Press, 1989), 74–76.

第三章

选择场地和设计路线以及计算机的应用

在高尔夫球场中山丘是一个障碍。爬山本身就已经是一项运动了,而且山坡上不容易造球场。树木也一样,在很多时候都被证明是缺陷所在。

摘自《苏格兰的馈赠:高尔夫》,1928年,查尔斯·布莱尔·麦克唐纳(1856—1939年)

第二章粗线条描绘出了高尔夫设计中的基本考虑因素,3P原则,在三角形的顶点上是三个主要因素,中间是环境,环境包括自然的、社会的、经济的。这个关系是高尔夫设计的基础。而场地选择是第一步。

选择场地

直到1960年代,设计师都是在业主推荐的几个场地中选择球场的一块场地。随着高尔夫的发展越来越多地和周围的既有产业结合,设计师主要是在业主已经确定的场地的基础上,指出存在的问题,支持和反对在这里建设球场的理性原因。

随着对于现在的建造条件、农业实践知识的增加,现在的场地改造已经可以把从前认为是不可能改造的场地,通过进步了的机械条件、先进的灌溉技术、优良的草种培育技术等,变成了合适的高尔夫球场。当然在这当中,增加了很多的预算也起了很大的作用。

但是,在涉足于任何一片场地的改造之前,业主还是要向设计师咨询意见的,理想的场地应该是这样的:

1. 如果球场是一个私人项目,那么一个乡村俱乐部的形式再理想不过,但是如果按天收费的话,靠近繁华地段又是必不可少的。好在现在的优秀球手都不惜走很长的路途,到一个好的球场打球。正应了那句老话"你设下一个鼠套,自会有路通到门口。"所以今天很多美国的球场可以吸引其他大州的球手。

2. 没有突然的陡坡的缓缓起伏的地形。现在的高尔夫球车已经使得穿越这样的坡地变得简单,但是太过陡的地形还是会产生很多莫测的效果,球经常上下坡,或者盲打。
3. 相对独立于湿地。如果场地中有小溪或者天然的湖泊,那么就会对于场地的长度有所限制,尤其是在对于环境问题这么重视的今天,跨越它们是不可能的。
4. 最小150英亩(约61公顷)的面积用于设置18个洞、球道、俱乐部和其他设施(但是也有一些很杰出的球场设计是在狭小的土地上完成的)。即使150英亩也不是很大,如果要有足够宽敞的空间进行设计的话,那么要200英亩了。
5. 场地的形状也会制约设计(图3.1)。但是一个独特的形状的场地也会促使一个有趣的平面路径设计。
6. 把最长的路径放置在南北方向上,这样就有效地避免了东西向阳光直射(图3.2)。
7. 有足够的水源,比如说井、城市用水、农业用水,或者小溪、河流等等。
8. 如果没有其他动力来源的话,最好是接近城市的三相电网。
9. 有很好的灌溉的土壤。有着疏松多孔的表层土的沙土,兼有砾石、卵石,是

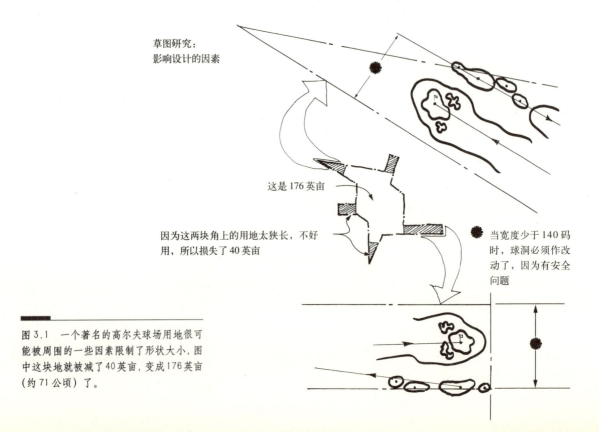

图3.1 一个著名的高尔夫球场用地很可能被周围的一些因素限制了形状大小,图中这块地就被减了40英亩,变成176英亩(约71公顷)了。

第三章 选择场地和设计路线以及计算机的应用　　**55**

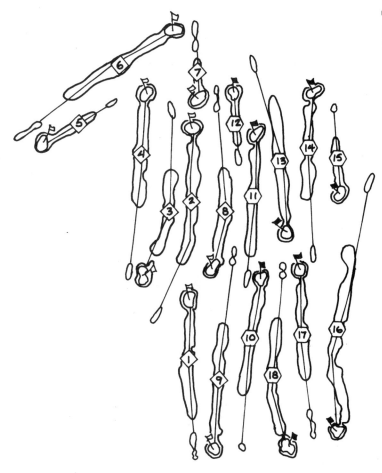

图 3.2　在南方的火石球场，除了两条路径以外的所有路径都是南北向的。

最理想的。现在很多世界上的最优秀的球场，都是坐落在没有石头的沙土地上的。但是如前面所述，沙土比较少的场地也是可以被改造成高尔夫用地的。

10. 树木的覆盖并不是必需的，即使是在内陆的球场。当然从林场或者其他什么地方移栽一些树木是很好的。前提是好树种，如果现存的树木在质量上不大令人满意，那么除了留一些特殊树种和生物栖息所用的树种以外，其余的都可以砍掉。

11. 没有公用的道路穿越球场。但是如果邻近就有的话，设计师、业主和球手也要容忍它。

虽然有这些理想的特征的描述，但是现实中很多设计师总是选择有很多困难的场地来设计出一个令人惊讶的球场。也许真的是任何条件的场地都可以改造成为高尔夫球场，只要资金允许。

泥煤和粪肥土壤，乍看起来还不错，尤其是用在施肥方面，但是一旦灌溉则会变得不均匀沉陷（图3.3）。所以很多这种类型的土壤，被划为湿地一类，不允许作高

图 3.3 这块土地提供了很好的泥炭土的来源，但是不适合高尔夫运动。

尔夫球场用。有些泥煤土，经过填实，可以最大限度地减少空隙，减少今后沉陷的可能。原来总是在泥煤土上直接撒草种的，但是这样的结果就是土壤在灌溉以后越陷越深，乃至灌溉系统遭到破坏，除非用软管灌溉。

在这方面的专家就是土壤工程师了。他们要对土壤进行抽样检测，确定其中可能沉陷部分的深度，确定需要填实的厚度。"破坏背部"是他们用来形容这种填实工作的行话。

数百年以来，和高尔夫球场的建造有关的人员都是在现场凭目测来确定设计的，从来不用纸上画图，没有地形图的，最终的设计结果也许会在纸上留下来成为文件，也许只是反映为现场的操作了。最早的苏格兰的球场设计也许更随意，当时他们称之为"一个星期天下午的18个木桩"。

那时候很多设计者本身只是绿树的养护人或者相关专业的人员。直到石南树丛时代，用于高尔夫球场的土地被开放，这样才使得设计者及相关的协助人员得以在场地上打球帮助设计（图3.4）。（这样的方法，也就是通过打球或者观看他人打球来进行设计，在今天电脑技术如此发达的时代，仍然盛行。显然，不像沙土地那样，林地总是在这方面有一些障碍，在清除场地之前是不能够准确判断的。）

在19世纪末，随着地形图的日渐详实，设计者开始在图板上工作了。这股潮流终于在全球盛行开来，因为业主、开发商等人都要在建造之前理解设计者的意图。

图 3.4 这光滑而略带起伏的场地，很适合用打球的办法来判断哪里设置球洞比较合适。设计师和咨询人员正在试验中，虽然他们不像专业选手那样出众，但是乐趣无穷。

可是，直到今天，环境问题、设备的允许能力已经日益重要，设计师还是首选在场地上"目测"出设计来，然后在图板上加以表示，以便别人了解他的设计。通常他们是用二维鸟瞰彩图来表示的。

虽然今天已经有高级的电脑辅助设计了，但是在选定球路之前前后后，现场的勘察设计，还是不可取代的。如果只是在纸上画画，那么可能会遗漏掉很多重要的景观要素，还有很多缓和的但是精致细微的地形变化，是不会在地形图上有所表示的。

在实践中，高尔夫球场设计更多地支持现场设计，而不是纸上设计。如果没有需要别人看图纸的要求，那么很多设计将仍然停留在现场阶段。

线路设计所需要的数据

现场场地勘察以后，就需要在纸上作线路设计了。理想状况下，设计师需要在本章后面附录 A 中列出的许多数据。但是很多时候这些数据是没有办法得到的。得到的数据越详细具体，设计师就可能作出一个越接近业主意图的高质量的设计。

地形图，能够提供关于场地周边的一些情况，通常被称为背景图，要注意的是往往业主和开发商并不理解地形图。

附录B列出了"线路设计及详细报告"的有关内容。一旦附录A中的数据已经得到,并且设计者已经详细掌握这些数据,他就应该考虑是否要对于附录B中的内容考察一番了。我们的先驱设计师们是没有这一步工作的,然而他们当时可是完全在现场工作的。

在具体设计确定之前,会有几个备选方案。首先第一步要确定的就是俱乐部的位置。

俱乐部建筑的位置

尽管具体的俱乐部场地设计是由它的建筑师来完成的,但是球场设计师仍然要在一开始就确定一块大约4英亩大小的场地,用作俱乐部、停车场、高尔夫小车的存放、其他设备的储存等(图3.5)。这里面不包括发球区和最终的绿地布置。

包括商店在内的俱乐部,是整个场地的中心。有时候设计师在深入勘察场地以后,确定在哪里建造俱乐部;有时候是在确定几个球洞的位置以后,确定俱乐部的位置。无论如何。俱乐部的位置选择,即使不是第一步,也是在开始阶段中的。

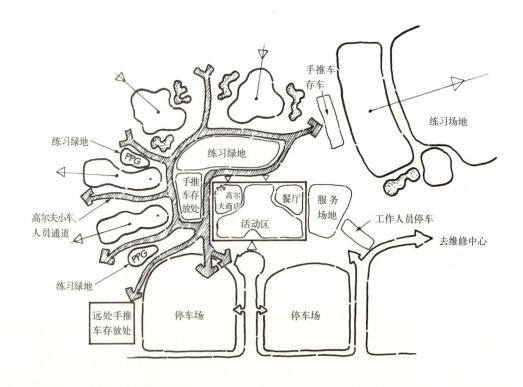

图3.5 这张图很好地说明了根据外部场地因素调整内部布局的情况。

在选择俱乐部用地时应该考虑的有：

1. 相对于两个发球区、两个最终绿地、练习发球区、商店等的大致位置。从俱乐部出发，可以在360°范围内设置球洞了。有时候会选择180°范围内，这样会使得一个方向上比较安全；有时候会在更小的角度内选择，这样就要求它们离俱乐部有一定距离（图3.6和图3.7）。

图3.6　大约210°的视角使得几乎所有的球洞、发球区，所有的活动都尽收眼底。

图3.7　虽然有270°的视角，但是发球区还是看不见，因为俱乐部在建造时就扭转了一个角度。

2. 有足够的高尔夫设备的存放空间，也可以是地下的，但是一定要注意当地的规范，因为很多地方规定了不能在餐厅下面做车库的。

3. 足够的停车空间，对于一个正常的18球洞的球场而言，设计150到200个停车位比较合适。如果是有很多社会活动在俱乐部里举行的话，要考虑多设一些车位；要是仅仅是提供给有限制的比赛用，那么可以少一点。

4. 眺望远处、纵观球场都有良好的视野。能够看到最后一杆是很重要的，是整个俱乐部中最重要的看点。而且，从最后的一块绿地到俱乐部的路程不应该设计得太陡。

5. 从旁边的道路能够很方便地进入俱乐部。私人的球场往往求静而选择远离主要道路的地方设置俱乐部。而在那种按天计价的公共性球场，俱乐部往往布置在邻近高速公路的方向上，而在它和高速公路之间（图3.8），或者在它的一侧或两侧设置停车场。

6. 土质要足够坚实以承载这个建筑物。

图3.8 俱乐部靠近主要道路节省了建造进入球场的支路的费用。

准备球路

下面是在俱乐部选址条件以外的16项有关路径选择的因素：

1. **核心布置**：在核心地带，高尔夫球是惟一的用地选择。设计师一般采用顺时针的方式布置球洞，这样就可以保证球洞不会出现在大多数使用右手打球的球手不易打击到的一侧。但是更多的情况时外圈采用顺时针方向排列球洞，内圈采用逆时针方向，这是因为内外圈的行走方向本身就是不一样的。

设计师瑞·约翰，德斯蒙德·缪尔黑德，以及景观设计师盖·伦德设计了包括周围建筑在内的核心地带，俱乐部建筑在中央，旁边的球道采用连续的单球道和双球道布置。

在老汤姆·莫里斯的晚年，他设想出了一种球场布置方法，球手在开始的四个球中面朝不同的四个方向，这在设计中却很难达到，因为通道本身，更多地受周围房产的影响，而不仅仅是受高尔夫球场的左右。

2. **球路**：在球洞的位置设置上确实很费脑筋。包括第一杆在内，前三杆不能超过三个平推杆，这样前两杆比较容易的话，就不会使得人们在这里太拥挤，而且能给球手鼓舞士气。

渐渐地，球洞设置可难可易，往往在两个比较难打的球洞之间插入一个简单的球洞，可以给人喘息的机会。

有个别建筑师喜欢最后一杆设置得简单。但是在这决胜杆中，可以设置合适的击打长度，这样想要取得优胜的球手可以挑战长杆，而一般的球手也可以轻松结束。

结合风向和上下坡，在每九杆中可以设置3个或5个平推杆。

3. **方向**：为避免日出日落的影响，一般没有东西向的球洞布置。尤其第一杆面对日出，最后一杆面对日落，是为人们所不取的。

4. **多样性**：除非地形单调，是不会设计连续的三个或五个平推杆的。但是也有例外。如加利福尼亚的柏树球场，是世界上最杰出的球场之一，就不顾这条常规。在圣保罗的乡村球场，在一行里有三组五个平推杆，但是无论球手还是观众多反应良好。

5. **连续**：从果岭到发球区的距离在200—300英尺(约61—91米)左右为宜。太长的距离会让人厌烦。

6. **练习设施**：一个面朝北方的练习区域是很重要的，一定不要面朝东西。还有一些其他设施，如推杆练习场、障碍物、练习球洞，甚至推杆课程。

7．间距：球洞之间最小200至250英尺。

8．全景：应该保证开始比赛的球手能够看到第一和第十发球区，第九和第十八果岭。有些设计师会考虑俱乐部中的商店部分有好的景致。

9．可见度：尽可能地减少盲打，设计师往往会追求每一杆都可见。

10．平衡长度：球场应该适合每一个俱乐部的使用。高尔夫设计师威廉·罗宾逊在表3.1中给出了实现的方法。表3.2则表示了设计师拉·普里斯马对高尔夫球场所作的详细分析。

11．技术水平：一个球场应该适合不同水平的球手共同使用。实现的办法之一就是提供几套不同的发球区放置方案，这样就可以产生不同长度的球路：长的（6600至7000码），中等的（6000至6400码），短的（5000至5800码），甚至更短的（4800码左右）。这样可以有效地激发优秀球手的兴致，而不至于打击一般球手。

12．短路径选择：现在4800码的发球区之间的距离变得越来越流行。这主要是源于为妇女们考虑而设置双球道的考虑。这样很多老的球场正在加入这样的球道，新建球场更是采用了两者兼有的方式。据调查显示，女子平均击打距离是5800码，而较为优秀的女子选手可以有85%达到男子击打长度，普通情况下则只有75%。这样女子的标准就应该是长的距离大约5400至5800码，短距离大约4600至5400码。

而且，往往享受这一长度的不仅是女子球手，在优秀的男选手中也相当流行。更何况，这样的短距离发球区帮助了家庭高尔夫潮流返回美国，想想看，一家三口，一起在球场上娱乐运动是多么温馨。

13．安全：现在的人们虽然不比他们的父辈更加野蛮，但是很多人还是很放荡不羁的，安全问题在球场设计中尤为重要。

在这里没有什么事情是绝对安全的。只有在开发商为了追求最大利益的情况下，敦促设计师在既有的房地产项目前设置缓冲。

遇到这种情况，最常见的解决办法就是由放弃权利的遗嘱附录同意房地产已经在考虑球场设置的前提下售出。

直到最近，安全问题可能在"小孩不许入内"的幌子下有所缓解。但是，这样的指示，在美国被认为是有歧视色彩的，被禁止。

表 3.1
估计击球距离——
满足所有球杆使用的平衡距离

估计击球距离

球杆	长打	短打	球杆	长打	短打
1 木头	240 码	210 码	5 钢铁	170 码	140 码
2″	220	200	6″	160	130
3″	210	190	7″	150	120
4″	200	180	8″	140	110
2 钢铁	190	170	9″	125	100
3″	185	160	楔形铁头球杆	30 — 120	30—90
4″	180	150	可以使用楔形铁头球杆或轻击杆		

球洞	长打距离	所用球杆	短打距离	所用球杆
1	380	1W,8	360	1W,4
2	400	1W,6	380	1W,2
3	540	1W,3W,W	520	1W,3W,5
4	360	1W,9	340	1W,6
5	190	2	160	3
6	430	1W,2	400	1W,2W
7	500	1W,2W,W	480	1W,4W,W
8	150	7	140	5
9	410	1W,5	390	1W,4W
	3360		3170	
10	370	1W,8	350	1W,5
11	520	1W,3W,W	500	1W,3W,9
12	405	1W,5	370	1W,3
13	215	4W	190	3W
14	340	1W,W	320	1W,7
15	410	1W,5	380	1W,2
16	560	1W,3W,9	510	1W,3W,8
17	175	4	140	5
18	420	1W,3	390	1W,4W
	3415		3150	
	3360		3170	
	6775		6320	

表 3.2
拉·普里斯马：高尔夫球场详细分析

项目：拉·普里斯马　　　　　　　　　　　　　　日期

	球洞间距				击打长度			击打方向	高度变化		
	蓝	白	红	标准杆数	蓝	白	红		1ST SHOT	2ND SHOT	APP. SHOT
1	542	529	447	5	92	159	47	L→R	→	→	↗
2	432	403	337	4	202	33	67	ST	↘		→
3	158	130	98	3	158	130	98	L→R			↗
4	340	321	274	4	110	131	4	ST	↗		↗
5	433	400	344	4	203	30	74	R→L	↗		→
6	566	527	457	5	116	157	57	L→R		→	→
7	427	400	353	4	197	30	83	R→L			→
8	437	405	353	4	207	35	83	ST	↘		↗
9	227	201	165	3	227	11	25	ST			↗
进入	3,562	3,316	2,828	36	平均 168	平均 80	平均 60	ST: 4 L→R: 3 R→L: 2			
10	465	438	365	4	15	68	95	ST	→		→
11	389	371	329	4	159	181	59	L→R	↗		→
12	609	587	558	5	159	37	28	R→L	→	→	→
13	169	149	123	3	169	149	123	ST			→
14	366	366	304	4	194	176	34	ST	→		→
15	532	503	458	5	82	133	58	L→R	→	↗	
16	436	395	340	4	206	25	70	L→R	→		→
17	167	145	118	3	167	145	118	ST			→
18	410	387	340	4	180	17	70	ST	→		→
IN	3,543	3,341	2,935	36	平均 148	平均 103	平均 73	ST: 5 L→R: 3 R→L: 1	水平	向上 →	向下 ↘
TOTAL	7,105	6,657	5,763	72	平均 158	平均 92	平均 66	ST: 9 L→R: 6 R→L: 3			

	长度	变化			急转弯（左）	急转弯（右）	直球
标准杆数 3's	130 145 149 201	15 4 52			—	—	3, 9, 13, 17
标准杆数 4's	321 366 371 387 395 400 400 403 405 438	45 5 16 8 5 0 3 2 33			2,4,7,8,16	10,11,14	5, 18
标准杆数 5's	503 527 529 587	24 2 58			1, 6, 15		6, 12, 15

前两击的平均长度
B：230-220
W：190-180
R：140-130

主要风向　　　北

第三章 选择场地和设计路线以及计算机的应用

后退并不能够彻底解决问题（图3.9）。每一个球洞都应该对于左曲球和右曲球，给予考虑。邻近建筑的角度也许可以在一定程度上缓解矛盾（图3.10）。

注意到周围道路的位置，和过街行人也是十分必要的。交叉口应该布置在右侧，有时可以布置单向摩托车道，避免危险（图3.11）。

总之，没有什么办法可以代替后退，但是即使后退也不是保证没有危险。

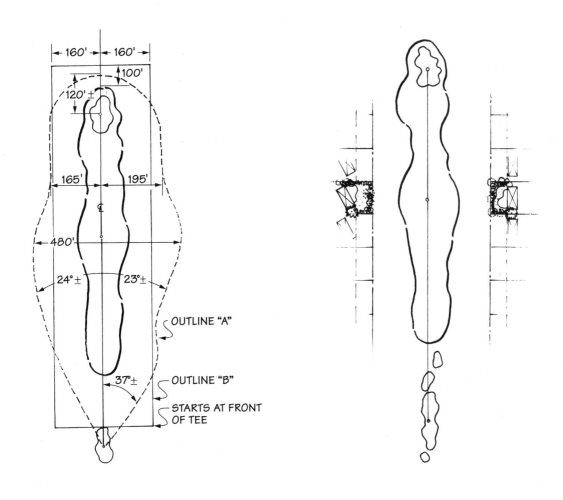

图3.9 假设球手打球可以打到无穷远的地方，可以打到任何方向，那么这两条从两个办公建筑出发的线，并不能保证包含所有的击打。外圈线表示的是多数的球都落在它里面，每一个球洞都是不一样的，即使是一个球洞也会因为不同的天气、风向、植被条件、土壤条件而有不同的表现。A线表示的是球击打出来的点，而B线表示的是发球区和果岭的大小。

图3.10 球洞右方的建筑物按照平行于红线建设，而左侧的建筑则有角度的倾斜，保留了一定的室外空间。

图 3.11 当高尔夫球场和交通相遇时，采用右侧交叉口是比较安全的。

14. 其他：在总图上还应该表示出的有高尔夫小车路径、遮蔽物、设备大楼和植物培养园。

高尔夫小车路径：几乎所有的球手都使用高尔夫小车，所以要布置合适的路径给他们。实际上，高尔夫小车路径的设置可以不顾及比赛、养护和美观。但是设计路径还是有很多限制条件的：

(1) 不能太陡，不能倾斜于路的一侧
(2) 不能有急转弯
(3) 要有充足的保护性栏杆
(4) 不能与球路相交，以免被球撞着
(5) 表面不能太滑

没有什么路径是理想的，但是还是有章可循的：

(1) 因为大多数球手都打右曲球。所以最好路径设置在球路的左侧，也有一些例外的情况（图 3.12）。
(2) 一般地，从球路中线向外作 90 英尺的偏移，得到高尔夫小车路径中线，但不一定这样严格，高尔夫小车路径一定要邻近发球区和果岭。
(3) 考虑美观的话，稍有弯曲的高尔夫小车路径要比直路更好，但是太急的转弯，会带来困难的（图 3.13）。
(4) 越少穿越球洞越好，但是如果一定要穿过发球区的话，那么球手可以选择在任何地方离开高尔夫小车路径，或者依靠标志的指示（图 3.14）。

第三章　选择场地和设计路线以及计算机的应用　　67

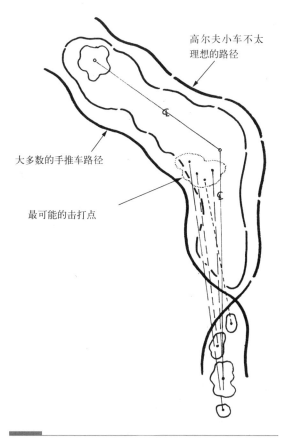

图3.12　图中球洞的位置决定了大多数球手都会左打，减少距离，这种情况下，在右侧布置高尔夫小车路径就会显得太远了。

图3.13　太直的路径将会让人厌烦，但是如果带有过多的拐弯，就会让球手太懒散，无意中停留在路径上。

图3.14　这是一个高尔夫小车路径穿越发球区的例子。这是一种解决在起坡处小车离开路径的办法。

(5) 停车区域要求在发球区果岭和练习场地旁边（图3.15、图3.16），也有要求高尔夫小车路径设在环路上的（图3.17）。

(6) 一般地，高尔夫小车路径服务一侧的球洞，但是也有双侧服务的设计，这样比较危险，因为球手会面对相反方向的来球（图3.18）。

(7) 没有树木遮挡的高尔夫小车路径，也可以用土墩来遮挡（图3.19）。

(8) 如果高尔夫小车路径在整个场地上不是连续的话，就会有较深的球洞在尽头布置。为避免这样的情况，入口和出口可以作调整使得小车可以在任何地方方便地进出（参见图3.14）。

(9) 为了和ADA的规定取得一致，高尔夫小车路径必须间隔75码就设置出口。

图3.15 这个停车场足够一整个高尔夫巡回团的停车用了

图3.16 这个停车场提供了一处练习用地，而且鼓励在球场的各个部分之间的入口进入球场，好的停车设计会鼓励球手使用球场的其他设施。

第三章 选择场地和设计路线以及计算机的应用 69

图3.17 这个单拉出来的场地提供足够的停车用地,而且还留下了一个允许穿行的通道,路缘石可以保证车不会开到草地上。

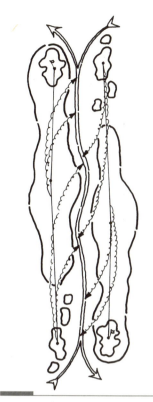

图3.18 两个方向的高尔夫小车路径,也许带来的麻烦要多于提高的效率。如果路径两侧的球洞离得太近,容易造成事故,但是如果球洞太远,又不会节省多少来往路程。

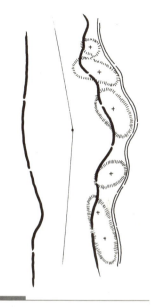

图3.19 比较低的土墩可以很好地掩蔽高尔夫小车路径,在地形设计中就考虑高尔夫小车路径的设置,会比较容易取得整合效果。

场地上的遮挡物:这种遮蔽物,有时候是由俱乐部设计师来设计取得协调一致的效果,但是很多时候也是由球场设计师设计在球路旁的。与设置在半程处的提供休息和厕所等设施的精致的建筑不一样,这些遮蔽物一般是离发球区和果岭越近越好(图3.20和图3.21)。在选址上,尽管遮蔽物要求不要离主要建筑物太远,但是最好是放在离俱乐部建筑远一点、每九个球洞的中点比较好(图3.22)。

很重要的一点,就是在设置包含了休息设施的遮蔽物,一定要设置在球达不到的地方,这点往往被忽视。

要求遮蔽物有合适的灯光照明、无障碍设计考虑,悬挑的屋顶可以增加覆盖面积,而足够的空间可以停放高尔夫小车,就使得大雨倾盆时所有的人都有遮蔽。

遮蔽物可以在一定程度上增加设计的美观,制造美妙的地景,加上花坛等,终年缤纷。

图 3.20 如图 2.34 所示的莱斯姆和圣安妮球场设计，它们的中点遮蔽物设置方法：遮蔽物同时位于两个 9 球洞路径的中点上。还有一种选择就是在离俱乐部建筑最远的第 9 和第 10 球洞之间布置遮蔽物。

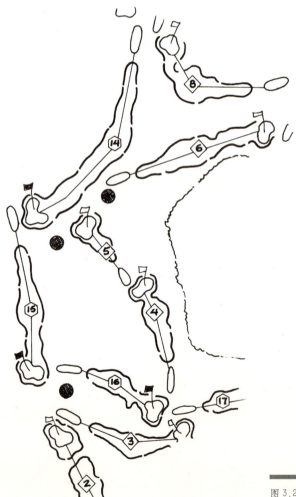

图 3.21 如图 2.36 所示的碎石海滩球场，遮蔽物设置在每一边的中点上，离俱乐部建筑最远的点是在第 10 和第 11 球洞之间。

第三章 选择场地和设计路线以及计算机的应用 71

图3.22 从一个简单的乡村小屋，到一个在建筑丰富性上超过俱乐部的遮蔽物，它可以容纳除了厕所之外的几乎所有的服务，最常见的就是放在手推小车上的饮料和三明治。

为设备房选址：理论上应该找一个中心而且安全的地方，但是不必要离俱乐部很近。在所有的季节，都可到达，并且仪器可操作。把设备房放在场地的一角上，会给工人的维修工作带来不便。有人认为把它和专业服务部放在一起会比较方便，便于管理。

在图3.23中表示出了在1—2英亩的场地上设置设备房、单独的化学药剂储备房、燃料房、仪器洗涤场所、员工停车，有时还有草种和树木培育房的简单情况。

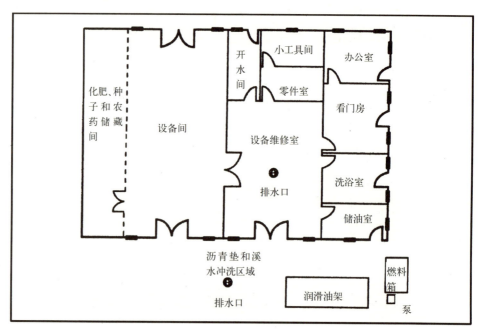

高尔夫球场的设备房的楼层平面图示例

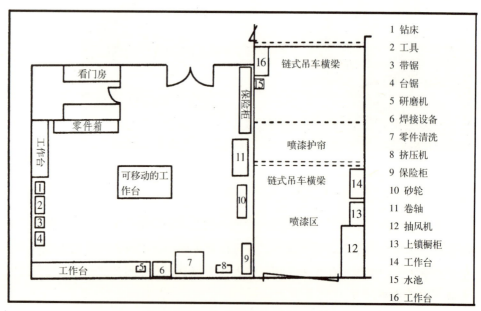

高尔夫球场的设备房的商店层平面图示例

图 3.23　GCSAAA 简单图示出了各层平面的布置。

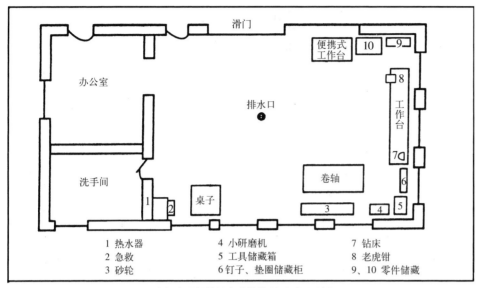

高尔夫球场的设备房的楼层平面图示例

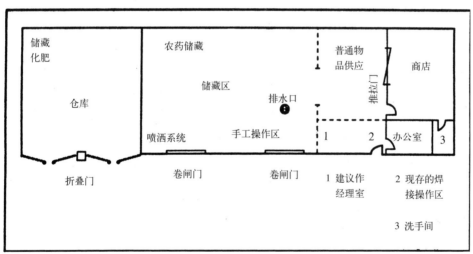

高尔夫球场的设备房的楼层平面图示例

图 3.23（续）

草种和树木培育：过去每个新建球场都会有一个为发球区、果岭和球道提供草皮的草种和树木培育房，但是后来，很多商业化的草皮供给公司可以在造价比较低的情况下提供优质草皮。所以草种和树木培育房有时就变得不必要了。

但是在设计中留有一片场地，还是谨慎的选择。因为有时候草种会因为球手的偏好而有所变化，这样就可以在不影响现在球场使用的情况下，在旁边进行草种培育。有时希望这一片场地能够靠近设备房，这样工人就可以在同时兼顾做活了。

有灌溉条件的靠近场地的树木配置，很受欢迎。可以在这里配置小的树苗，待到几年以后就可以栽种在场地上了。

15．将来替换的可能性：设计者已经意识到了球洞之间的距离会变得越来越大，所以要给发球区后移提供空间。

16．未来的发展：尽管很多业主一再强调不在球场边上布置产业，但是随着时代变化、地价上升，这种态度也在变化。所以设计者要为将来的发展留有空地，设有入口。

这上面的16条原则是在场地布置方面的图解说明。虽然仅仅是初步的说明，但是很有可能是要发展成为真正的场地设计案的。

设计师经常要对方案进行修改，两三次是家常便饭，我们都有20次修改平面的经历吧。

在整个过程中，设计师尊重了运动、美学、将来的维护三个重要原则，还有环境在给业主递交方案的时候，设计师也就能够对于附录B中的问题提交一份报告了。

场地布置对于整个设计是具有框架性的意义的。它还为下列工作作了准备：

- 准备初步预算估计
- 向公众宣传
- 筹集资金
- 审批（很多时候是专家审批，当然不是必须，依方案而定）

附录C给出了在场地设计以后要完成整个设计所需的项目。

在高尔夫球场和球洞设计中计算机的应用

在《激情高尔夫》中，劳伦斯·希恩描述高尔夫球场设计师迈克尔·赫德赞的办公室为"过去和现在的结合点,在那里既有最新的电脑设备,也有传自遥远年代的高尔夫古董。"赫德赞个人收藏有"3000本有关球场设计的书、6000个球场的木质模型和几千个高尔夫球"。[1]

设计师赫德赞在《高尔夫球场建筑》一书中描述了在加拿大不列颠哥伦比亚省温哥华附近的西林球场设计过程中电脑的应用情况。在同一章中,描写了前卫设计师爱德华·康纳用激光经纬仪、电脑、建模程序等方法工作的情况。[2]

在这个年代,在高尔夫球场设计中电脑的应用,已经很平常了,只是使用程度不一样而已。

设计师对于CADD(计算机辅助设计和绘图)程序,很是欢迎,它可以提供综合的、高度细化的设计。比如说剖面和透视图的生成,就可以在不耗费实际工程的情况下,看到未来的场地效果。

它提供了三维功能,这对于设计本身,和给别人展示都是很有帮助的。

实际上,设计师应用CADD画草图设计球洞,设计整个场地,同时计算土石方量、灌溉系统、草种花费等。

早些时候,CADD只用在设计平面、绘制图纸等方面,计算还是大量地由手工完成。这个费时费力的计算工作,有时候会使得本来颇有创意的设计作出妥协。

电脑的输入方法有所限制,并不是很适合独特的场地。但是设计师总是力图摆脱电脑输入方法带来的束缚,保持整体性和美观性合一的设计。后来电脑软件变得越快、功能越强大,很多原来很费时的工作开始变得简单。

CADD变得更加友好而灵活。很多属性是相伴而出现的,选项设置越灵活就会使得输入更加复杂。为了使得输入简单,设计者能够尽量集中注意力在设计上,计算机程序有所发展。比如说灌溉设计,给出场地的水源位置、喷嘴类型等,接下来要做的可以是:

- 把喷嘴放在设计位置上,并在它们之间连线
- 把喷嘴放在设计位置上,由计算机作出管道设计
- 在两项工作中都做一部分,剩下的由计算机完成

- 由计算机完成所有工作

这样，计算机就可以给出合适的管径大小、管径总量、喷嘴、弯头和水阀数目。这样就可以结合市场价作出预算分析。

下面介绍CADD在高尔夫球场设计中的一些独特应用。

准备基本地形图

基本上所有的地形图都是由航拍照片演变来的。从数据库下载的地形信息，提供了设计的第一步。

场地分析

应用地形模型，设计师就可以得出坡度方向，进而得出每一点高程，分析可见性，分析周围建筑物和树木的遮挡等。

球场设计

设计师可以同时进行二维和三维设计，设计有3个、4个或5个平推杆的球洞，进而给出球路。一旦确定了球路，就接着可以做停车设计、建筑设计和基本的植被设计了。

球场场地的地形图可以做成三角形的不规则网状图（TIN），这样就可以分析土石方量、挖掘深度了。在道路设计中，坡度分析、排水分析、道路中线选择和土地地形分析都可以由计算机完成。

景观设计

设计师可以同时进行二维、三维设计。软件供应商可以提供包括所有气候分区在内的资料。[3] 相关的模拟器可以大致展示出今后若干年的植物生长状况。从植物列表中可以读出植物品种、名称、大小和质量等。[4]

灌溉设计

设计者可以为水龙头、水阀、水管等定位了。并进行计算，合理设计。这包括有关于水流量、水压、水流速度和方向方面的设计。然后进行分流设计，计算出单位长度上的压力损失、流转一周的速度、控制时间等，随之确定管径。详细情况在第十章可以看到。

水力学和水文地理学

分水岭的设计中要考虑到排水最低点、泄水坡度、洪水控制手段等。这些特性可以通过河道网络，结合相关的水力学分析来完成。

在高尔夫设计中计算机应用的前景

虽然计算机的性能和应用空间还远远没有完全被开发，但是设计师不可能在计算机上完成他们所有的设计。因为设计作为一种艺术形式，是需要诉诸于铅笔和纸的。还需要在现场观察坡地特征、风向等等。

但是还是有人担心计算机的应用会危及传统的设计方法，与手工完全脱离。

尽管如此，大约最近一段时间内，很多设计者已经意识到设计本身是一项开放性的活动，是更加看重设计想法本身的。这大概是一种比较客观的态度了。

现在可以回顾一下，完成本书附录 B 的练习一。

注 释

1. Lawrence Sheehan, *A Passion for Golf* (New York: Clarkson Potter, 1994), 134.
2. Michael Hurdzan, *Golf Course Architecture: Design, Construction and Restoration* (Chelsea, Mich.: Sleeping Bear Press, 1996), 256f.
3. 软件差别很大：有的是涵盖了千种地景植物，有的只介绍常用的十几种。各种树木在形状上有很大差别，比如树干、分枝、叶子结构及机理，高度和粗细等等。

4. 有一种方法可以简化植物位置设计的过程，需要更少的钱和时间、更小的硬盘空间。当植物种植的设计完成以后，再插入完整的植物资料。

附录 A

设计师所需要的场地数据

1. 场地数据
    A. 基本的地形图，包括场地和周边地区，dwg 文件形式：
        1）法定边界
        2）地质勘探
        3）为球场定位所作的坐标系统
        4）现有建筑物及构筑物的定位和一般性描述
        5）周边相关构筑物的定位和一般性描述
    B. 场地鸟瞰图。
    C. 气象数据，包括：
        1）每月平均降雨量
        2）每月平均风向和风速
        3）每月平均气温、湿度、蒸发率
    D. 土壤分析（化学的和物理的）。美国农业部(USDA)的土壤分析包括了从国家资源保护委员会得到的大范围的土壤信息。
    E. 可以利用的公共设施，包括：
        1）水
        2）电力（三相）
        3）防洪设施
        4）污水处理
    F. 环境影响分析，包括水的利用、被危及的生物种群、考古地点、湿地、水的质量和球场建造相关的环境、健康方面的问题。
2. 一般的信息
    A. 现存的或者建议总体规划方案，包括周边情况。
    B. 业主以及其他各方面的代表的参与情况，包括：
        1）可利用的劳工
        2）可利用的设备和工具
        3）监管人员
        4）合同管理人员
    C. 建议的进度表。
    D. 建议的预算。

附录 B

线路设计及详细报告

1. 工程分析
   A．场地及周边地区的结构性的发展计划。
   B．有关高尔夫场地的一般性特征以及与周边地区的关系的书面报告。
2. 场地分析
   A．构筑物总揽。
   B．主要的植物。
   C．可利用的设施。
   D．土壤特性（物理的和化学的）。
   E．天气和气象数据。
   F．长远的发展计划，有关场地及其环境方面的。环境影响报告将被要求在这部分中给出。
3. 球场的总体设计
   A．有关球场具体设置、附属设施等的平面图，要与在第四部分中给出的书面报告相一致。
   B．彩色渲染图。
4. 设计分析
   A．关于球场及附属设施对于周围环境、社会和经济的影响。
   B．对于每一个球洞的可用性、可视度和维护的评析。
   C．主要建造过程的探讨，包括：
      1）土壤侵蚀分析
      2）清洗
      3）坡度解决办法
      4）排水
      5）灌溉水源和设备
      6）灌溉系统
      7）球场组成部分
      8）树木种植
      9）草场种植
      10）其他环境问题
   D．球场造价分析。
   E．建设时间进度表。

附录 C

在附录 B 中的工作完成以后
需要进行的设计项目

1. 球场设计要素
    A. 最终的球场设计。这是在前面的总体设计的基础上进行的"升级"。完成进一步的细化工作，并且满足变化了的周边条件。
    B. 分等级的设计。
    C. 平面设计包括：
        1) 环境的保护
        2) 下桩
        3) 清扫
        4) 分级
        5) 排水
        6) 灌溉
        7) 细化等级以及分片种草
        8) 种植植被
        9) 相关的球场设施，比如说小车的路径、桥梁、遮蔽物等
    D. 细化的方案包括：
        1) 果岭
        2) 发球区
        3) 沙坑
        4) 球道
        5) 水的设施
        6) 其他主要球场设施
    E. 细化的造价分析。
    F. 最终建造进度表。
2. 在建造之前就要准备的工作
    A. 合同。
    B. 选择监管人员、合同管理人员等。
    C. 建造期间可能需要的连续的设计。
    D. 观察建造过程。
3. 补充
    A. 在设计和建造过程中的帮助。
    B. 连续的咨询和辅助，在开工后不久将会有一系列的问题的出现，尤其是在建造监管人员不在场的情况下更是如此。设计师及其助手应解决这些问题而避免返工。

第四章

高尔夫球洞的设计

每一个球洞都应该有与众不同的特点。

摘自《高尔夫球建筑》,1920 年,阿利斯特·麦肯齐(1870—1934 年)

"上帝已经创造出了高尔夫球洞,而建筑师的责任是去发现它们。"这句话如此有影响力,要归功于唐纳德·罗斯。它表明,循着已有的等高线并移动少量的泥土,很多想像中的高尔夫球洞就可以造成。有些地方几乎不具备建设高尔夫球场所需要的自然条件。而一些现代的挖土设备使这样的地方,也能够建成球场。例如,由汤姆·法齐奥设计,位于拉斯韦加斯附近的"影子湾",就移动了数以百万计立方码的土石,才把一片沙漠地带改造成 18 洞的球场。而另一方面,由库尔和克伦肖设计,位于内布拉斯加州木伦斯的沙山高尔夫球场,则无须进行大的土石工程,只需要修整现有的等高线就行了。

一般的原则

无论是自然形成还是设计师的创造,每个球洞都是球洞区的一部分。本章将讨论规划这一部分时应考虑的因素。这是一项带有艺术性的工作,因此这里所说的原则不是固定的规则,只是一些指导。艺术家有自由发挥的空间,而且最后的形式来自设计者的判断和眼光。很有影响力的建筑师汤姆·法齐奥说过,在高尔夫球场的设计中,确实没有一定之规。

各部分的设计

景观建筑师肯尼思·K·赫尔芬德说,"任何设计,例如一座建筑,一个花园或是一个高尔夫球洞,都可以分解后去研究它的组成部分。"[1] 像球洞区、球座、障碍洞这些高尔夫球洞的组成部分,虽然都起源于苏格兰,但既可以是天然的,也可以是人造的或是人工修整过的。

既存在需要战术、有惩罚措施以及需要冒险的洞穴,又存在第二章中所描述的那类经典洞穴;当然更多的是没有以上特征的洞穴。同样,在高尔夫运动中,既有技巧超群的选手,也有完全不会的;还有水平介于两者之间的。一般来说,建筑师会考虑到各种水平球手的需要。想要达到这个目的,适应于熟练选手的球洞的整体设计就不必顾及了。而且,中级或高级障碍赛的选手即使能够循球座顺序打球,也还是希望他们所使用的球场具有整体设计。建筑师的职责之一就是鼓励高尔夫选手提高他们的球技。风险回报球洞就是通过为选手提供进洞的其他方式,来促进技术的进步。

标准杆

首先要考虑的是标准杆；这是高尔夫球规则中最基本的指标。下表中列出了标准杆规定的距离，数字表示每个球座的中心点到球洞中心的水平距离，以码为单位。除非球洞到球座的路线是直的，否则测量距离时先测球座中心到转弯点的距离，再测转弯点到球洞中心的距离。根据规则，这些测量应遵循建筑师设计的路线，一般沿着球洞的地理中心线。

标准杆	男子选手	女子选手
3	开球点到250	开球点到210
4	251到470	211到400
5	471到尽端	401到575
6		576到尽端

测量所得的距离就是标准杆的要求。但是也有例外的情况，包括一些极端的问题，如击球范围中有陡坡或者刮强风，这时可以修改标准。但是无论如何，距离都是击球入洞的最重要因素。

针对女选手的设计

当代的赛场设计要求更适合女选手的需要。1995年曾任美国高尔夫球场建筑师协会（ASGCA）主席的杰夫·布劳尔强调，建筑师还应考虑从球座到球洞区的距离。建筑师还可以安排一个热身区域以及几个零星的小场地，如果障碍洞很深，还可以设计一个浅斜面以利于球的运动。布劳尔预言未来的高尔夫球场将会有更多的混合双打——这也是我们已经看到的趋势。

树木和高尔夫球的关系

看起来高尔夫球和树木没什么关系。然而当高尔夫运动从苏格兰渐渐传到英格兰和爱尔兰以至全世界，树木成为这项运动中的一个重要因素，现在已经充当有着深刻影响的角色，关系到球场的维修整理以及球手目测球洞远近时的效果。球场上随处可见的树木给人美感，可是偶然出现的树木，以及没有恰当清除的树木也会使很多球洞的使用受损。

以下是7种关于种植和清除球场树木的常见疏漏：

1. 林木线之间的宽度不合适
2. 没有考虑到树木成熟后的轮廓变化（图4.1a、图4.1b）
3. 保留的或者种植的树木太密集以至于不能做铺装和安装球座
4. 对于气流变化情况考虑不足
5. 树木阻塞了景观通道以及球洞之间的视线（图4.2）
6. 交通空间被树木挤占（图4.3、图4.4）
7. 树木增加了障碍和目标洞之间的难度（图4.5）

第四章 高尔夫球洞的设计

以前

后来

图4.1a 在以前,有足够的绿化作为背景,还有大量的空间可以透过阳光和气流。

图4.1b 后来,树木渐渐长大,无法预期其最终的轮廓和密度,造成树荫过多,空气流动不畅,危及草皮的生长。

图4.2 俄勒冈州本德市的鸟瞰图。背景的群山是"河边高尔夫俱乐部",如果修剪不善,可能被一片绿色淹没,球场不复得见。

图4.3 加利福尼亚州Lompoc城的La Purisima球场,培育的树木除足够安排球洞和运动的需要,还有开敞的视野看清球员的动作(戴维·鲍尔)。

图 4.4 在华盛顿州 Port Ludlow 的这个标准杆为 3 杆的场地，有效的清除工作使足够的阳光和空气能自由进入，但是场地的通达性不够好，眺望者也不易看到。

图 4.5 这条有障碍物和树木的球道说明了增加树木的难度。无论站在沙地上还是草地上，只要站在树后，选手都会被罚一杆。

　　在整理树木的过程中，无论是特意栽种还是保留，都应该有一定目的，包括安全、击球、美观、制造树阴特别是球座区的树阴、挡风等多种需要（图4.6—图4.8）。

　　但是在实际操作中，树和灌木与草皮过于接近，造成了不利的微气候。表现为空气流通不畅，树阴过于浓密，树根与草根争夺资源。结果，使草皮质量下降。

　　树木总是作为球场的一部分而存在着。当它长成以后，希望它最大限度地类似一个"不寻常"的球洞。在击球区被恰当地留下来的树木，很好地起到了障碍物的作

第四章　高尔夫球洞的设计　**87**

图4.6　这排柏树最初是为牧场挡风用的。作为加利福尼亚州海岸农场这片草地的美丽背景,它们被留了下来。

图4.7　树荫的效果可以是非常生动的。但天色渐暗时,可能会使球洞变得模糊,使击球时的估测更加困难。

图 4.8 图中的球洞，一边是行道树，另一边是果园。这两种线性的限定因素都是必要的，同时也没有增加过多的景观。

用。尽管开始时它们被认为有损比赛的公正，甚至是怪异的，但随着时间流逝，它们真的成为球场不可缺少的一部分，受到运动者的喜爱。当然也有些树木的存在不利于使用维护草地的设备，使草地使用过度；或者，在初秋的早晨结霜以后，树木使处在阴影中的球洞不能解冻，无法使用。而且，树木还会延长球场的冰冻期，这是有破坏作用的。

和那些几乎没有树木的球场比较起来，虽然有树的球场的环境显得更优美，但重要的是，在众多已建成的球场，清理树木多于种植新树。实际上，很多球场像是优美的植物园，但这是以损失球场的运动功能和草皮质量为代价的。

单独存在的树可以成为某些球洞的鲜明特征（图4.12），但是，树的主人、建筑师和球场管理者都应该认识到，这样的树可能会因为疾病、狂风、雷击等原因消亡。虽然使用专门的培植技术和避雷针能延长它们的寿命，但是经验证明，这样的树不能作为球洞永久的特征。

球场建设中的长度距离是不定的。草地上任何少于200英尺（约61米）的距离，平坦球道和深草区任何少于180英尺的距离，都可能存在问题。建筑师道格拉斯·卡里克认为林木线之间应有200至240英尺的距离。为了草皮的正常生长，球座之间至少应距离100英尺，可能的话，可以根据需要增加距离。如果草地上没有树，球座到击球区边缘的距离应少于60英尺[2]（图4.9）。

除了在边界或为了某些特殊作用外，一般来说，应避免树木排成一行，而使植物成簇或成丛（图4.10）。与之类似，通常，波浪形的区域边界使球洞看起来更美观有趣（图4.11），而且，栽种在轮廓鲜明的区域边缘的样本树木更能吸引眼球（图4.12）。

第四章　高尔夫球洞的设计

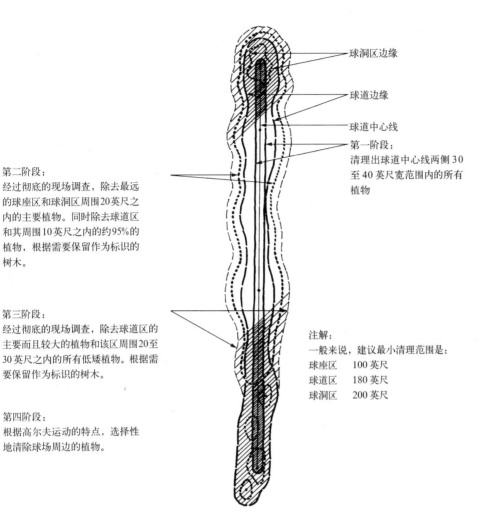

第二阶段：
经过彻底的现场调查，除去最远的球座区和球洞区周围20英尺之内的主要植物。同时除去球道区和其周围10英尺之内的约95%的植物，根据需要保留作为标识的树木。

第三阶段：
经过彻底的现场调查，除去球道区的主要而且较大的植物和该区周围20至30英尺之内的所有低矮植物。根据需要保留作为标识的树木。

第四阶段：
根据高尔夫运动的特点，选择性地清除球场周边的植物。

球洞区边缘

球道边缘

球道中心线

第一阶段：
清理出球道中心线两侧30至40英尺宽范围内的所有植物

注解：
一般来说，建议最小清理范围是：
球座区　100英尺
球道区　180英尺
球洞区　200英尺

图4.9　表示了清理植物的具有代表性的过程，从球道中心线向两边不断延伸。除了最有必要清除的树木之外，没有更多的树木被除去。

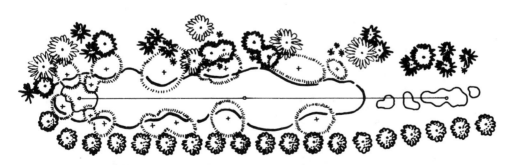

图4.10　想要做成形状自然、质量上乘的球洞，种种努力都被左边生硬地排成一排的树木所破坏。右边，一团团一簇簇的树木和球洞舒服地混合在一起。

但是建筑师和管理者也应该谨慎地使用这些数量很少的样本树。除非它们的配置与盛行风和日照相适合，与草皮生长的关系也经过全面的考虑，否则，这些树木会带来这样那样的问题。规划者应该意识到，若干年后由于球手们的反对，再清除这些树木就不可能了。有时它们被当作家庭的纪念物，想要除去它们会更加困难。

图4.11　图中所示的华盛顿州Gig港的Canterwood高尔夫球俱乐部，以波浪形的地域边界和对低树的多种处理手法，营造了十分吸引人的自然的高尔夫球场。

图4.12　这棵巨大的老松树被保留在球区前面这个重要的位置。它标识出球座和球洞之间的拐形击球区。图中所示为俄勒冈州本德市的"河边"球场。

拐形击球区

如果做得不过分，拐形击球区能增加运动中的趣味。设计拐形击球区时，应该考虑到：

1. 拐形击球区的内角不应小于90°（图4.13）。实际上，90~100°常常嫌小。当角度小于90°时，球手迟早会学会跨过拐角，把球直接打向目标洞——在标准杆为4杆和5杆的击球区里，都有这样的例子。当球座和球洞之间的树木因为病害、暴风、地下水位变化等原因消亡时，这样的情况就会发生。
2. 标准杆为5杆的场地上，连拐两次的击球区也可以增加趣味。拐点必须事先被计划好，这样球手们才不会因为使用挖起杆或者铁头短杆打出远远的一击，使球直接到达了第二个拐点（图4.14）。球手们厌恶这种"浪费"杆数的球洞设计。
3. 建筑师不应该迫使选手们在开球的一击时无法使用木杆，这是一项原则（也有很多例外）。很久以前一些建筑师有过不成功的经历：迫使选手们使用铁头短杆开球，使用长些的铁杆或者木杆打向球洞区（图4.15）。这种情况现在在拐形击球区还经常发生，但在别的地方只是有时出现。例如，球座前面有池塘，无法一击越过，就需要使用铁头短杆开球（图4.16）。

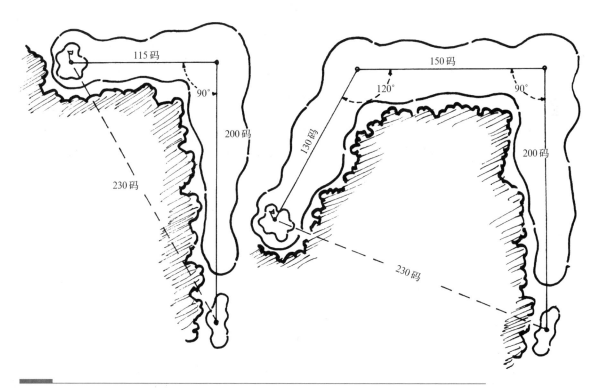

图4.13 图中标准杆为4杆和5杆的场地表示了怎样走捷径，从球座直接击球到球洞。没有茂密的树木阻挡时（有时甚至有树木阻挡），一些选手认为他们能直接击球入洞。这就造成了一种危险的状况，因为球洞区的人无法预料到球已经飞过来了。

92　第一部分　高尔夫运动和球场

图4.14　图中的标准杆为5杆的场地，球座和目标洞的距离虽然短，但是设计了三击。通常的思路认为，如果选手不能在第二洞使用木杆或者长铁杆就会浪费杆数。而选手向何处击出开球的一杆，就已经决定了是否会浪费杆数。

路线	开球杆	第2杆	第3杆	距离
₡	200	150	130	480
A	200	200	50	450
B	250	180	—	430
C	180	180	90	450
D	240	*140	95	475

*净距离

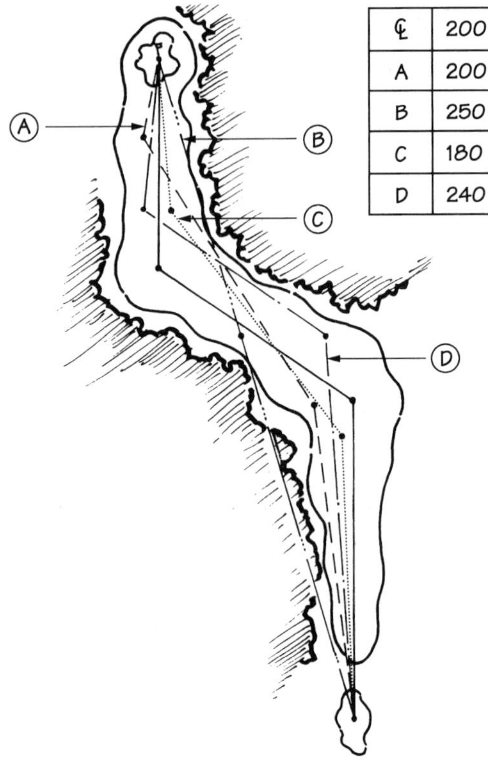

图4.15　球座旁边的树木的大小和密度很大程度上改变了常用的击球次序，变为先近距离击球到拐点，再远距离击球到目标洞。规则中并没有规定这种场地中必须使用木杆开球。对于一些没有意识到也不愿意接受这一点的选手来说，击球次序的变化无疑是恼人的。

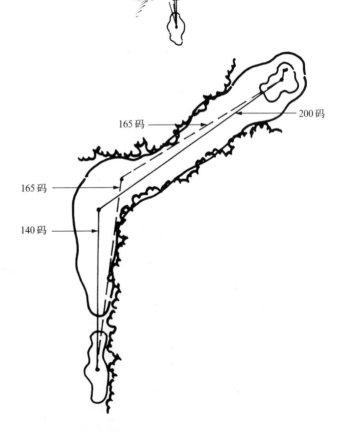

340码　标准杆为4杆

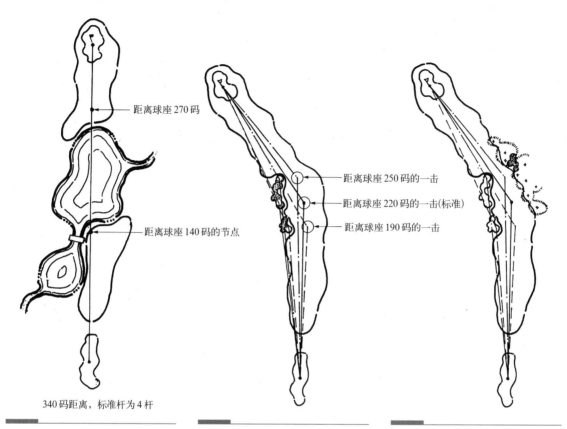

图4.16 与图4.15类似，图中所示的是一种不言自明的情况。有实力的选手能够从球座直接击球越过水面。其他的人就只能先击球到距离湖边尽可能近的位置，再打出最保险的一击越过水面，或者使用击球距离为200码的专用球杆直接击向球洞区。

图4.17 图中提供了设置好的三种不同的开球距离。如果选手很大胆地使球过于接近障碍物或者根本无视其存在，以同样距离开球的结果就是使球陷入麻烦的境地。

图4.18 本图为图4.17中所示的球洞增加了辅助要素。沙坑提供了一个明显的目标，有助于瞄准。小山丘的存在使得球的落点变得更合适，不至于偏离球道太远。

4. 在标准杆为4杆的拐形击球区，建筑师应该确保选手按照设置好的球洞击球以后，能够更容易接近球洞区（图4.17）。
5. 拐形击球区的设计也可以加入沙坑、小山丘，或二者兼有（图4.18）。它们可以减少球从球道滚入树林或其他深草区的情况。

目标高尔夫

目标高尔夫要求从某点击球，越过深草区和障碍，到达另一点。它包括风险、回报和策略，是一战后一种普通的运动方式（图2.20、图2.21）。随着环境意识的增强，特别是对湿地的重视，使用现存的湿地的倾向使目标高尔夫兴旺起来。目标高尔夫可以非常有趣，但有时会显得过火，特别是跨越障碍物常常带有处罚，沿直角边跨越要好于沿斜边跨越（图4.19）。

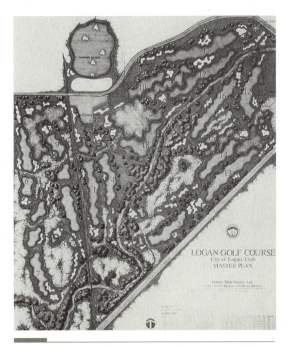

图 4.19 犹他州洛根市的市立高尔夫球场，有浓密的树林和低矮植物。一条河穿行而过，产生了大面积的湿地。球道的开辟十分谨慎，但选手们仍然要跨越很多湿地，造成了一些球洞的"目标高尔夫"。

图 4.20 这种小的履带铺路机是常用的设备，但很多铺路的人喜好使用橡胶轮胎的"画笔"来描绘他们的艺术作品（费尔·阿诺德）。

塑造地形

重塑或修整现有的地形可以使地貌特征更鲜明。这类工作中，艺术家的"画笔"就是设备操作者，塑造地形的人是其中最关键的。地形特征由建筑师规划，但是可能被设备操作者们改变。和其他的"画笔"们比起来，塑造地形的人制造了从球座到球洞的宜人的景观效果和生动的路线，为这项运动增添了很多有趣的因素（图 4.20）。

球洞的各个部分

建筑学的公理"形式追随功能"，指出了确定目标洞、球座、障碍洞等因素的大小、形状和高度的方法。而功能是建筑师决定的。在设计球洞的过程中，要求建筑师经常使用草场科学知识以及设备的使用和保养知识。

轻击区的大小

直到二战以后，轻击区的平均大小都少于 4000 平方英尺（约 372 平方米）。苏格兰 Troon 的经典的第八块出现之后，这些草地被称为"邮票"。唐纳德·罗斯的草地很有代表性；其中很多都是 2500—3500 平方英尺大小的。到了 1950 年代，巨大的轻击草地普遍起来，其中有的达到 10000 平方英尺甚至更大。人们需要更加关注轻击，需要更多的技巧。实践证明，轻击通常要花费更多的时间，因此巨大的轻击区导致游戏时间变长。

维护费用同样增长了。结果是人们趋向于比"邮票"大但是又不过大的轻击区。目前常见的大小在 4000 至 6000 平方英尺的范围内，可设置 5 到 6 个主要球洞（图 4.21）。根据"形式追随功能"的原则，近距离切球的距离越远，轻击区应该越大，但这取决于建筑师。

图 4.21　不列颠哥伦比亚省 Furry Creek 的这块草地约 5800 平方英尺——正是现在常见的尺度。其中至少有 40% 的面积可以设置洞口，超过了所需要的面积。

轻击区的坡度

草地中的近距离切球需要适度的地形起伏。原则是轻微和可修整。至少需要沿两个方向的排水装置，多于两个就更为理想。选手们不要求球滚得很快，因此草地的坡度并不陡峭。如果坡度较大，选手们通常轻打。除了坡度明显的地形，常见的坡度为从后向前 2% 至 3%，从左向右 1% 至 2%。等级较高的轻击区，两个方向都有坡度，为 1.5%。

轻击区的外形

轻击区的形状繁多，包括新月形、肘形、水珠形、肾形、方形以及很多自由曲线形（图 4.22）。椭圆形和卵形最为常见，但这并不代表建筑师的初衷（图 4.23）。通常，常年修整草地所积累的形状决定了轻击区的外形，而不会刻意去追求什么形状。这种方式不但使以前的草地趋近于椭圆形，同样年复一年地改变着现在的球场。

很多建筑师设计了"独一无二"的球洞区，但不幸的是，长年累月的割草会使这些区域渐渐失去原有的特征（图 4.24）。

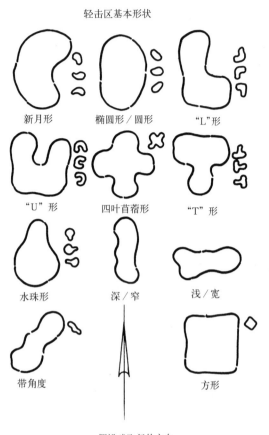

轻击区基本形状

新月形　　椭圆形/圆形　　"L"形

"U"形　　四叶苜蓿形　　"T"形

水珠形　　深/窄　　浅/宽

带角度　　　　　　方形

假设球飞行的方向

图4.22 设计一定的形状，如新月形、L形、U形、四叶苜蓿形、或T形，借助这些形状、旗杆的设置和草地等高线，选手们就无法找到直接击球入目标洞的方式。但如果球洞区周围的草被修得很短，选手们就可能直接瞄准目标洞。

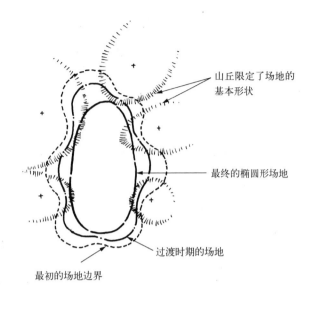

图4.23 在四面环山的条件下，想要开辟出形状自然的场地的种种努力，都被割草的人力图简易的割草方式抹煞了。

独一无二的球洞区

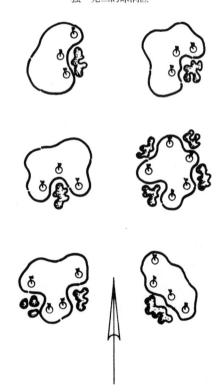

图4.24 借助这些形状、旗杆的设置和草地等高线，选手们就无法找到直接击球入目标洞的方式。但如果球洞区周围的草被修得很短，选手们就可能直接瞄准目标洞。

球洞区和球道的高度关系

早期的球洞区大多设置在山谷中以避免强风。后来,有的球洞区设在高地上。现在山谷和高地的球洞区依然存在。目前的很多球洞区不仅巨大、雕塑感强、形状生动,而且大多高于球道,在球道和轻击区之间,还设有间隔(图4.25)。这些间隔使近距离切球变得更有趣,还可以促进草皮的空气流通,加快早春的冰雪融化和雨季的排水,防止周围的水流向轻击区。但是地下水仍然需要排水系统(图4.26)。

图4.25 加利福尼亚州Sonoma高尔夫俱乐部的这片球场正在尽可能地恢复它1920年代的样子。抬高球洞区特别是沙坑区,根据原有记录除去了一个热身用的球洞。

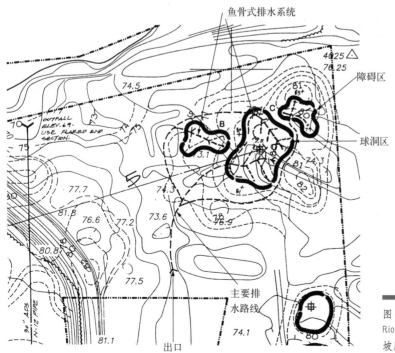

图4.26 加利福尼亚州莫德斯托市的Del Rio乡村俱乐部的球场要增加9个球洞,在坡度/排水计划中设置了鱼骨状的排水管。

尽管由于灌溉需要，球道中的"跳起球"很少见，在草地上更是几近于零，但如果建筑师想设计出"跳起球"，球洞区可以与球道持平或者低于球道（图4.27）。

球洞区的进深应仔细考虑，一般说来，应遵循"形式追随功能"的原则，即切球的距离越远，球洞区的进深越大（图4.28）。

图4.27 俄勒冈州本德市Widgi Creek的球场，虽然球洞区并不是明显地低下去，但是已足够打出"跳起球"了。

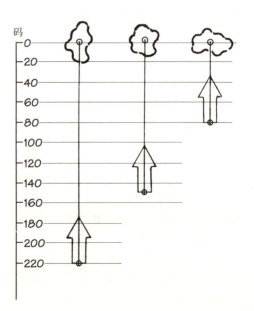

图4.28 图中的表格列出了切球距离和球洞区进深的一般关系，为经验值，并不绝对。

有关球洞区的重要因素

A.W.Tillinghast 指出，球洞区直接面对球洞，也是选手们的目标，因此是球场的焦点。这里提出一些应注意的关键点：

1. 除了轻击区以外有无足够的空间供割草机离开球洞区？
2. 一场暴雨过后很久，草地上的排水沟是否依然存水（北方地区的排水沟是否在春天还有残冰）？
3. 球洞区小丘上的草地是否便于修剪？
4. 到下一个球座或者到停车场，是否有小路，避免在草地上磨出小路来（图4.29）？
5. 站在切球点，人是否能看到球在轻击区的滚动？
6. 坡度是否设置得当，使草地从各个方向都能得到修剪？

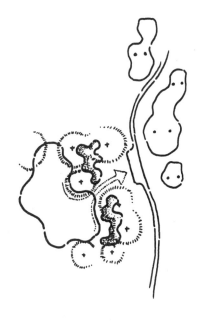

图4.29　图中的例子，球洞区／障碍区／小山丘和停车场的关系设置得不恰当。

球洞区的入口，边缘或洼地

球洞区入口的宽度是个重要的条件，"形式追随功能"的原则决定了其形状、宽度和管理者修剪草地所需要的形状。一些建筑师详细指明了该宽度（图4.30），以避免交通空间的草地磨损过度。

设计衣领区时，建筑师们意识到这是割草机和运货车出入球洞区的必经之路，还要放置球员们的背包，观众也聚集于此，草地同样容易磨损。建筑师通常在球洞区外围设置2至5英尺宽的衣领区（或维护区），保持比轻击区略高的草地。通向球洞区的小路可以修剪得更矮一些。

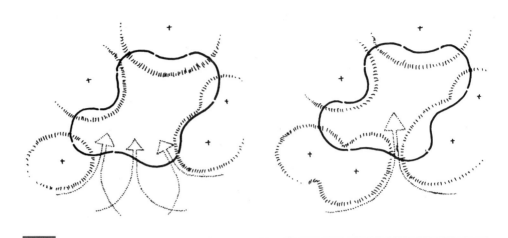

图 4.30　左图中的球洞区入口留出了充分的交通空间。右图中球洞区的形状和环境与左图类似,但只留了一条路通向山丘,容易造成路口的拥挤。

在连接衣领区时,建筑师提供了洼地。它们通常被设置在球洞区周围地势较低的地方,但有时也设在坡地的两端或者平地上。它们被修剪得跟衣领区等高,这样就迫使技术较好的选手选择用球杆击打,而水平差些的选手倾向于轻打。经验显示,设这种洼地是趣味性强而又普遍的方式。不过,为避免千篇一律,球洞区周围的部分低地必须留作深草区或者保持和球道同样的高度(图4.31)。

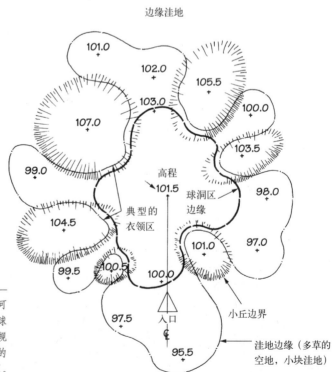

图 4.31　本图说明了边缘洼地或小块湿地可以通过扩大衣领区草皮的范围来实现。这为球洞区周围增加了新的景观。虽然没有明确规定,但是圣安德鲁斯的球洞区周围都有略低的毗邻区,使较远距离的轻打也能到达球洞区。

设计靠近球洞区的障碍

图4.32表示球洞区附近的障碍的三种位置。直到二战期间，靠近球洞区的障碍还被安排在衣领区的边缘，有时甚至在轻击区的边缘。这种安排从运动和观赏的角度来说是很理想的。不幸的是，大量的沙子被带到了轻击区，会毁坏割草机底部的刀刃甚至毁坏草皮。

二战以后，球场的维护预算有所降低，靠近球洞区的障碍被安排在距离轻击区40英尺（约12米）或更远的位置。于是管理者们就可以在障碍和球洞区之间使用拖拉机牵引的割草设备了。这也减少了沙子进入轻击区的可能。但是，只有那些经常接触这些障碍的球手们才能评判障碍设置的好坏。而且，把轻击区的沙子运回沙坑的工作要经过很远的路程，还必须频繁地清理沙子。拖拉机牵引的割草设备也加剧了草地被压紧。

于是人们采用了一种折中的办法，就是使沙子位于距离轻击区10到12英尺的位置。在这个距离之内，只有少量的沙子会到达球洞区。障碍沙坑的位置，如上文提到的三种不同方案，就是在球场设计中的多种尝试。

在设置障碍区时，如果没有充分考虑到它和停车场以及下一个球座的关系，势必造成部分交通区域的草皮磨损过度（图4.29）。

图4.32 文中提到的球洞区和障碍区的三种不同的位置关系。

设计球道障碍

图4.33为设置球道障碍提供了指导，当然建筑师可以设置在别的位置，给予选手们更多的指引而不是惩罚。风向和地形特征（上坡地和下坡地）也会影响建筑师的设计。

球洞区周围和球道区的小丘

建筑师设置小山丘，用以制造竖向的纵深感、设置目标区域，还可以限制球在一定的范围内运动。小丘越高，纵深感就越大。而且，除了少量的例外，几乎所有小丘都应该是可以修整草地的（图4.34）。

球道上的小丘也可以增强纵深感，还可以防止球滚离球道太远。而且球道上的小丘必须很陡，才能使球向前滚。但是，这些小丘造成的惩罚效果远远超过了建筑师所预想的（图4.35）。一些设计公司为了制造明显的视觉效果，设计的球道满是小丘。

图4.33 左边的图中，障碍区是根据切杆的位置设置的。右边的图中，障碍区是依据和白色球洞的距离来设置的。

1. 从白色球座（男选手的常规球座）开始。
2. 球洞的位置很平坦。
3. 球的位置很好，场地情况也有利于球的处理。
4. 感觉不到有风。

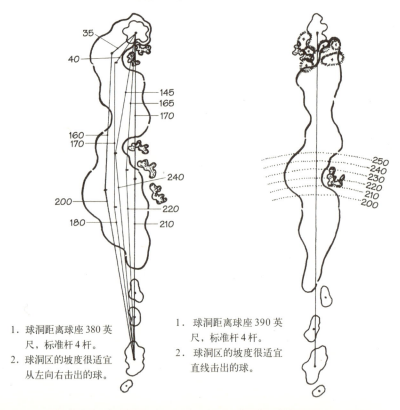

1. 球洞距离球座380英尺，标准杆4杆。
2. 球洞区的坡度很适宜从左向右击出的球。

1. 球洞距离球座390英尺，标准杆4杆。
2. 球洞区的坡度很适宜直线击出的球。

图4.34 图示的是位于内华达州的Lightning-W农场高尔夫球俱乐部。球洞区中的山丘不仅限制了近距离切杆的范围，增强了球场的纵深感，而且明显地反映出背景山坡的特征。

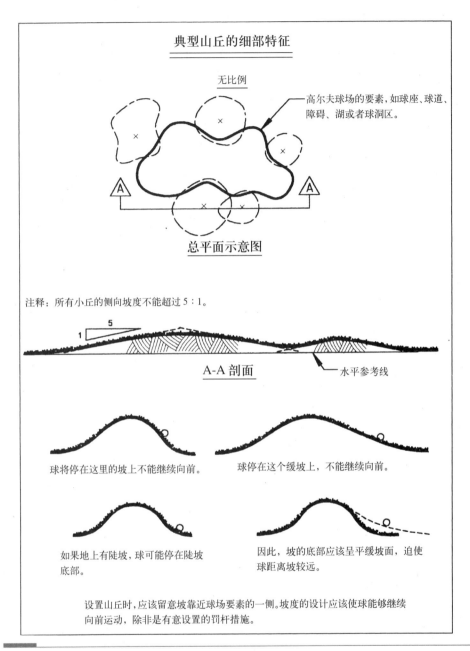

图4.35 山丘会有意无意地造成几乎不能处理的球,可能迫使选手把球打到旁边的小道上甚至陷入更窘迫的状况。

这样可以加速比赛的进程,因为小丘可以限定球在球道上运动。小丘的存在会使车辆路线模糊不清,导致比赛进程受到影响,因此球场车辆的路线的设计应该使球道上可以看到。

　　设计师应该密切关注小丘的形状和位置的设计。例如,圆形的小丘会使球沿各个方向运动,而窄长形的小丘只会让球沿一个或两个方向运动(图4.36)。

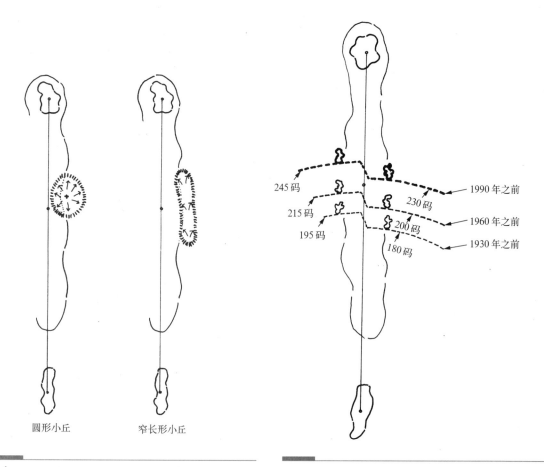

图4.36 自然的和人工的小丘都能给选手带来传统意义上的运气。只是山脊所带来的可能性比圆丘要少些。

图4.37 这张图显示,随着时间的推移,选手击球的距离加大了,障碍区和球座的距离也渐渐变远了。

球洞区障碍和球道障碍设计一览

在设计球洞区障碍和球道障碍时,无论它是水平的、凸起的还是凹下去的,都应该注意以下几点:

1. 关于击球的位置。选手们击球的距离越来越远了,因此,球道障碍的位置也应该离球座更远(图4.37)。
2. 一般来说,球道障碍的轴线和球道的轴线是会聚的,但也不绝对(图4.38)。实际操作中,这意味着选手击球越远,就越需要精确——虽然一些专家对这种观点持有异议。
3. 部分的或全部的可视性。为公平起见,我们倾向于障碍区可以完全被看见。如果做不到这一点,沙坑一角可见也有助于比赛的公平。
4. 足够的宽度。一般来说,离球洞区越近,障碍区就应该越深,表面也应该越陡峭(图4.39)。

第四章 高尔夫球洞的设计

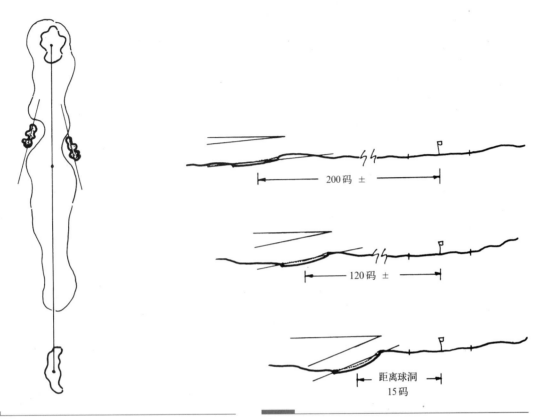

图4.38 这一类的成列的障碍不仅要求远度和力度,同样要求准确性。选择的落点越远,对准确性的要求就越高。

图4.39 建筑师在设计球场时,一般会让距离目标洞最远的选手能够相应地使球运动得最远。除非建筑师刻意设置惩罚措施。

5. 建筑师一般不应该在球道障碍中对选手罚杆,相反,设计应该使选手能够击球前进。
6. 球洞区附近的障碍的设计,通常使选手不能用推杆通过(图4.40)。
7. 应该用低地、堤岸或两者兼用,保护障碍沙坑不受地表水的侵害(图4.41)。
8. 应该使尽可能多的沙地可以用机械设备来耙平(图4.42)。
9. 选手应该不必攀爬陡坡,就能够进入或者离开障碍区;应有完善的无障碍设计。

障碍的设计为建筑师提供了展现个人特色的机会。因此,障碍区形状多变,地貌特色鲜明,同时没有严格的位置规定。当代的设计师很少使用陡峭的沙地坡面,因为暴雨过后,沙地总是需要重新平整(图4.43、图4.44)。通常,坡面上是草

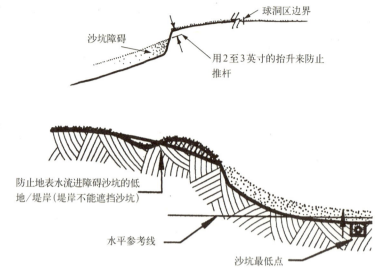

图4.40 虽然并不是所有的设计者和选手都赞成，但是实际上选手们几乎都不能用推杆越过障碍。他们必须用别的办法使球进洞。

图4.41 在有陡坡的地方或者水容易流进的障碍沙坑处，这样的设计规则是必须遵守的。

图4.42 球场维护必须使用机械设备来提高效率，减少使用人力的较高花费。但也有不利的方面：机械设备完成了一种维护工作，往往带来了另一种问题。

图4.43 除了很难把球打出来之外，这种带陡坡的沙坑也需要很多人力来维持表面的平滑和坑内的沙子。

第四章 高尔夫球洞的设计 **107**

图4.44 图中的沙子表面已经被草地取代,变得更容易维护。球手们往往不能发觉这些变化。

地(草皮表面)。沙子飞溅到草地上,会毁坏草地,也会渐渐使草地变成沙地。几十年之间,人们会看到草地变成沙地,又变回来,再次变成沙地。目前,它们是沙地阶段。

位于圣安德鲁斯的老球场在19世纪时,随着该场地高尔夫球运动的增多,原来有惩罚作用的球道被拓宽了。这些宽球道允许选手们绕着障碍击球而不必通过障碍,当然安全的路线也会更长些。直到1920年代,在北美洲都是惩罚性的障碍区占主导地位,而且规定必须通过障碍区。现在的设计是有弹性的,障碍区可以横向穿越。

几十年来一直有个目标,就是使球场设计中的种种偶然性对于各种水平的选手都是均等的。这时,重点就在于给所有选手提供相似的场地条件。

现在很多建筑师在球道设置障碍,是为了使高水平的选手不能从球座直接到达障碍。而且,越来越明显的情况是,在标准杆为4杆的球场上,除了第二杆向坡下击球或是球将随着强风运动这两种情况(图4.45、图4.46),选手们都需要在大于360码之外的另一个落点。

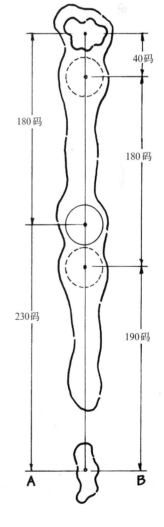

图4.45 水平高的选手可以开出很远的球,而水平差些的选手通常不能在标准杆数之内到达球洞区。第二个,第三个乃至更多的落点可以帮助这些水平一般的选手更好地达到目标。

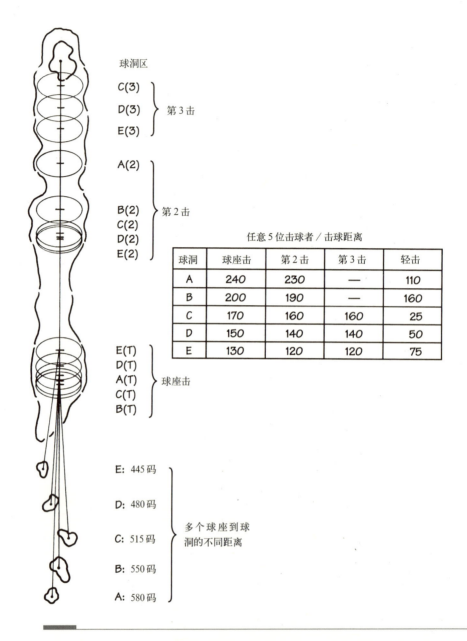

图 4.46

1. 注释

   a. 我们经常会读到或听到一些球洞的特点和它对选手击球的影响。你一定会问：球洞影响了谁？我们谈论的是哪位选手？

   b. 应该记住，只有很有限的选手能够把球准确地打向他们希望的位置，而且他们也不能做到每次都成功。

   c. 在本例中，标准杆为5杆或3杆，五位选手中只有两位在3杆之内完成。

   d. 在本例中，开球和第二杆之后，在哪里可以为某一种选手设置偶然因素，而不对另一种选手造成影响？

   e. 如果设置不同的击球距离、球洞情况和击球方式，球场有成百上千种可能。但是结果是一样的，即使可能，也很难预计游戏的结果，尤其是当你迁就了某种水平的选手而忽视了其他人的时候。

图4.46（续）

 f. 我们不能量化或者过多地考虑运气因素，也不能精确预计包括远离目标的球在内的大量突发情况。

 g. 最好的设计师是那些既能考虑和处理各种偶然情况，又能遵循业主的意愿和预算，同时还能致力于球场发展的人。

2. 前提

 a. 所有的选手，不论技术和力量，都尝试用有把握的最大力量，把球控制在一定的目标区域里。

 b. 没有天气等外在条件带来特殊的情况。

 c. 每一类选手击球的距离是任意的，但是依据了多位职业选手和业余爱好者的实际数字。

 d. 研究选取的击球距离能区分差点低的选手和初学者。

 e. 球座横向排列，使击球路线和开球落点的位置更清晰。

 f. 椭圆形的落点区都以最佳落点为中心，半短轴15码，半长轴25码。

废弃的障碍区

废弃的障碍区面积广大，沙地未经平整，可用作俱乐部。这种地带不是总有具体用途。经过修整，有时可以作为赛场。如果建筑师想要减少化学物质向地下的渗透，他们很快就会意识到，覆草的洼地要有效得多。

球　座

长方形的球座区可以包括多种情况。但是这种"飞机跑道"出现了18次以后会显得很单调（图4.47、图4.48）。过去，方形的球座区被长草的地带隔开（图4.49），显得更有趣味，形状也更自由，或在后期的维护中，用割草机割出"飞机跑道"的形状，也会更引人注目（图4.50）。

图4.47　在爱尔兰，这种线形的球座区并不常见。这只是一个特例。

图4.48 佛罗里达州的Sinners高尔夫球俱乐部的球座区又窄又长,有两个球洞。

图4.49 图中的两个矩形球座区和远处的自然形状的球洞区形成了鲜明对比。球座之间的草长得越茂密,这种对比就越不明显。

图4.50 平面图和透视图表示,当球洞区的空间足够时,怎样用割草机把几何形的外轮廓变为自然形。

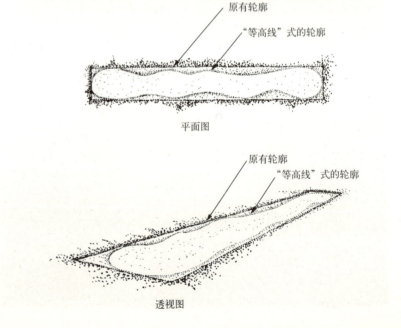

单独的球座因为形式多样，所以很受欢迎，当然，不是只有单独的球座有这样的优势（图4.51）。实际上，虽然换球座可以领略到多变的趣味，但那些在俱乐部打球或者常年打球的选手有各自喜欢的球座。在度假胜地打球的游客则相反，喜欢常换球座。总的说来，一个长期使用的球座不论形式如何，总是易于设置各种标识的。

球座的高度是由场地上所需要的可见程度决定的。比较理想的高度是选手能在球座处看见球在球道上的滚动（图4.52）。

Green Section 为3杆球场的球座区的尺寸提供了依据：1000平方英尺的球场，球洞区面积为200平方英尺；如果同等面积的球场为4杆或5杆，则球洞区面积150平方英尺；相应地，40000平方英尺的球场，按照3杆和4、5杆的区别，球洞区面积分别为8000和6000平方英尺。这样看来，很明显地，建筑师和业主总是低估了球场所需要的总面积，第一个球座处的浮动余地也常被忽视。

图4.51　在南加利福尼亚的大峡谷高尔夫球场，坡地上的一组球座为选手们提供了多种变化的可能。

图4.52　球座需要有一定的高度，才能被选手看到以作出判断。但是如果球座过高，虽然达到了醒目的要求，但看上去会显得笨拙和突兀。

Green Section 也指出，如果球座区建设的标准较高而且阴影不作为主要的影响因素，那么球座区的面积可以减少。这样一来，球座区面积相应地变为150和100平方英尺。

一般地，男选手的球座区有四分之三以上都会草皮磨损过度，因此，应该有四分之三或者更多的球座空间为他们设置（图4.53）。

如果球的落点处地势较低，较平（但比较少见），则球座区表面可以有凸起，左右倾斜，向前倾斜或者向后倾斜，坡度为1%（图4.54）。向后倾斜1%是最常见的。因为球座区表面相对较平坦，1%的坡度已经足够排水之用，不像轻击区有起伏的表面。

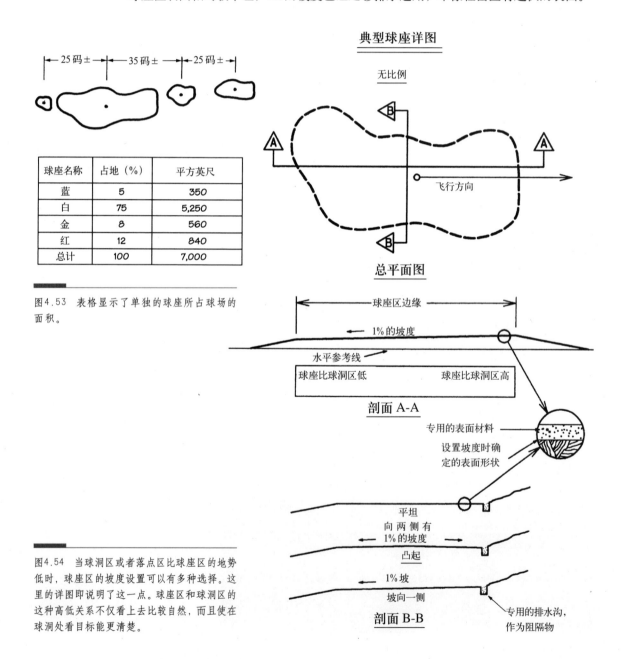

球座名称	占地（%）	平方英尺
蓝	5	350
白	75	5,250
金	8	560
红	12	840
总计	100	7,000

图4.53 表格显示了单独的球座所占球场的面积。

图4.54 当球洞区或者落点区比球座区的地势低时，球座区的坡度设置可以有多种选择。这里的详图即说明了这一点。球座区和球洞区的这种高低关系不仅看上去比较自然，而且使在球洞处看目标能更清楚。

设置球道和深草区的坡度

几乎所有球场的深草区都包括：

1. 过渡地带，宽度可走一台割草机（6至8英尺），毗邻球道，草皮的高度比球道高1/4至1/2英寸（1英寸=2.54厘米）。
2. 长草的地带，比球道区的草皮高1至2英寸。可能有标本树甚至岩石出露层。
3. 长满树的偏远长草区。这样的长草区是多变的，有的生长着灌木，有的种着草皮，需要修剪（图4.55）。后一种即"英式花园"。在没有树的连接地带，经常种植诸如金雀花一类的植物（图4.56）。

直到最近，设计球道和深草区坡度的工作仍然被局限，仅用于修整落点区域，保证球洞区的排水和可见。随着建设预算的增多以及挖土设备的改进，建筑师们开始着眼于塑造球道的地形，比如在连接区域设置起伏的地带和其他有趣的形式。视觉效果常常是很显著的。但是近期又有回归极少主义的潮流，仅保留功能所需的部分。

图 4.55 俄勒冈州 Black Butte 的 Big Meadow 高尔夫球场，大部分的深草区都兼有草地、灌木和大树。

图 4.56 苏格兰的球场以没有树而闻名，但是金雀花、石南花和灌木等植物不仅带来了绮丽的景观，而且对于选手同样具有挑战性。

图4.57 在苏格兰，那些天然形成的山丘或谷地或者保持原样，或者稍微修整后，就作为高尔夫球场的组成部分。它们也成为运动中重要的运气因素。

和平坦的地面比起来，起伏的地形带来了更多的趣味，也更令人兴奋（图4.57）。因此，建筑师在削平已有的地形起伏之前，应该给予慎重的考虑。

建筑师道格拉斯·卡里克强调平滑、流畅、宽裕的球道形式。他还认为球道或深草区的排水坡度不应该小于2%—3%。[3] 我们则认为，应用于盐碱土壤时，卡里克提出的坡度应该变得更大，以利于盐分的流走。

"Oakmont"式沟渠

著名的Oakmont乡村俱乐部位于宾夕法尼亚州匹兹堡附近。在那里的一些特定区域设有低地和沟渠作为障碍，而且，不允许选手的球杆触地。别的俱乐部借鉴了这种做法，效果各种各样。Oakmont式沟渠对于以轻松愉快为目的的打球者来说，显然太具有挫败感了。

等高线式修剪

等高线式修剪通常用于球道和深草区之间（图4.58），要修剪出起伏的地表。1980年以来，由于视觉效果和运动趣味性的需要，等高线式修剪几乎到处被采用。轻型割草机的使用也促进了这种趋势，因为较小的割草机相应地需要面积较小的球道。很多球场使用成套的割草机修剪40—50英亩的球道区（约16—20公顷）；而使用轻型割草机的球场，球道区的面积为20—30英亩。

但是球场的管理者可能会反对在主要的赛事中使用等高线式修剪，因为比赛用的场地比日常娱乐要求更高的深草区和更宽的球道，而日常运动要求深草区的草皮不能高于1.5—2英寸，以便提高球运动的速度，为大多数选手提供更多的趣味。很多中等差点和较高差点的选手都认为，在草长得浓密的球道上，很难推动球前进。因此，在球道区和深草区面积较小的球场更有利于水平有限的选手击球前进，游戏的进程也可以加快。

图 4.58 在华盛顿州的 Port Ludlow，小山丘的轮廓显示出刻意修剪的等高线形状。这需要预先考虑到山丘的外形、大小、位置等多种情况。

这种改善球场的方法行之有效，又不需花费太多。这不是什么新的主意，但是值得所有比较好的高尔夫球俱乐部考虑。在这里"*contour*"这个词确实被滥用了，除非它（指山丘或洼地）指的是草皮边缘的形状。

等高线式修剪要求改变常见的直线修剪方式，把草皮边缘修剪成自然的曲线形。同时，不论是否有必需的配套措施，这种修剪的确能够使草皮维护费用降低10%—30% 或更多。

- 球座区：常常使我们受限于它的尺寸，所以，不论我们愿意与否，都要保证它有矩形或其他几何形。只要空间允许，即使球座区是水平的，也可以在球座区和球道区草皮的不同高度中，造出等高线式的边缘。
- 球道区：在空间允许的地方，我们可以使球道区边缘向内凹进或向外凸出，造出我们希望的自然形。同时，我们要使轮廓形状和已有的等高线以及其他现存的自然因素相适应，例如树丛。当然，我们首先必须考虑各种水平的选手击球进洞的可能性。
- 球洞区：和球座区一样，如果没有足够的插旗杆和进洞的空间，我们就不能把球洞区限制在其中。在有足够空间的地方，我们可以仔细考虑已有的山丘、洼地、土坑和树木条件，改进球洞区的形象，避免常见的圆形和椭圆形。

另外，减小球道区的面积，增加深草区第一次（或第二次）修剪的高度，还可以减少浇灌所需要的水量。

其他的障碍因素

水　像前文提到的那样，水可以作为最令人兴奋和难忘的障碍。虽然因为水池比障碍沙坑面积大，常常迫使选手直接越过，但是水和障碍沙坑具有同样的作用（图4.59）。

图4.59 这幅图说明，以湖泊或溪流等形态出现的水，可以用于球洞的障碍设计，这也是几种主要设计风格之一。

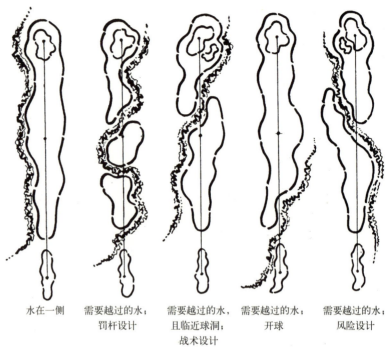

水在一侧　　需要越过的水；　　需要越过的水，　　需要越过的水；　　需要越过的水；
　　　　　　　罚杆设计　　　　且临近球洞；　　　　开球　　　　　　风险设计
　　　　　　　　　　　　　　　战术设计

湖（以及其他类似条件）

注释：溪流、湖泊、湿地、泥潭等等因素都可以形成沼泽地。在这些条件下，选手们除了不能进入这些区域或者从中击球之外，各种常规打法都是可行的。

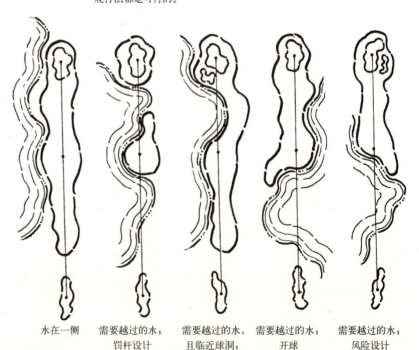

水在一侧　　需要越过的水；　　需要越过的水，　　需要越过的水；　　需要越过的水；
　　　　　　　罚杆设计　　　　且临近球洞；　　　　开球　　　　　　风险设计
　　　　　　　　　　　　　　　战术设计

溪流

开挖一个水塘也有其他的功用,有时可以作为蓄水池。但是现在获得水塘的使用许可会有困难,在极度干旱的时期,即使是水的主人,也可能没有使用水的权利。

堤岸和铁路枕木 池塘和其他区域有堤岸在一战以前的北美洲是很常见的,1960年代,当皮特和艾丽斯·戴伊访问了苏格兰以后,将堤岸再度引入了北美洲。铁路枕木由于表面粗糙,耐久性好,在堤岸设计中常被使用。也有相反的设计观念,认为枕木看起来很做作。我们发现枕木这种传统材料使堤岸的拐角和边缘都能得到有效利用。而且,枕木的表面是垂直或接近垂直的,使击向水边球洞的球更容易精确,反之,如果水边的击球点和轻击区之间有一段长长的斜草坡,那么击球就不容易准确。

在设计障碍时使用堤岸和枕木,这也是戴伊引进的,只是在北美洲,在池塘使用堤岸更加普遍。这些条件都增加了击球情况的可变性。

类似地,在障碍坑洞的壁上铺草砖(图4.60、图4.61)——即把草砖一层一层地砌起来——同样被引入了北美洲。但是,这种草砖有时会培育得不够好,特别是在夏季高温的地区。

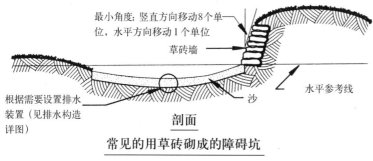

图4.60 用草砖砌墙的方法可能在一个世纪以前就被使用了,它解决了堤岸被侵蚀和滑坡的问题。

图4.61 解决了堤岸的耐久性问题以后,草砖砌墙也为在圣安德鲁斯打球的这两个澳洲人中的一个带来了问题:通向后面球洞的需要越过的台地相当陡峭。

围护墙 有三种结构是最常用的

1. 木头（图4.62a、图4.62b）。
2. 天然岩石或石块（图4.63）。
3. 装满石头的金属筐（图4.64）。

图4.62a 无论是像图中这样的整齐木料，还是枕木，或者是随意劈开的圆木或者木桩，在使地势逐级变化或是营造更宽敞的击球空间时，常常使用木头。

图4.62b 在这里，枕木和劈开的圆木斜着摆放，能使墙壁更坚固。

图4.63 内华达州Lightning W Ranch高尔夫球俱乐部，在这个湖边使用了当地出产的未经雕琢的石块，经过别具匠心的摆放，既坚固有效，又自然美观。

图4.64 加利福尼亚州北部的Sonima高尔夫球俱乐部，在溪流的堤岸边使用了装石头的金属筐，虽然没有使用当地石头那样自然的效果，却具有当地石头所没有的易操作又经济的优点。草皮和溪边的植物会很快使堤岸生硬的边缘变得柔和起来。（照片由罗伯特·霍姆斯提供）

用来砌墙的石头打磨与否均可。如果从审美上要求，建议同一球场的围护墙使用同一种形式。当然，我们偶然会看到同一球场使用三种围护墙，甚至同一球洞处就使用三种的情况，有时也会有戏剧性的效果。

观赏地带 留给观众的小丘，因为关系到对比赛的观看，已经成为很多比赛场地的组成部分。这种情况的出现，有美国职业高尔夫球协会的前任主席迪恩·贝曼的影响在先，皮特·戴伊的成就在后。建筑师和观众都利用了现有的山丘的优势。例如，圣巴巴拉附近的La Purisima的球场设在峡谷中，四周的山坡是理想的看台（图2.22、图2.23）。

击球价值

每个球洞的设计都应该和球场整体规划和球洞所处的具体位置联系起来。但是像肯尼思·赫尔芬德那样,在仔细剖析一个球洞时,也没有必要去解释为什么它会生动有趣。高尔夫建筑最后是作为一件艺术品的组成部分出现的:因为这项运动本身的趣味性、球场的维护和美学设计都带有艺术性。趣味性包含的意思正如苏格兰古时候的一位著名选手所说过的:"Gawf ye ken neids a heid"("高尔夫球,如你所知,是需要头脑的")。

这句话引起了我们对于"击球价值"这个很重要却又时常被忽略的概念的思考。事实上,建筑师和职业选手用不同的方式使用和描述这个概念。我们用如下简短的讨论以及结论来提出我们对于击球价值的概念。

> 击球:"击球或者其他使球运动的动作"(Peter Davis,Historic Dictionary of Golfing Terms)。
>
> 价值:"对于击球者有用或者重要的程度。原则上说,是衡量击球水平好坏、达到目的与否的标准"(American Heritage Dictionary)。

虽然击球价值的概念很重要,但却是含糊的,球场设计师们常常有不同的描述。这里有三段摘录:

> "球洞对选手的不同要求,以及相应的奖励和惩罚都能直接体现在选手击球的好坏之中"(肯尼思·基利安和理查德·纽金特)。
>
> "当击球不受约束时,建筑师应该在设计中挖掘出球场的最大潜力。每个球洞的设计都须要平衡风险值和回报值"(托马斯·多克)。
>
> "一击的具体价值取决于它的难度或者允许出错的程度"(迈克尔·赫德赞)。

这样看来,击球价值体现在特定时刻特定球洞的特定一击的有用程度。如果各方面的条件都理想,选手达到了预想的结果,击球的价值就很高(图4.65)。

当我们讨论特定球洞和它的娱乐性、挑战性的时候,我们实际上说的是这个球洞的"击球要求":将球从目前的位置击打到预想的地带或者落点时,球洞对选手的要求是怎样的?一个球洞的击球要求受到以下几个因素影响:

1. 击球点到停止点的距离
2. 球的状态(平地上,坡地上,被软质或硬质物体覆盖)
3. 选手所在的位置(平坦,倾斜,硬,软,易打滑,稳固)
4. 风向和风速(击球位置,途中,预想的停止点)
5. 预想的停止点(平坦,倾斜,硬,软,草皮很矮,草皮高度一般,草很深)
6. 在预想路线中,或者击球失误以后,球可能走的路线中的障碍区域

第四章 高尔夫球洞的设计

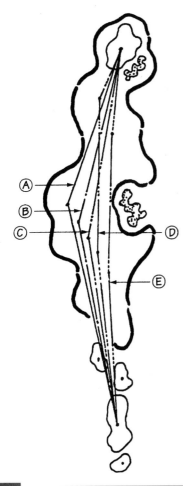

前提

1. 从白色（男选手的常规）球座开始击球。
2. 球洞在 400 码以外，标准杆为 4 杆。
3. 球洞所在位置相对平坦。
4. 球的状态良好，选手的位置和预想的球落点都相对容易处理。
5. 没有明显的风。
6. 球洞区的坡度适宜球从左向右移动。

击球距离

路线	预计开球距离，码	预计第二击距离，码	向球洞区中心切球的距离，码
A	240		178
B	220		194
C	200	(190)	208(18)
D	180	170	58
E	160	150	93

图 4.65 这幅图说明了我们关于"击球要求"和"击球价值"的讨论。

7. 这一击成功或者失败以后，下一击的要求

再次参看图 4.65，解释了各种距离之下的击球要求。如果预想的位置距离遥远，又是特别选定的，那么"价值"的意义就很明显了。

球场设计中的符号*

高尔夫球场建筑，作者德斯蒙德·缪尔黑德

符号为一些不可见的东西提供可见的标识，通常暗示着抽象的概念：表示信仰的十字架，表示勇敢的剑，表示和平的鸽子。符号可以复合多种意义：绿色可以代表自然和警惕，勇气或智慧。在旧石器时代的洞穴中，壁画里的神话、神秘事物和宗教信仰相关的符号甚至还是证明时代的重要依据。

---

* 为致力于将自己的艺术理念扩展到其他领域中的人们，高尔夫球场建筑师德斯蒙德·缪尔黑德的研究重点在于符号，在美国本土和海外已经有关于符号学的三项成功的设计。

卡尔·容格(1875—1961年)是一位智力超群的心理学家,因为对符号的研究而十分著名。他相信我们都经历着一种个人的而又共同的无意识。他把集体无意识中的各种形式称为"原型"。我们都被遗传了这种内在的先天因素,这种人类长时间积淀下来,复合的无意识。

容格惊奇地发现,从他的患者的梦境中,从患者的想像和绘画中得来的图片中,那些来自远古时代的原型一再地出现。他相信,这些符号原型有不可抑制的力量,能给人的思想和记忆带来作用强烈的信息。容格还发现,在心理分析中,原型可以从潜意识中被唤醒,以不同的符号形式被表达出来。

在容格所定义的多种原型之中,他特别强调了曼陀罗的重要性。曼陀罗在梵语中意为"有魔力的圆",表示和对立物组成的整体。曼陀罗通常包含一个圆心和一个四边对称的图形,如矩形、十字或方位基点。通常也带有很强的装饰性。

很多图案设计、绘画、建筑和城镇规划都有意或无意地应用曼陀罗。古代巴比伦、加德满都、吴哥窟和墨西哥城,维京人的营地和现在的巴西利亚,都表达着对曼陀罗的敬仰。到处都能找到曼陀罗——在哥特建筑的玫瑰窗上,达·芬奇的绘画作品中,俄罗斯的圣像中和纳瓦霍人的沙画中。世界各地的人们都从曼陀罗精神的一致性之中找到了愉悦,不同的色彩,形状和形式也变得和谐了。

由于带有建筑学、规划和城市设计的背景,我对于原型在城市中的应用很熟悉。曼陀罗和绞刑架发展成为基督十字架,伊斯坦布尔的圣索非亚大教堂的设计和哥特式教堂如沙特尔教堂的设计提供了例证。一个拥有大教堂的城市建立在曼陀罗的基础上,统一了人类和宇宙的关系,化解了所有的对立。

在1960年代的早期,我面临的工作是把一个高尔夫球场和周围社区结合起来。在设计佛罗里达州的Boca Raton West(后来称为Boca West)和加利福尼亚州帕姆斯普林的Mission Hills时,我发现正是高尔夫球场决定了社区的形式,而不是周围别的条件。发展是球场所引起的,所以我们把社区叫做"高尔夫球场社区",球场对于协调建筑形式和绿地空间布局起到了较大的作用。

在高尔夫球场社区中,符号大量存在着。这是一个朴素的群体——在英国和地中海沿岸地区的村庄,每个人都拥有一个面积很大,非正式的英式花园——高尔夫球场。在这里,建筑区域和草地空间被明显地分开,这是一种维护和培育的特色。这种鲜明的界限也促成了符号的产生。

在这种社区中,建筑处在一系列的组群之中,象征安全性和归属感。这在高尔夫球场的符号应用中,是一个简短的步骤。

球场设计的原则,不包括符号的影响,来源于圣安德鲁斯,Muirfield,卡诺斯蒂等苏格兰球场的设计。现代的设计手法,是在这些传统的球场设计中增加带有象征意义的符号景观。

古时候的景观设计已经带有符号的原型,如大地,伊甸园,天堂和乐土。中国园林中的环绕的墙围住了象征性的群山、森林和湖泊,巨大的宫殿点缀其中。地中海的克里特岛上也有花园、宫殿和类似的围墙。在其中一个花园中,我看到了象征大地的双峰。这些花园的设计与我25年前开始将符号明显地应用于球场设计时所画的草图很接近。

高尔夫球场中符号发展演化的历史可以追溯到没有记载的年代。位于圣安德鲁斯的"老球场"早在中世纪就开始使用，距今至少有500年了，但在公元1700年以前它的发展几乎不被人所知。老球场中充满着各种符号，绝大多数是有关宗教的，来源于该镇的加尔文教派的传统。甚至到今天，老球场仍在星期天关闭，因为那天圣安德鲁斯的人们在球场上野餐和带着爱犬散步。球场里充满着诸如地狱之堡、狮口、罪恶谷和十字架的符号。还有更多非宗教的符号——如Sandwich的处女地，Prestwick的撒哈拉，Troon的邮票——在英国的很多别的球场也很普遍。

在1920年代和1930年代的美国，有些球场的设计是带有符号含义的。与此同时，巴洛克的抽象符号以障碍区域的形式被发展起来。但是，在苏格兰，球场中没有风和天气因素作为障碍的缘由，那些用符号设计的障碍常常显得做作。这些障碍至今仍在使用，他们的设计者们希望给他们的球场贴上"自然"的标签。

除了容格的精神分析理论，我还受到别的影响，包括强调抽象艺术形式的艺术家如Joan Miro, 研究哲学基本理论的哲学家如Soren Kierkegaard, 致力于深层结构的语言学理论家如Noam Chomsky。

我们的事务所在1960年代设计了带有曼陀罗意味的社区，例如加利福尼亚州Rancho Mirage的沙漠岛，和后来的1990年代在印度尼西亚的雅加达的Lippo Karawaci(Lippo Village)新城。容格，Chomsky, Kierkegaard和Miro的影响结合起来，在我的集体无意识中自发产生了球洞设计的新的洪流。我在这些新的符号形式中寻找激情和意义。

在阿伯丁最先出现了使用持久的符号，后来在佛罗里达州的Boynton Beach, 一个球场开始建设，那里有一条球道夹在两个湖之间。这是一种自然的美人鱼形式。我又用覆草的小丘和白沙为它加上了头发、鱼鳞、尾巴和胸部（图4.66）。从空中看去，这个设计十分精彩，不过在地面上，看起来多少还是像传统球场的样子。当然即使在地面上，人还是能察觉设计中的新意和与众不同之处。接下来设计的是新泽西州的Stone Harbor。这个球场的设计基于经典的神话。Stone Harbor的第7个球洞Clashing Rocks的形式来自于我的潜意识，在它走出来之前，可能在我的头脑中固执地游走（图4.67、图4.68）。

虽然上文提到的两种球洞的设计都可以用容格的符号理论来解释，但是Clashing Rocks还带有更大范围的含义，超出了处女地的范畴。首先，它是一个曼陀罗，是基本的Jung原型。作为一个中心带有球洞的曼陀罗图形，这个球洞区代表了对立各方总体，由它的对称性，产生了一种强大的精神上的整体力量。同时，还代表了历史和传统两方面的含义，也是一种宇宙图形和集体无意识。

此外，容格心理学中所描述的Clashing Rock们带有两方面的含义：anima, 是男性品格中的女性部分，通过圆形和弧线来体现；animus, 是女性特质之中的男性部分，用直线和锯齿线来表示。这两种主题在Clashing Rock之中复杂地交织在一

图4.66 这是在佛罗里达州的Aberdeen高尔夫球俱乐部,球洞建造的过程中,逐渐演化出来的像美人鱼的形状。(由德斯蒙德·缪尔黑德提供)

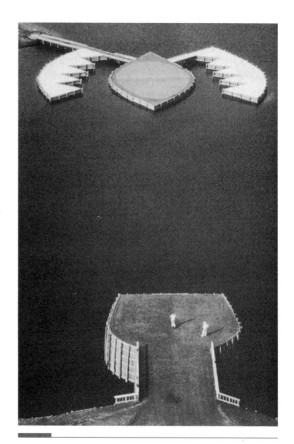

图4.67 新泽西州Stone Harbor的叫做Clashing Rock的球洞,把水域中普通的球座、草地和障碍加以特别的组合,形成了别具一格的形式。(由德斯蒙德·缪尔黑德提供)

图4.68 Clashing Rock的球洞区／障碍区特写。(由德斯蒙德·缪尔黑德提供)

起，但由于起源于我的下意识和神话传说，球洞体现出一种自发性。要看懂作为对称图形的Clashing Rock之中隐藏的容格的其他原型，需要用些想像力，好像魔术师和幽灵费力扭打在一起。我还可以感觉到很多别的下意识的影响——Muench的状态的符号应用，来自毕加索的直线和平面的使用，来自乔姆斯基的深度感和构成感——同时也有容格引申出来的阴影的含义。

从那时起，我设计了很多有象征意义的球洞和含有符号概念的球场，它们的符号意义可能是在工作过程中才挖掘出来的（图4.69）。高尔夫球场是设计者场所经验、土地研究、创造性和洞察力的总和（就是说，是他或者她心智经验的积累）。我希望每个球洞都能有一种场所感——一个有灵魂的场所。我觉得我有必要去发现、去捕捉这种场所感，赋予它生命力，用可以认知的形式去揭示它。

精心构思的符号必须作为艺术来表现，不能粗制滥造。它们在形式之外还需要内容和意义，在实体之外还需要精神。我想使我设计的球洞和球场像容格的符号一样，有着比个人经历更强大的力量。

还有一个结论是必然的。如果在球场建筑中，是否给人以深刻印象是一个重要指标的话，那么这些符号是不可能被忘记的。球场建筑中的符号已经存在很长时间了，它们也不会消失。诚然，今天的符号已经不同于过去，但是正如温斯顿·邱吉尔的那段著名的言论所说："没有传统的艺术就像是一群没有牧羊人的羊，而没有创新的艺术就像是一具尸体。"

图4.69 有没有这样一个满怀热忱的选手，遭遇到一个在每一轮都打败他／她，或者在梦中也令他／她恐惧的球洞？佛罗里达州Aberdeen高尔夫球俱乐部的第8洞可能会带给人这样的经历。（由德斯蒙德·缪尔黑德提供）

回顾

在这里我们推荐读者完成练习 2 和接下来的练习 3。

注　释

1. Kenneth Helphand, "Learning from Linksland," *Landscape Journal* (spring 1995): 77.
2. *Greenmaster* (February 1995). (Official publication of the Canadian Golf Course Superintendents Association.)
3. *Greenmaster* (February 1995).

第五章

高尔夫球场的改造规划

> 对任何建筑师来说,不论设计构思多么完善,球场还是迟早需要改造更新……而更新原有的工作,并进行创造性设计的任务就落在了接下来的设计者肩上。
>
> 摘自《高尔夫球场》,1981年,杰弗里·S·科尼什和罗纳德·E·惠滕

除了少数必须遵守的设计原则之外,高尔夫球场几乎时时在变。虽然这些改造通常有益于球场,但也有一些显然是有害的。球场是一种有生命的东西,不能总保持静态。因此,那些已经使用了四分之一个世纪甚至更久的球场,现在都经历着或者面临着规划改造的问题。

时间不仅侵蚀和改变着球场,也在一定程度上作用于运动本身。伴随着时间在运动设备中引起的改变,击球价值和击球要求也发生了变化。而且,现在的草地更平滑,击球距离更远,使选手们更容易达到目标,在一些特别的球场,出现了有趣的新问题。然而正如建筑师马尔佐夫在第一章中指出的,这些变化意义深远,却不是绝对的。

改造所引起的变化在某种程度上是不定的,包含以下几种情况:

1. 重建球场时对现状进行少量参考或者不作参考。这在实际上,等于建设了一个新球场。
2. 恢复球场原来的面貌——特别是当它的设计者是某位被广泛认可的建筑师时。
3. 修缮或重建现有的设计。这包括重建和/或维修所有或者部分特征,保留原有的和基本的设计。
4. 对以上方法的综合使用。

一般说来,更新现有设计的目标是改进原来的构思——整体性,美感和可维护性——以及有益的环境因素对球场开放空间的影响。

改革日常管理费用的设置,目标是提高草地的维护费,因此更新球场就需要改进设计,以吸引更多的顾客光顾他们的旅馆。在私人俱乐部,促使改造的方法之一,就是在球场上举办比赛,让需要改造的赞助商参加。

有时,由于土地被占用或者业主的土地出售计划,使改造势在必行(图5.1、图5.2)。而有时,临近球场或者竞争对手球场的改造,会促使改造计划的进行。此外,还有一个原因是附近又有一个或更多的设施先进的新建球场开业。当然,最常见的原因是,如果资金允许,球场应该不断求新求变,满足球手们对运动趣味的无止境的追求,这也反映了设计趋于宏伟华丽、追求视觉冲击力的潮流。

127

图5.1 利弗莫尔城需要在现有的18洞球场中修建一条机场跑道。

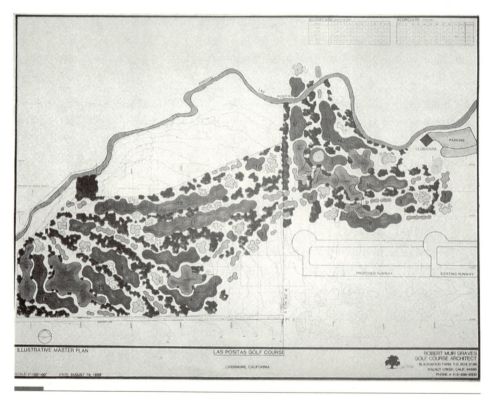

图5.2 随着毗邻土地的使用和精心的规划，不仅建设了9个新的球洞，原来的9个球洞（不是图中所示的）也没有被损坏，可以继续使用。

使影响选手的因素最小化

在球场中无论造成什么变化，都需要在规划中仔细推敲。

重新计划和建造全部的18个球洞，有时需要做到在更大的范围内，更好地平衡各种条件，将自然因素，例如风和景观的优势最大化，减少斜打时出界的可能。如果现有的设计不能达到较高标准的比赛要求,改变球洞线路也是必要的。

完全的重建通常会给运动带来混乱。但是也有这样的情况,就是设计本身将可能引起的干扰最小化了,即使球洞、球座和其他一些元素都是新建的(图5.3、图5.4)。

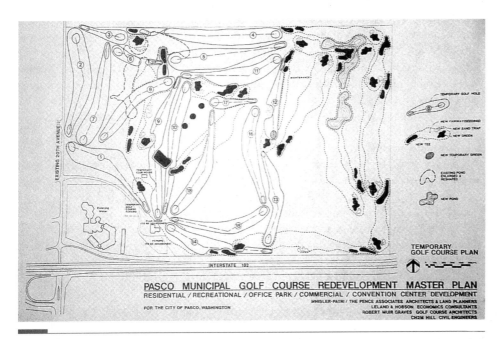

图5.3 帕斯科城决定复兴他们现有的18洞球场,把它向东移650英尺,但是一直保持正常使用。在全面深入的规划和积极的民众参与之下,球场很好地达到了目标。图中黑色的部分表示新建的球座和球洞。

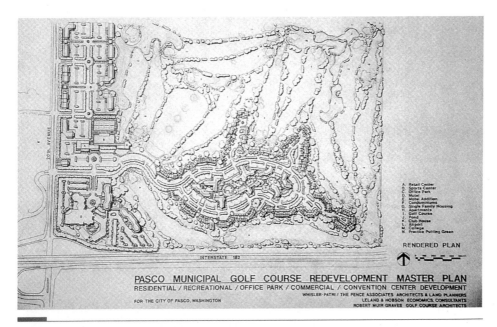

图5.4 在居住区和工商区建设的过程中,帕斯科高尔夫球俱乐部一直开放使用。

有时候俱乐部会所等建筑，包括停车场、汽车仓库、维护中心和入口道路，需要重新安排。这些变化可能引起进一步的改造，例如移动球洞和球座。这种改建会给运动带来破坏，就像土地被政府征用所带来的破坏一样。

现在，人们对球道的要求提高了，俱乐部、球场都认识到空间的使用要为人们的需要创造条件。可能需要大范围地改变路线，如果选手们确信有良好的球道设施作保证，他们就会容忍这种改变。另一方面，如果改造以后，新的球道不够完善，特别是长度和宽度不足的时候，球手们会感到十分失望。

在建成的球场中，越来越多地加入了具有艺术效果的灌溉和排水设施。在经验丰富的安装者手中，即使工作被限制在某一时间的某个球洞，甚至是在周末等球场使用频繁的时间段，不允许沟渠开敞的情况下，他们的工作也不会带来过多的打扰。当然有时，安装工作可以在球场不开放的季节彻底完成。

有些改造是小范围的。例如，在浓重的阴影中的球座，因为太小或太矮不易看见，或者相对于障碍区和落地区域，显得空间不足，或者设置得太分散而使球洞区崎岖不平的，都需要改造。如果球座被重新定位，或者在同一时间只进行一部分的改造，那么对球手的打扰可以降至最低。

改造球道需要大范围地挖掘和填充，以使球道可见性良好，落地区域避开山坡地（图5.5）。深思熟虑的规划，再加上现代挖土设备的运用，可以减少对球手的影响。如果球道表面坑洼不平，需要重新修整，栽种适宜的草皮。把球道的面积减至25英亩（约10公顷）或者更少以后，可以使用一项技术，就是用草甘膦把现有草皮烧掉，再用一种切割工具除去，修整，精细地造出坡度，再重新种植草皮。如果球道不需要重做表面，工作就转化为引入更喜欢的草皮种类，可以通过除去现有草皮或调整维护措施等办法，以利于新草种的引入。

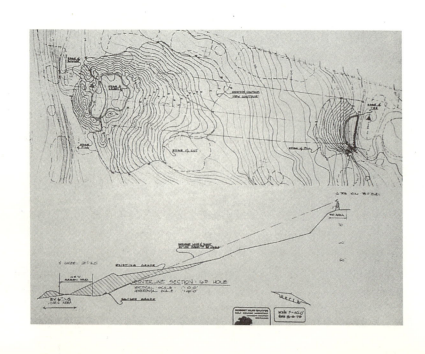

图5.5 一直以来，在韦弗利乡村俱乐部打球的人们都是从开球点经过一条长长的坡道，以三杆为标准杆，把球击向坡底的一部分被遮挡住的球洞区。这样，在球洞区改造时，需要把来球方向由北面改为西面，而球洞区的位置不动。图中的剖面（纵向比例被夸大了）显示出球洞区前面的地势很低，在地形改造时，在后面增加了一些小山丘，使视觉效果更好，球洞区也更平坦。

障碍区的改造也是经常进行的,包括重建已有的障碍,再建新的和除去一些旧的(图5.6、图5.7)。那些因为过于隐蔽而被忽视的障碍,和那些表面缺乏保护而被破坏的障碍都需要完全地重建,同时加入新的排水设施和沙土。

重建球洞区和周围环境同样会打扰球手。尽管如此,如果球洞区缺乏趣味性,不吸引人,建设质量又差,那么可能确实需要改造。但是我们已经看过一些重建球洞区的例子,费用高昂,又严重影响球场使用。至少在几个季节之内,改造所带来的球场质量提高算是无法体现了。这样的例子中,问题并不是建设造成的。两个普遍的原因是过大的施工密度和破坏性的交通穿越路线。

重新设计的目标

经验说明,除了一些新设计和新风格以外,以下所列的是当前重新设计球场时最普遍的目标。要达到这些目标,需要重新规划路线,调整球洞。

1. 在球座附近增加小球场,总长度可能只需要4800码。
2. 增加足够的练习区域。
3. 加设障碍用的水池,可以吸引视线,还可以用作蓄水池。
4. 栽种或者除去树木。近年来,除去树木变得比栽种树木更为重要。
5. 对于球洞距离和击球价值的关系问题进行重新考虑。
6. 加强安全性。
7. 重新构思障碍区,为排水沟、新的沙土包和起保护作用的堤岸提供空间。这包括减少部分和增加部分障碍,可能还包括增加一些近距离障碍。
8. 增加边缘洼地。
9. 在球道和深草区设置小丘,帮助球手目测距离,也防止球滚进树林(图5.6)。

图5.6 这个障碍区位于奥瑞达乡村俱乐部,是黄褐色的沙土地,边缘处变为绿色的草地,意味着障碍区的结束。参见图5.7。

10. 重整草皮或者给草皮去心（"去心"指的是在现有材料上去掉16到18英寸，代之以瓷砖或是由美国高尔夫球协会认可的表面材料）。
11. 恢复轻击区以前的形状和大小。
12. 在凉爽湿润地区的球道区种植硬草，在温暖地区的球道区种植好于百慕大群岛的草。球道区面积的缩减通常伴随着这种转变，面积要减到25英亩或者更少，才能做到。
13. 通过增加小山丘或者其他元素来改进球洞区周围绿化环境。
14. 有的业主在空余的土地上建造了住宅或者商业建筑，于是球洞的位置要改变。有时候，依靠房地产市场的循环和新球洞投入使用的周期，可以成功地做到，通常最少需要两年。当然，也不是总能成功。

修复的目标

严格来说，修复意味着恢复球场以前的面貌。但是实际上，修复所包含的弹性比较大。例如，对现在的高尔夫球选手来说，越过距离球座170到190码远的障碍区，没有挑战性；但是半个世纪或更早以前，这个障碍区就在很大程度上决定了在重要比赛中的成败。在修复工作中，让障碍区距离球道更远，才能保留以前的挑战性。但是保守的人认为这样做不是真正的修复。

树木的位置也给修复工作带来问题。从球场开始使用，树木就长在那里，还有其他一些是新栽的。因此，除非砍去很多树，否则球洞不可能按照以前的方法使用。

高尔夫球建筑师迈克尔·赫德赞指出，依据移动树木所受到的限制[1]，修复工程可能更像是一种改进，而不是绝对的恢复。而且，维护球场的方法和设备都改进了，也带来了运动条件的改变。

我们都有过类似的观察：例如，建筑师被要求做一项修复工程时，他或她必须指出，从本质上说，要恢复建筑最初的风格、历史上的特征和原有的击球价值和战术构思，真正的修复是受到很多限制的。当然，也有很多单个球洞完全修复到原貌的成功例子。

规划和编制规划

很多私人俱乐部都需要长期规划存档，避免无正当理由的变化（图5.8—图5.10）。因此，虽然有些建筑师全凭一张卫星影像图工作，但是在新球场规划中，确实需要进行背景规划。

在高尔夫球建筑师中，对于总体规划的准备工作有两种派别。下文中将要描述的规划方法应用于会员所有制的俱乐部，在其他方式的所有制之下，也被承认。

方法A

第一个方法适用于制定和服从一项或几项规划的建筑师，他们不必为了制定规划

第五章 高尔夫球场的改造规划　　133

图5.7　这幅图和上一幅图角度不同，显示出障碍区向球洞区边缘移动以后的新特征。

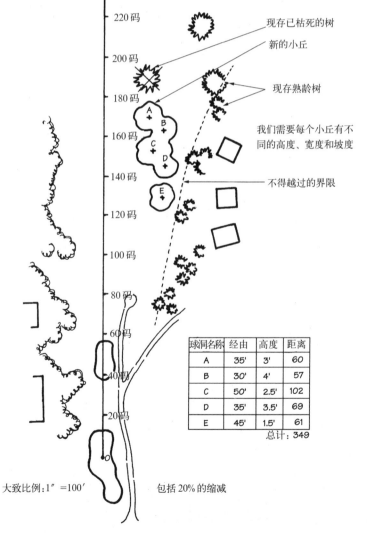

图5.8　以航空照片为基础的图表，综合了 Black Butte Ranch 的问题的几个方面。那里的一棵大树曾经对球洞的战术设计有重要作用，现在枯死了。新建的小丘可以帮助指示位置，枯死的树被留在原地，去掉了部分树冠，成为球场上的一个标识。

第一部分 高尔夫运动和球场

图 5.9 Rogue Valley 高尔夫乡村俱乐部需要扩大练习设备的范围，并给球场逐渐升级。这里我们看到的是全部 27 个球洞的总体规划。

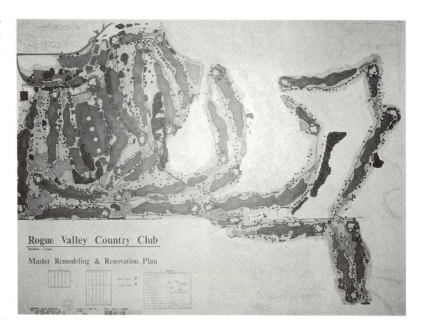

图 5.10 这幅西部地区的放大图提供了更多的细节，像球洞区和障碍区外围堆山和改造的情况。图中还显示出球场中要挖新的湖泊，对土地也要加以修整。

和业主们密切地合作。由一个委员会来选定规划方案。在这些决策者看来，制定规划方案是建筑师的职责，因为他或者她是最具备专业素质和从业经验的。俱乐部（或者其他业主）希望规划设计得到建筑师的签名认可，代表一种来自"内部"的构思。

方法 B

使用第二种方法，建筑师通过和一个委员会的紧密合作来制定规划。这个委员会的成员是特别挑选的，包括不同水平的球手，俱乐部的职业选手和球场负责人。这些人通过日常的高尔夫球运动，对设计十分了解。这种方法要求建筑师的设计概念要包含这个选出的委员会，还要包括下列的步骤：

- 建筑师和委员会面对面交流，听取委员会成员对所遇到的问题，以及关于俱乐部的传统，计划和目标的意见。然后建筑师制定规划。
- 在第二次会面时，讨论规划内容。建筑师依据讨论对规划进行修改。
- 第三次会面，继续讨论修改后的规划。
- 这个过程不断循环直到委员会和建筑师都确信制定出了最适宜的规划（我们发现至少需要三到四次会议）。

很多俱乐部都采用这种规划方法。高尔夫球场经营者由于充分参照了那些对设计了解透彻的人的想法，于是可以保证现有设计中最精彩的特征，也是参与设计的委员会成员最看重的精华，能够被实现。当然建筑师还可以引进新的想法。

在筹备一项总体规划时，可能会有传言。因此，为规划小组成员散发业务通讯或者通知是很重要的。一些委员会对要提供给建筑师的构思进行彻底的讨论研究。好的建议会被推进，俱乐部成员也会因为有机会表达个人看法，并受到重视而感到满意。但是，在书面报告中，成员的观点应该服从于主席，这是强制性的。在口头服从即可的时候，我们曾经看到过一个成员一天同意某项构思，另一天又反对。

一旦委员会认为成员和建筑师已经制定出了（如果采用第一种方法，建筑师则为服从）最适宜的规划，就会由全体成员进行投票。如果投票通过，该规划就进入俱乐部的规章制度，在一定时期内不允许重大变动。一项决议通常表述为："规定，在一定年限之内将不允许重大的变动，不包括此项规划过时的情况。还要除去政府的管理部门所公布的其他情况。"这种表述没有规定规划中的任何陈述都要被执行。它指出，在规划允许的范围之外，什么都不能做。它还避免了某些非法的管理部门阻碍规划的情况。它使那些由成员所拥有的俱乐部需要把建设球场的计划变为具体的图纸，记录在案。

如果在年会上要对规划进行投票，那么在预先的大约一周之内，要召开信息发布会进行提问和讨论，可能要有建筑师出席。这样可以避免年会上关于规划的讨论，从而推进别的重要工作。

一项规划进入地方法规，可以防止美国高尔夫球协会（USGA）所说过的"类似于抢座位游戏的规划"，即一个主席在某一年为球场增加了某项影响措施，他的继任者在下一年又取消了该措施，这些做法都花费过高，而且给球员造成不便。

进入了俱乐部规章制度（或类似规定）的规划就成为未来设计的蓝图。如果没有成为规章的一部分，经验证明，规划可能被未来的俱乐部主席忽视。

对于远期规划的执行，还有以下需要考虑的内容：

1. 为了保证规划执行中的持续性进程，俱乐部可以保留一个职务或者建立一个专门委员会来监督未来一些年内的执行工作。
2. 专门委员会定期对规划进行审查，并和建筑师协商，以更新和修改规划的理念。这样的修改必须在政府管理部门的监督下进行，以保证远期规划的整体性。
3. 执行规划的日程安排是有弹性的，为了便于：
   a. 在重建期间球场的使用和维护。
   b. 资金到位，同时考虑到天气变化的影响。
4. 专门委员会的主席必须认识到，长时间的重建工作会使球手感到厌烦，除非保证最少量的球手受到影响。经验证明，5年是规划时间的上限，虽然一些事务所制定为10年到20年，这里可能包括了一些不施工的年份。
5. 如果有更大范围的变动，有些由成员所拥有的俱乐部会选择关闭球场一段时间，可能为一年到18个月，在这段时间里完成所有的变动工作。有这样的例子，俱乐部租借附近的设施，在一两年之内供自己单独使用。当附近有一家新的球场要营业，但是成员寥寥无几的情况下，做出这种选择是可能的。这样的安排减轻了短时间内重新开张的压力，球场的这种危机是经常出现的。

   一些俱乐部关闭了9个球洞。这几乎是不能被接受的，除非设计中包含27个或者更多的球洞。如果球场不是要被关闭，使建设工作遵照远期规划，在一定年限里逐步进行，那么问题就可能被缓解。可以在每9个球洞设立一个额外的临时球洞，在适宜的位置建立临时球洞区，并用可能达到的最高标准的定时修剪、浇水、施肥、辗平来维护草皮，并经常用沙土进行土表追肥。
6. 由建筑师提供的规划包括
   a. 在预备过程中形成的规划（如果采用方法B）。有的俱乐部已经从尺度上减小了这些规划中的一个或几个，类似于烧烤屋或餐厅中使用的垫子，以激发对规划过程的兴趣。
   b. 最终的规划和／或每个球洞的个体规划，表明预计的变化。
   c. 俱乐部会所的彩色效果图。
   d. 文本报告，列出对每个球洞的具体计划，在当前价格（没有人能预计通货膨胀的变化轨迹）之下的预算估计，建筑师的推荐和偏好，强调这些都是有弹性的。
7. 总体规划如果已经被委员会批准，就需要制定详细规划和分专业规划。

注 释

1. Michael J. Hurdzan, *Golf Course Architecture* (Chelsea, Mich.: Sleeping Bear Press, 1996), 366.

第六章

规划毗邻的房地产

肯尼思·德迈，美国建筑师协会会员　Sasaki合作事务所

近年来，所有的新建球场中，有超过50%的球场是以休闲胜地为导向的地产项目的一部分，或者是居住社区的一部分。

摘自《高尔夫球场与乡村俱乐部》，1992，作者是评估协会的阿瑟·E·吉米，MAI和马丁·E·本森，MAI.

高尔夫球场的建设通常和住区的发展结合在一起，这样可以使双方面都获得自然条件的优势。例如，球场建在毗邻的地带，会提高住区土地的使用价值。同样地，住宅的销售利润可以为球场建设提供资金。因此，球场和住区结合所产生的经济效益要多于它们各自单独产生的效益之和（图6.1）。

图6.1　一丛树木软化了居住区的边界。(建筑师：丹恩·诺里斯·巴廷，新罕布什尔州，切斯特。建设者：绿色公司，马萨诸塞州，牛顿中心。球场设计者：科尼什·席尔瓦和蒙吉姆，马萨诸塞州，阿克布雷。摄影师：赛米·佩恩，加利福尼亚州，伯克利)

137

下面列出的是高尔夫/居住社区的优势。

- 为社区创造了主题，使社区在该地区具有特殊的地位。
- 由于具有变化多端的草地，高尔夫球场形成了一个持久的值得关注的景观区域。
- 球场的草皮经过良好的养护，给附近的居民提供了日常的景观享受，而且球场活动的密度又很低。
- 球场有助于塑造一种生活情趣，包括近便的无所不在的景观和休闲的情调。
- 球场永久地提供了一片开敞空间。
- 球场给休闲活动提供了便利的机会，缓解了现代生活的压力。
- 球场和住区的结合有利于步行，不鼓励汽车交通。
- 对环境造成的压力比密不透风的道路和建筑物要小得多。
- 经济要求也可满足；为住区发展的功能同样可以服务于球场运作。
- 球场可以创造野生动植物的生存空间，也可以使居民亲近大自然。
- 球场创造了"景观后院"，其尺度和范围为房地产经营创造了效益。

设计这样一个社区，首先遇到的挑战是选择一个便于建设高尔夫球场和有必要提高居住条件的地点。在用这个目的来评价地段时，设计师必须具备：

- 对高尔夫球的了解
- 对住宅市场的全面认识
- 对特定地段及其特性的把握
- 使地段的各种条件和谐构成的平衡能力

最基本地说来，有两种球场。首先一种，可以自主经营，不需依靠附近房地产市场。这类用来"玩"的球场通常位于地势较高的地方，可以俯视地平面和其他景观。第二种，球场因为附近的居住区发展而存在。这类具有"房地产"性质的球场通常建在较低的地方，便于居民从较高的位置观看球场。

关于住宅设计，本章只涉及低层住宅，有三个原因。第一，美国人偏好低层住宅，低层住宅和中层、高层住宅的比例大约为10比1。第二，建设低层住宅所承担的企业风险要小得多，因为某一时间可以有任何数量的此类住宅在建设。这样，低层住宅对于临时性的市场波动可以进行调节。第三，低层住宅对高尔夫球场设计有更大的影响，因为它们分布在更广大的地区，比中层和高层住宅更容易和球场融为一体，而中层和高层住宅通常建设在单独的地点。

本章以读者从本书的前面各章已经了解了球场设计的基本原则为前提。事实上，球场设计所有的准则都有其住区的环境背景。当然，如果毗邻的住宅被引入，成为球场的组成部分，会给球场设计带来更多的标准和挑战。例如，由于居住的部分通常在道路上，球洞区和下一个球座的距离就可能要增加。现有的各种条件，如地形、

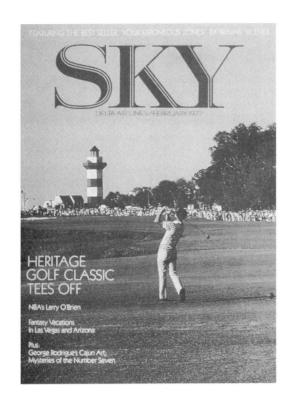

图6.2 局部的地标可以为球场路线规划所用。(委托人：Sea Pines公司。总体规划者：Sasaki合作事务所，马萨诸塞州的沃特敦。球场会所和别墅：托马斯·E·斯坦利及合伙人，佐治亚州的萨凡纳。高尔夫球场设计：皮特·戴伊，杰克·尼克劳斯)

景观和植物如果被保留，都会给球场的特征带来明显的影响。于是，每个项目都会有新的机遇和挑战。因为每个社区都是独一无二的，都是它基于特定环境的产物，所以相对来说几乎没有严格不变的规则需要遵守（图6.2）。

一般来说，高尔夫球场和住区应该谨慎地结合，以使结合的效益能够最大化，同时促进双方的发展。在任何案例中，移动尽可能少的土方，对于砍伐健康的树木慎重地进行决策，都是明智的。

本章的目的，是使设计者了解主要的工作，辨析各种观点，把它们应用到对具体地段的构思中去，对所举的例子中球场和社区的协调进行总结归纳。

设计的过程

一个问题经常被提出，"球场建筑师和土地规划师，谁首先开始勾画草图？"这要看球场和住宅哪个是最首要考虑的因素。如果球场是首先考虑的，球场建筑师应该第一个行动，以便清晰地表达出球场安排中的重要部分以及每个特定球洞具体的设计思想，如它的向光性，等等。如果住区是首先考虑的，土地规划师应该画出住宅的概念草图，顾及到各种适宜的可能性和情况，例如地势、水洼、池塘、会所/球场入口的位置，等等。在这两种情况中的任何一种发生时，各专业的工作人员都应该通力协作，互相之间意见的反馈和相应的调整。

在设计过程开始时,设计人员必须抓住地段、有关法规和市场的最基本的条件和限制因素。这些都很重要,但是最重要的条件和限制因素如下:

- 至少要有300英亩(约121公顷)的净用土地(NULA)供使用:要建设一个标准的18洞球场,最少需要160到180英亩的净用土地(不包括沼泽地、陡坡、受限制的土地,等等)。大多数的高尔夫球场/住区的发展还需要至少100英亩的土地供住区使用。
- 在一般情况下,球洞区前后坡和两侧坡的坡度最大为5%到10%。
- 大多数的规划细则中规定居住区道路的最大坡度为10%。
- 在标准杆为3杆的球场中,对于下坡的坡度没有最大值的限制,但是在环境保护规章中,坡度大于20%的陡坡越来越需要被保护,不被使用。
- 规划细则可以规定死胡同的允许长度。
- 环境保护规章可以允许或者不能允许沼泽地被取代或者清除沼泽地中的树木。
- 购买者可能对任何一种住宅类型感兴趣:联排住宅,在小于或者大于一英亩土地上的独栋住宅,高层或中层住宅,集合住宅,休闲胜地,会议旅馆,或者某种混合类型。

地段规划步骤

这一部分列出了在规划一片大面积的土地时所采用的标准步骤。这种按部就班的组织有两个目的。第一个目的是使工作在一定的次序中进行,把浪费时间的可能减至最低。在进行细节工作之前,就明确了基本的限制条件和机遇。第二个目的是保证每个必要的步骤都分别被仔细审查过而没有被忽略。从这两方面来说,下列的大纲非常类似于飞行员起飞之前阅读的备忘录(图6.3)。

图6.3 这里的图片再次说明,一丛树木软化了居住区的边界。(建筑师:丹恩·诺里斯·巴廷,新罕布什尔州的切斯特。建设者:绿色公司,马萨诸塞州,牛顿中心。球场设计者:科尼什·席尔瓦和蒙吉姆,马萨诸塞州,阿克布雷。摄影师:林·韦斯曼·梅奥斯基,新罕布什尔州,埃平)

I. 开始的环节
　　A. 取得土地的控制权。
　　B. 进行航空勘测。
　　C. 建立政治上的可行性。
II. 对自然条件的初步分析
　　A. 在现场进行自然条件分析。
　　　1. 沼泽地
　　　2. 漫滩
　　　3. 需要严格保护地下水的地区
　　　4. 限于内部使用的区域
　　　5. 建筑物的退台
　　　6. 路中草坪的退台
　　　7. 陡坡
　　　8. 露出地面的岩层
　　　9. 下层土壤（从联邦地图中看）
　　　10. 排水方式，包括对分水岭的明确限定
　　　11. 阻止工作的先决条件
　　　12. 下水道的设置
　　　13. 给水设计
　　　14. 浪费的可能性
　　　15. 历史上所产生的人造物品
　　　16. 坟墓的位置
　　　17. 植被
　　　18. 濒临灭绝的动物
　　　19. 日照方向
　　　20. 地段内的视野
　　　21. 地役权，道路权
　　　22. 飞机跑道所造成的限制
　　　23. 景观条件
　　　24. 现存建筑
　　　25. 其他有用的线索
　　B. 不在现场进行自然条件分析。
　　　1. 入口位置
　　　2. 给水设计
　　　3. 下水道设置
　　　4. 向地段内看的视野
　　　5. 周围土地的使用
　　　6. 获得毗邻土地的潜在可能性
　　C. 进行特别的研究。
　　　1. 交通
　　　2. 固定的噪声
　　　3. 联邦应急管理局（FEMA）界定的漫滩
　　　4. 历史上的
　　　5. 地下的岩石层
　　　6. 浪费的可能性
　　D. 确定地段的额外花费。
　　　1. 有用的交通联系
　　　2. 陡坡的测量
　　　3. 岩石层的移动

　　　　4．与众不同的规划设想
　　　　5．快车道无效率
　　　　6．从视觉效果不佳的郊区地带的缓冲
　　E．明确NULA（可用的净用土地）
Ⅲ．初步的法律／区划分析
　　A．目前的区划（就权益而言）。
　　B．在实行区划的地区的区划方案选择。
　　C．毗邻地区的情况，避免点状区划。
　　D．新的区划。
　　　　1．为改变分区提供咨询
　　　　2．使新的分区被认可
　　　　3．使土地在新区中
　　　　4．促进地段规划
　　E．调整许可过程。
　　　　1．有管理权限的代理机构
　　　　2．适当的步骤
　　　　3．对每个步骤的时间限制
　　　　4．提交成果的要求
　　　　5．规模要求
　　F．规章细则。
　　　　1．死胡同的长度
　　　　2．车行道坡度
　　　　3．车行道转弯半径
Ⅳ．初步的市场分析
　　A．什么是官方所希望的？
　　　　1．土地单元
　　　　　　a．用于发展的地块
　　　　　　b．分离的土地单元
　　　　　　c．聚集的土地单元
　　　　　　d．相互连接的土地单元
　　　　　　e．其他
　　　　2．街道
　　　　　　a．路缘的类型
　　　　　　b．路灯的类型
　　　　　　c．行道树
　　　　　　d．变化的成列因素
　　　　3．树木保护
　　　　4．设计控制
　　　　5．生活福利设施
　　　　　　a．高尔夫球
　　　　　　b．休闲活动
　　　　　　c．零售商业
　　　　　　d．会议中心
　　　　　　e．学校的位置
　　　　　　f．骑马的条件
　　　　　　g．其他
　　　　6．景观视野
　　　　　　a．一处或多处景观？
　　　　　　b．私人景点

　　　　　c．安全性
　　　　　d．环境
　　　7．阶段
　　　　　a．公用事业的运行
　　　　　b．道路长度
　　　　　c．已完成阶段的净增长
　　　　　d．建筑入口的隔开
　　B．什么是官方想避免的？
　　　1．土地暴露在空气中
　　　2．单调
　　C．经济可行性。
　　　1．有明确的市场
　　　　　a．土地单元的销售范围
　　　　　b．土地单元的租借范围
　　　　　c．整理地段所需花费
　　　　　d．其他
　　　2．预计
　　　3．所需现金
　　　4．投资收益率
　　　5．风险
　　　6．市场弹性
Ⅴ．地段规划的可选择性
　　A．土地利用方式。
　　B．获得最佳的景观和私密性。
　　C．密度。
　　　1．土地单元密度
　　　2．景观的线性密度
　　D．全面的通路。
　　　1．达到公众标准的权利
　　　2．为低流量交通服务的人行道宽度的最小值
　　　3．观赏到深景的机会
　　E．在统一中变化的景观视野。
　　F．解决丧失机会和高额花费之间的冲突。
　　G．市场弹性。
　　H．停车场。
　　I．开敞空间的设计。
　　　1．开敞空间的层次
　　　2．设计深景的可能性
Ⅵ．选出并修改首选的方案
　　A．附上所有的规章细则或者要求。
　　B．阶段事物。
　　　1．基础设施费用
　　　2．市场的要求
　　　　　a．最鲜明的优势
　　　　　b．把最优势的部分留到最后
　　　　　c．两方面兼顾
　　　　　d．从仅次于最好的地方开始
　　　3．在后面的环节中，将弹性最大化。如果可能，每个环节都应该完全照顾到，因为很难保证后面的缓解按照原先的设想来进行。

C．标志和入口。
Ⅶ．向政治团体表示敬意的表现
Ⅷ．如果需要则重新工作
Ⅸ．使市民保持支持或中立的态度
　　A．普遍的批评意见。
　　　1．交通拥堵
　　　2．景观不和谐
　　　3．建设带来的问题
　　　　a．噪声
　　　　b．尘土
　　　　c．垃圾
　　　4．开敞空间减少
Ⅹ．如果需要则重新协商／设计
Ⅺ．遵守规章制度
　　A．在政治活动中，想要赞同一项提议，就要寻找比反对者更多的同盟者。
Ⅻ．反对者的起诉
　　A．通常只是业主和规划师招致的，花费时间和金钱的麻烦事。
ⅩⅢ．反对者的呼吁
　　A．通常只是花费时间和金钱的麻烦事。
ⅩⅣ．已获得的批准
ⅩⅤ．土地价值
　　A．未获批准的生地。
　　B．获得批准的生地。
　　C．建有道路等基础设施，并获得批准的土地。
　　D．向单独的开发商出售多个地块。
　　E．向多个买主出售单独的地块／公寓楼。
　　F．整片地的开发。
ⅩⅥ．市场效益和／或资金来源
ⅩⅦ．地段内的市民工程
ⅩⅧ．全部的建筑／工程（A/E）服务
ⅩⅨ．破土动工
ⅩⅩ．竣工剪彩

图6.4 透过延伸出来的玻璃窗能看到球场的全景。（建筑——花园住宅：理查德·贝特曼，CBT/Childs Bertman Tseckares，马萨诸塞州，波士顿。总体规划者：里卡多·迪蒙和佐佐木合作事务所，马萨诸塞州，沃特敦。建设者：绿色公司，马萨诸塞州，牛顿中心。开发者：Willowbend开发公司，马萨诸塞州，马瑟彼。高尔夫球场设计者：米哈伊·胡尔赞。摄影师：弗兰克·福斯特，马萨诸塞州，西哈维）

整体性的扩展——球场和住区组合

高尔夫球手总是希望,一望之下,球场给人一种田园诗般的孤独感。而规划者却希望球场周围有尽可能多的住户。这对规划者来说是一个最根本的挑战。他们必须懂得,这两种目标是有冲突的(图6.4)。

单独的球道 为了使球场上的住宅立面最为显要,可以把单独的球道设计成一条高尔夫球走廊。住宅可以在球道两边连成线。但是如果在整个球场中都使用这种高度连锁的规划思路,可能使球手得不到最有趣味的运动享受(图6.5)。

双球道 设置双球道就有机会在球道之间设计小山丘、树丛和水池,给球场增加了趣味。由于绝大多数选手都打右曲球,为了安全起见,双球道的右手边应该和高尔夫球走廊的中心线对齐(图6.6)。

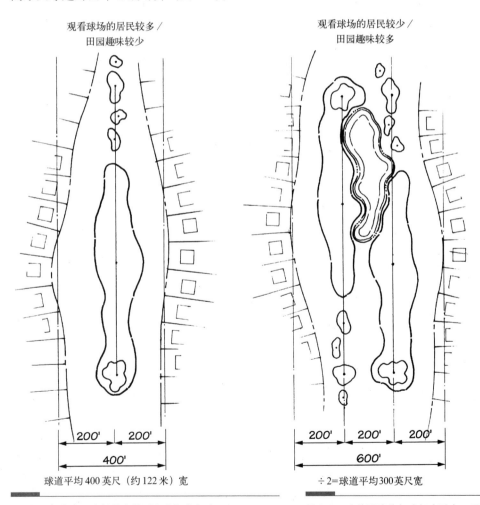

图6.5 好像在一个居民点的"山谷"中打球

图6.6 这种设计的打球趣味更多,而且比建设两条单独的球道节约空间。

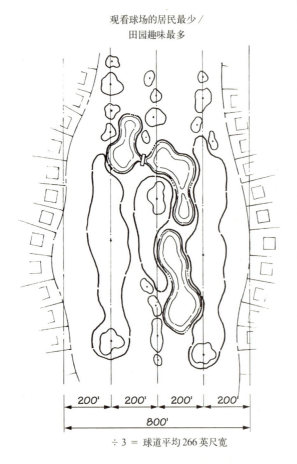

观看球场的居民最少／田园趣味最多

200' 200' 200' 200'
800'
÷ 3 ＝ 球道平均266英尺宽

图6.7 相对更好的打球趣味，但是以牺牲球场周围居民的观看为代价。

三球道 多个球道并排设计可以节约土地，带来更丰富的田园意味，但是，它们使球场周围的很多居民无法看到场内的活动（图6.7）。

一丛树木 为球场增加乡村趣味，一个很直接的办法就是把球道之间和邻近的土地上已有的或者新栽种的植物景观包含进去。可以有选择地剪除一些低矮的灌木，以保证住户观看球场的视线，同时保留高大的树冠，从球道上看去，它们是重要的绿色边界。这种技术的优势就在于，当球场与居民区相连时，它能有效地软化居住建筑连续不断的立面，如King Way的照片所示（科尼什·席尔瓦和蒙吉姆的高尔夫球场建筑）（图6.8）。

地块之间的树木 如果在地块上开发住宅时，住户的距离在80英尺或者更远，就可以使用另一种借景技术。如图6.9所示，地块之间保留的或者新栽种的树木十分茂密，不仅增加了邻里间的私密性，而且，也使球手看到长长的居住建筑立面的心情得到放松。

图6.8 在马萨诸塞州的雅茅斯，King Way高尔夫球场上的植物是最受人喜爱的景观要素。（开发者：绿色公司，马萨诸塞州的牛顿中心。总体规划者：里卡多·迪蒙和佐佐木合作事务所，马萨诸塞州，沃特敦。建筑师：丹恩·诺里斯·巴廷，新罕布什尔州，切斯特。高尔夫球场设计者：科尼什·席尔瓦和蒙吉姆，马萨诸塞州的阿克斯布瑞。摄影师：赛米·佩恩，加利福尼亚州，伯克利，林·韦斯曼·梅奥斯基，新罕布什尔州，埃平）

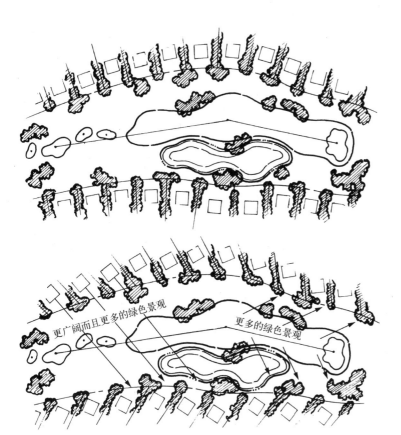

图6.9 传统设计中的树木屏障

图6.10 在带有角度的地块中,树木屏障为球手和居民都提供了绿色景观,负有双重职责。

在带有角度的地块中的树木　在这样的地块中,树木的合适运用可以锦上添花。球手们都是向前看,不会注意身后的树木。因此,如图6.10所示的排列建筑和树木的方法,让球手们看到更多的树木而不是房屋。这种排列也意味着更多的居民看球场的视线是有角度的。同时,有角度的视线也可以看到更多的绿色景观。

居民区的飞地

球场的开发和邻近居住区的开发不应该被分别考虑。如果允许它们相互影响,会产生很多的可能性(图6.11)。

适当地利用球道之间的空隙,优势很多。例如,可以用来种一片小树林和／或者一个作阻挡或灌溉之用的池塘(图6.12),或者用作一片带有私人车道的"庄园",留给眼光不寻常的住户(图6.13)。

要使球场成为一片田园乐土,最有效的办法就是真的在四周建设相当数量的自然景观。在用于地产出售和乡村俱乐部出售(杰克·尼克劳斯,高尔夫球场建筑师)的地段规划中,第4,5洞、第6洞、第12,13,14洞、第16洞和第18洞,它们所在的位置都远离了居住区(图6.14)。它们给人的感觉是被自然环境所包围,而不是已建成的居住区。

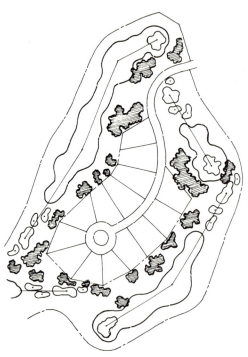

图6.11 如果有足够的空间,球手可以从球场中得到乐趣,居民则可以享受他们的家。

图6.12 球道内部空间可以用来建成花园,也可以有其他用途,而不是建成居民点。

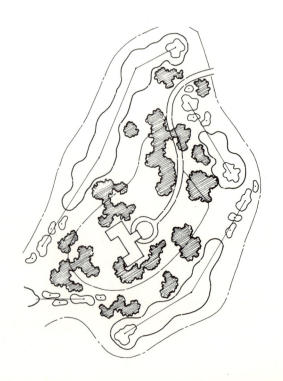

图6.13 球道内部空间的第三个用途是作为"庄园"的土地。

第六章 规划毗邻的房地产   149

图 6.14 在自然环境下设置球洞，使这项运动的趣味性得到显著的提高。

当然，这种方法极大地减少了可以看见球场的住户的数量。只有对球场趣味和因此而减少的可观看住户之间的关系有了清楚的认识，这种方法才是恰当的。也只有了解了究竟是居住区还是球场在驱动开发商，才能做出关键的取舍决策。

这样，为了地产出售的目的，虽然居住地块的设计中也仔细考虑到了多样性和可观看性，但是最基本的决策是以球场趣味性为导向的。

设计地段周围形状

开发球场/居住区都需要大面积的土地,因此地段边缘总是有足够的长度,需要仔细地进行规划。下面一部分内容提供了一些指导。

缓冲地带 如果与地段相邻的土地还没有被开发,但是有开发的可能,那么需要保留约100英尺(约30米)宽的林带作为缓冲地带。无论地段周围用作球场还是居住,这个缓冲地带都可以把周围视觉效果不佳的开发建设景象隔开(图6.15)。

单边道 居住区边缘的道路是单边道(房屋只在道路的一侧),考虑到必要的清扫平整、作坡度、铺路面、埋管线等设施、安装路灯等等所需要的昂贵花费,这种道路的使用效率是很低的(图6.16)。

双边道 在这种道路两边都有居住建筑,使用效率较高,但很多住户看不到球场。在一定的市场条件下,即使无法享受到球场景观,还是常常有购房者因为较低的房价而选择生活在球场/居住社区(图6.17)。

多变性 居住区边缘的道路可以一段是单边的,一段是双边的。这种规划可以缓解景观的单调,特别是在很长的路上。还可以给路上的人带来球场上的有趣画面(图6.18)。

边缘地势较低的地段 如果地段边缘比地段内部的道路地势低,而住户主要在道路两边,那么球场应该设在边缘,使处在较高地势的居民能够看到球场(图6.19)。

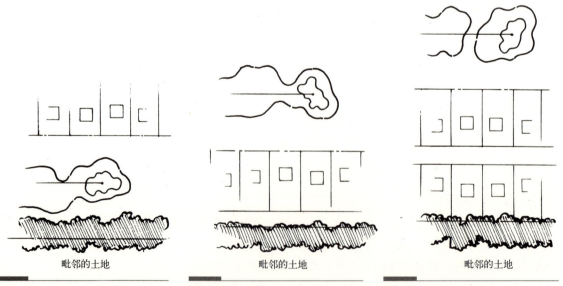

图6.15 球洞和住户都和即将开始的开发活动隔开了。

图6.16 如果可能,应该避免单边道路。

图6.17 球场景观的缺憾可以成功地被较低的房价所弥补。

第六章　规划毗邻的房地产　　**151**

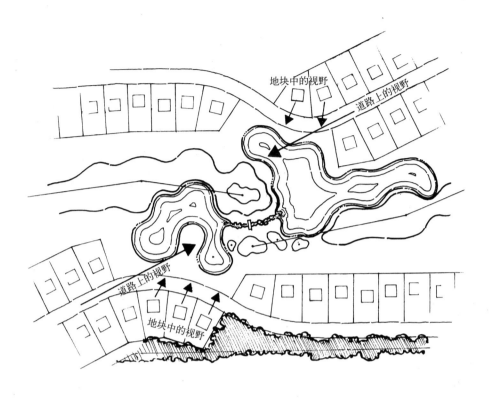

图6.18　精心的道路规划和居住地块的使用，可以为道路上的行人和住户中的居民都创造出精彩的高尔夫球视野。

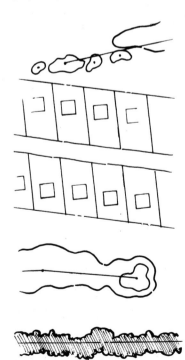

图6.19　缓冲地带可以作为景观的一部分，同时也是球场景观的背景。

周边的范围更广的视野 地段边缘的位置远离开敞空间,为了使那里仍然有较好的视野,设计师有两种选择。其一是在边缘规划一条双边道路(图6.20)。其二是在位于地段边缘的球场的内部规划一条双边道路。这样一来,道路内侧的住户有球场视野,道路外侧的住户则有一项额外的优势:持久的而且范围更广大的视野(图6.21)。

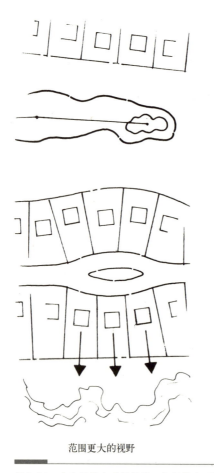

范围更大的视野

图6.20 在这里缺少球场视野,但是持久而且范围更大的视野代替了它。

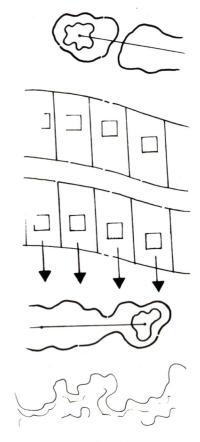

球场视野和范围更大的视野

图6.21 两种视野能够提高这些边缘地块的土地价值。

边缘地带的两种规划选择 在设计地段的边缘地带时,会出现一个很有趣的问题。在这种价值非比寻常的地块上,应该安排最昂贵的房屋产品(一大片地上的一栋大房子)还是最便宜的(狭窄的联排住宅)?

在一些极好的位置(如Pebble海岸),有一些昂贵的住宅拥有高尔夫球场和太平洋双重景观视野。于是它们的价格被明显地提高了。但是,只有在市场上有人需要这些花费过高的住宅时,这样的做法才有意义。

在其他一些很好的位置(如南卡罗来纳州Sea Pines聚居区的哈勃镇),诸多的联排住宅则坐拥18世纪的球道景观和两岸间的航道景观(图6.22)。

第六章 规划毗邻的房地产 **153**

图 6.22 在南卡罗来纳州的哈勃镇，图中右边的住户可以享受到球场景观和海水/地平线的狭长景色，类似于图 6.21 所示。（委托人：Sea Pines 公司。总体规划者：Sasaki 合作事务所，马萨诸塞州，沃特敦。球场会所和别墅：托马斯·E·斯坦利合作事务所，佐治亚州，萨凡纳。球场设计者：皮特·戴伊，杰克·尼克劳斯）

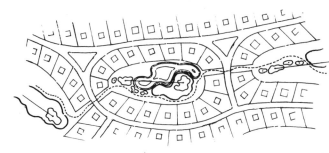

图 6.23 图中所示，代表了球场边缘最大程度上作为居住区域的情况。但是，如果没有非常细致周到的规划，这样的做法会减少在这种球场上运动的乐趣。

当然，由于双倍的景观优势，以上的例子每个都显著提高了该地段房地产的价值。但是从开发建设的总体观点来看，哪一个原因才是相对更重要的呢？通常，分析市场需求会得出答案。

规划者在把球场因素和居住因素结合考虑时，会有很多的概念。用居住地块把球道包围起来，表示了这两种因素最大程度上的相互联系。除了球场上的车行道以外，球道周围的地方排满了住宅，同时住宅也被球座和球洞区包围，居民们可以享有最多的球道景观（图 6.23）。

一片街道绿地（传统意义上的绿地，不是球洞区绿地）可以作为一个重要地带的焦点。如果一些较小的地块有特别的用途，可以将它们安排在街道绿地附近，以强调该地块的设计。规划师也应该考虑使用锤头状的地块安排，这在有些地区已被接受，可以代替回车场或者死胡同（图6.24）。

居住区波浪形的边缘能够在相当大的程度上增加道路两边的变化。设计死胡同、闭合区或是环状路，相对于简单地把居住地块连成一线，可以带来真切的场所识别感。波浪形也能给球手的视野增加趣味性。例如，球道的向阳性可以发生显著的变化（图6.25）。

图6.25还图解了一种概念，就是球洞区和下一个球座部分地重叠，这样在场地距离受到限制时，保证球洞的需要。

图6.24 街道绿地是有数百年历史的构思在当代的再利用。锤头状的街道尽端空间则是一种相对比较新的理念。

图6.25 这里的居住地块安排很有意思，随着球洞的位置变化，居住地块的边缘也变化多端。部分重叠的球洞区位球场增加了额外的长度。

视野权

邻近球道的低层住宅中，居民可以享有球场视野，当然这也是他们的房产价格的重要附加值。为了保护居民的这项投资，通常会设立视野权，要求球场主／经营者在（例如）种植茂密的、会阻断居民球场视线的绿篱之前，先得到户主的允许。在类似的情况下，如果很有价值的视野被隔断，视野权也可以推广到户主联合会（HOA）的地块的某些部分（甚至一个相邻房地产的业主的地块）。

可运行的球场

可运行的球场包含住宅，也使居民们能够全面地享有球场优势，但是没有标准的18洞球场所需要的土地面积。如果没有足够的土地建设标准的球场，那么可运行的球场就是合理的替代品。在科德角的Kings Way，开发商购买的土地上，已经有9个球洞，相互间是可运行的距离（见图6.26中地段的西南角）。为了扩大这个便利条件，高尔夫球场建筑师科尼什·席尔瓦在一条单独的球道边增加了9个球洞，之间也是可运行的距离。这9个球洞处在较封闭的地带，和先前的开敞空间里的9个球洞形成很适意的对比。不过人们通常还是愿意建设标准的18洞球场，因此应该先进行市场调查，验证当地是否接受可运行的球场。

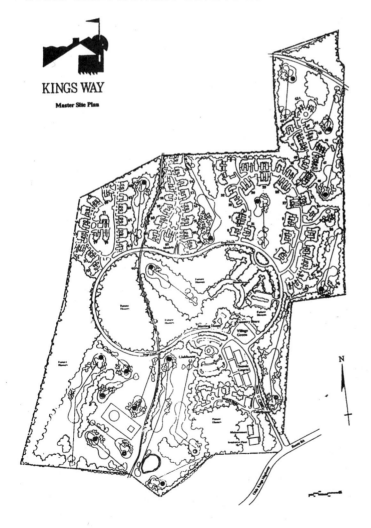

图6.26 地段西南角的球洞的周围，有联邦机场的灯塔。（开发商：绿色公司，马萨诸塞州，牛顿中心）

还应该考虑到长时间段的开发弹性。例如，现在的9个球洞的位置是当时的联邦军事基地（围在一道矩形的外墙中），Kings way 的住宅售出一半以后，联邦政府决定该基地废弃不用，于是开发商才有了将该地改建成球场的可能。规划师进行了快速的分析，发现如果改变两个3杆球洞，很多有球场视野的住宅将被取消。同时对所有的因素都进行了衡量。因为居住用途是最主要的驱动条件，所以开发商和规划师决策的依据是增加有球场视野的住宅。在最初的规划中已经考虑到了弹性因素，因此在实施过程中会有合理的花费，不会有破坏性的因素起作用（图6.27）。

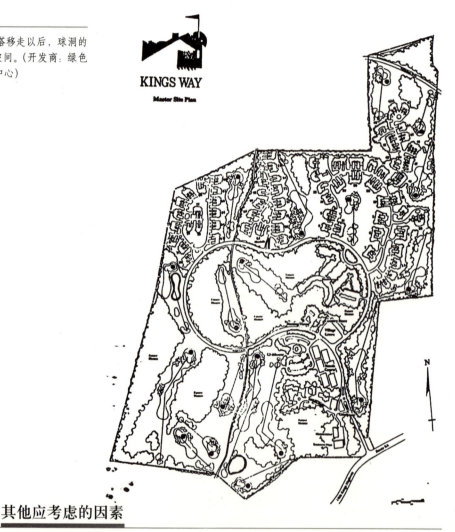

图6.27 在联邦机场的灯塔移走以后，球洞的位置。留出了未来开发的空间。（开发商：绿色公司，马萨诸塞州，牛顿中心）

其他应考虑的因素

地段的地块数

设计师应该随时知道，有可能被划入任何高尔夫球场／居住社区的所有地块的总数（图6.28）。用于Purchase的规划显示，有73个居住地块待售（见图6.14）。除了这些居住地块，规划师还应该时时预期以下三种地块的可能性：

图6.28 在萨摩赛特村,一些住户可以享有入口庭院。(委托人:萨摩赛特旅游投资公司。建筑师:Sasaki合作事务所。总体规划者:Sasaki合作事务所。建造者:Laukka建设公司。摄影师:布赖恩·范登·布林克)

1. 一个"高尔夫球地块"通常包含
   a. 高尔夫球场本身
   b. 所有的练习设施
   c. 会所
   d. 维护区域
   e. 从公共街道到会所停车场要经过的入口道路
2. 一个户主联合会(HOA)地块包含
   a. 为所有户主使用的开敞空间
   b. 休闲设施例如网球场、慢跑或散步的小路、水池、野餐设施——即用于主动和被动娱乐的所有HOA空间
   c. 从公共道路通向所有居住地块的环路
   d. 时而出现的绿地,例如死胡同尽端的回车场
3. 一个"公共地块"包含所有为公众使用的设施。在Purchase的案例中,这种地块包含一片主动娱乐区,位于地块的最南端,那里对全镇的人来说都很容易到达,而且远离那些可见或可听的公害。

道路穿越

我们不希望在打球的过程中穿越道路(步行或者乘坐高尔夫球汽车),但是由于高尔夫球运动和居住社区相结合的需要,这样的穿越常常不可避免。如图6.29所示的地段规划,Purchase案例中的地段被一条繁忙的大道分成两部分。为了避免交通事故,在第2洞和第3洞之间、第8洞和第9洞之间分别建设了两条地下隧道。在别的球场,在类似的情况下有时也采用另一种办法,就是设置高尔夫球汽车穿越时的专行道,在手动红灯的保护下穿越道路。

Purchase案例中的另一处穿越道路的例子，即从第9洞到第10洞，穿过的是一条安静的私人街道，当然街道空间还是很充裕的。有时这种两边带店铺的街道中设有缓速块，或者有圆石铺地的条带。

Kings Way的案例中有八处穿越，但都是穿过位于内部的僻静的私人街道，而且街道空间都不拥挤。

分阶段建设

低层住宅的建设通常需要若干年的时间，这样可以降低投资风险，还能根据市场需求的变化进行调整。一定要建立分阶段进行建设的概念，允许小的调整，把冗长恼人的建设周期最短化。传统的办法是设计一套分阶段的工作系统，即：

1. 在每个阶段都有一条整洁的已建成（不是建设中的）道路通向建成的住宅。
2. 有一条单独建设的道路可以离开已建成的区域，这条路要远离下一个阶段建设的施工现场。
3. 如果在未来的建设中缺少基础设施的资金，则在早期的阶段中要双倍投入。

在Purchase的案例中，第一阶段包括位于两处死胡同和主要入口处的11个地块

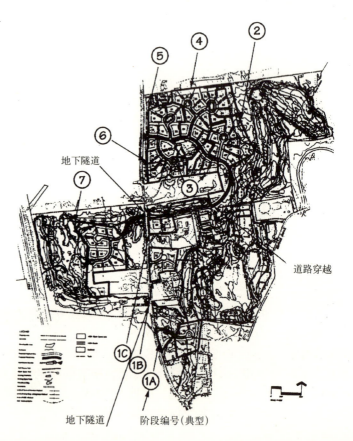

图6.29 图中带圆圈的数字表示每个阶段在整个序列中的位置。图6.14是更清晰的规划总图。

(图6.29)。第二个阶段包括11个地块，位于会所的北面。入口从会所延伸出来，经过一条向北的道路。建设入口则经过车行道，向西北通向Purchase大街。第三阶段包括7个地块。第四阶段包括15个地块，形成一个"Y"形的死胡同。第五阶段有6个地块，第六阶段有10个。至此，完成了地段北边的全部建设。第七阶段包括Purchase大街西侧的13个地块。总的说来，这种分阶段建设的概念是符合前面列出的三条原则的。

居住地段规划

在美国，有一种很强烈的倾向，就是居住单元(DUs)应该拥有单独的朝外的前门，而不应该和其他的居住单元共用一条入口走廊。本节关注的是那些享有"他们自己的前门"的住宅。国家统计数字表明，对这种住宅的偏好呈压倒多数，因此独立式住宅的重要性是显而易见的。当然，在任何一个高尔夫球社区里建设住宅，其基本目标都是使更多住户拥有球场视野。这需要了解内部空间的功能组织，球场视线的方向，地块的宽度设置，以及区划法规限制下的建筑宽度。本节也按照这个顺序来组织。

内部空间的功能组织

活动区 一般地，起居、用餐和厨房空间有着紧密的联系。在较大的住宅里，通常在附近还有一间家庭活动室。在有孩子的家庭里，非常需要孩子嬉戏玩耍的空间；现实生活中，这种地方应该在厨房附近，那里通常是家庭日常活动的中心。车库和厨房的联系也很紧密，因为需要运送食物包。为了方便，这些活动区域有必要接近前门。

安静区 卧室和浴室组成了安静区，被排除在活动区之外。

住宅朝向球场的独特个性

虽然市场的偏好总在变化，几乎所有的住宅都有一定的球场视野，但是调查表明，大多数在高尔夫球社区购房的人都认为，家庭活动室／起居室和主卧室中有球场视野是最重要的。而且，既然很多购房者把住宅视为退休养老的地方，都带有很强的意愿，希望起居的主要空间在同一层，即主人套房在地面层。于是，设计师在设计建筑平面时，把家庭活动室／起居室和主卧室都安排在地面层，无论哪一面朝向球道。图6.30中的独立式住宅大约有60英尺（约18米）宽。地面层有起居室、餐厅、主卧室套房和停两辆车的车库。还有三个卧室在第二层。这种意识在众多的购房者中是很普遍的，尤其是那些孩子会离家很长时间的"空巢者"（图6.31）。

建筑的背面 如果住宅的背面是起居室／餐厅／厨房和主卧室区，大多数住户

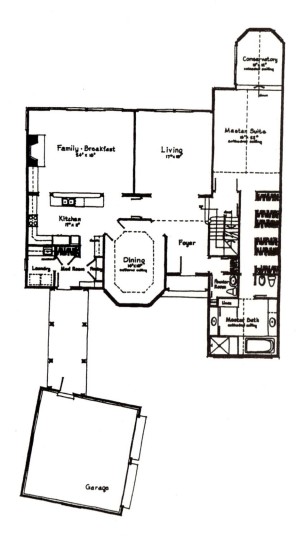

图6.30 底层平面

(开发商：绿色公司，马萨诸塞州，牛顿中心。建筑师：CBT/Childs Bertman Tseckares，马萨诸塞州，波士顿)

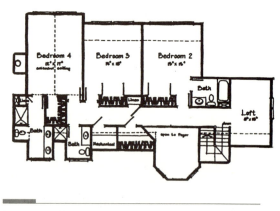

图6.31 二层平面

都能从那里看到球场，而且视线没有阻碍。这对于住宅的价格来说是很重要的。视线不应该被后院停车库所隔断；车库应该在前面或者地下（图6.32）。

建筑背面另一个应该考虑的因素是坡度。从上向下看时，覆草的球道是很壮观的。所以，观看球场的房间至少应该比球道高出几英尺，以获得最大的视觉冲击。

还有一个问题应该注意，就是邻里间的私密性。这一点可以通过建筑手段来达到（图6.30），如私人的围墙，或者用茂密的植物屏障更好，还有本章前文提到的那些办法。

建筑的正面 在高尔夫球／居住社区，人们大多是乘坐小汽车回家，到达建筑物正面的门口（图6.33）。在这里习惯上停两辆汽车，如果条件好，就使用车库。住宅的正立面带给人们对这户人家的第一印象，所以应该精心设计。把车库放入地下，就可以使车库和地面层的起居室／餐厅／厨房和主卧室结合在一起，实现了居住者"主要活动在同一层"的要求，因此车库在地下的优点是很明显的（图6.32）。

第六章 规划毗邻的房地产 **161**

图 6.32 住宅背面的俯瞰图（开发商：绿色公司，马萨诸塞州，牛顿中心。建筑师：CBT/Childs Bertman Tseckares，马萨诸塞州，波士顿）。

图 6.33 住宅临街面的俯瞰图（开发商：绿色公司，马萨诸塞州，牛顿中心。建筑师：CBT/Childs Bertman Tseckares，马萨诸塞州，波士顿）。

 对于建筑师来说，第一项考验是如何设计一个长宽都是 22 英尺的造型美观的车库。首先，车库的门不能临街，如图 6.33 所示。第二步，使用带有关节的车库门，拱形的柱楣，门上使用条窗，或者用其他适宜的手法。第三步，在车道上安装装饰用的人行道，还要有围墙、大门、照明设施，特别是要有植物。车库作为住宅的一部分，可以带来私密感。车库在住宅正面造成了街景的损失，但可以通过住宅背面视野变宽来弥补。还有一个办法就是把车库放在地下，通过院子里的坡道进入。但是，这需要居民每天从居住层爬楼梯到车库，这会使偏好"生活在同一层"的市场难以接受。

 另一种完全不同的住宅立面的情况，如图 6.34 所示。带有一个星号的地块上，居民可以从住宅正面看到球场。类似于维多利亚女王和安妮女王的住宅那样，带有抬升的门廊的住宅，在这种地块较为适宜。这时，车库在后院里是最合适的。虽然观看球场的视线必须穿过道路，但是后院完全是私人的，有的家庭会倾向于这种住宅。

 建筑的侧面 地方区划法规规定，侧院的范围是在住宅和住户地块的侧面边线之间。从私密性来考虑，在狭窄的地块上，应该在侧面边线内建围墙和/或栽种 5 到 10 英尺厚的茂密植物。在这样的地块上，住宅侧面是否能够开窗很大程度上取决于

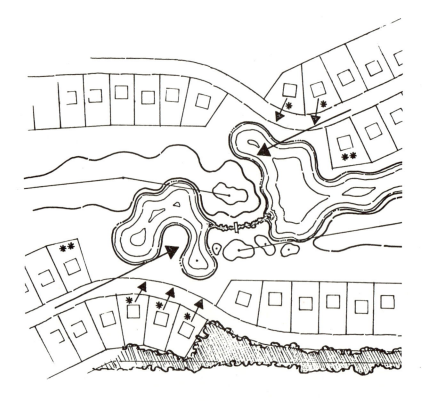

图6.34 一个星号表示从正面可以看见球场。两个星号表示从背面可见球场，从侧面可见球道。

邻居的住宅侧面是否有窗。有时，侧面也可能是住宅的主要立面，见图6.34。有两个星号的地块是观看球场视野最好的，因为它们不仅有住宅背后的视野，还能从侧面观看整个球道。

地块宽度

对于低层住宅——独立式住宅，半独立式住宅，联排住宅，以及无电梯的公寓——房价绝对受到球场视野的影响。于是高尔夫球／居住社区中，地块的宽度变得十分重要，因为它们累计的宽度将决定有多少住户能有球场视野。因此我们必须面临一对矛盾。地块越宽，越能保证每个地块里的私密性和舒适度（水池，网球场等等）。而地块越窄，就有越多的地块能看到球道。

独立式住宅 一般来说，建独立式住宅的地块至少要60到70英尺宽。为了简单起见，假设较窄的地块里有一栋30英尺宽的住宅。在它的底层，起居室／餐厅／厨房的开间共约15英尺，相邻的主卧室开间约14英尺，墙厚共约1英尺。在第二层，两间卧室为14到15英尺宽，在住宅背面；还有一间或两间卧室在住宅正面（图6.35）。

半独立式住宅 在宽度约60英尺或者更少的地块上，规划师应该考虑半独立式住宅（图6.36）。为了加强住户的独立感，应该采用各种方法把两户的入口隔开，使他们不会相互看见。

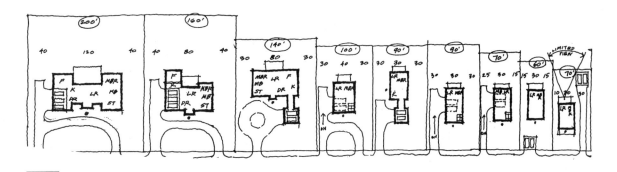

图6.35 狭窄地块上的独立式住宅。

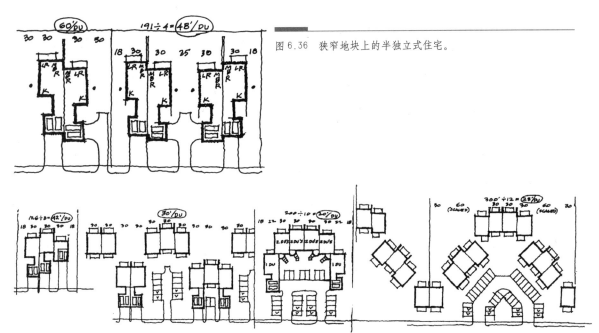

图6.36 狭窄地块上的半独立式住宅。

图6.37 独户联排住宅。

独户联排住宅 在宽度为40到24英尺的地块上,"联排住宅"是适用的,如图6.37所示。这种住宅为每户提供了两个车位,为访客提供1/2个车位。每个住宅单元是设计的重点。图中的公共停车场也可采用。

虽然每个项目都是独一无二的,但其开发的结果都是成为顾客喜欢的产品。如果购房者需要的是1英亩(约0.4公顷)甚至更大地块上的独立住宅,那么设计师的任务就相对简单得多。如果他们需要联排住宅单元,设计师就要安排车行道和／或停车场,设计过程会变得复杂。

公寓顶部的联排住宅 迄今为止,讨论的所有住宅在地面上都有各自的地基。为了减少约20英尺的宽度,可以考虑在一层公寓上面叠两层的阁楼。同样为每户提供两个车位,为访客提供1/2个车位。这种住宅的密度问题将在设计过程中占主要位置。

摘要

带着良好的商业意识，对和高尔夫球场毗邻的地段进行规划，会有意想不到的收获。在一个已经规划好的球场／居住社区，对两种条件的恰当结合和运用，会使它们相互补充，彼此受益。

第七章

练习设施、小场地和凯门高尔夫球

> 通向球洞的最短、最直接的路线,即使它是球道的中心线,也应该曲折有趣。
>
> 摘自《关于高尔夫》,1903年,约翰·莱恩·洛(1869—1929年)

当前,高尔夫球场的扩大显然是没有限制的,练习设施和小场地越来越普及,初学者,想要提高运动水平的人以及各种水平的球手都可以使用。高尔夫球场建筑师应邀设计这类设施,不仅用于现有的和新建的球场,也作单独使用。随着建设水平和维护标准的提高,练习设施变得越来越精细美观。(商业驱动的成分以及轻击区被缩小的球场虽然也是高尔夫球世界的一部分,但不在本文讨论之列。国家高尔夫球基金会为此类设施提供了资料。)

练习球道

对任何高尔夫球俱乐部来说,最重要的设施之一就是练习球道。从球手是否满意和俱乐部的盈亏结算双方面来说,练习球道都是关系到私人俱乐部日常收入的价值极高的资产。在选择假期的去处时,球手们常常觉得他们出现在球场是强制性的。然而从球场空间的不足可以看出,他们的结论很有缺陷。

有的时候可能会为了设置练习球道而重新安排球洞。用围墙隔开也是一种办法,同时将球道挖开数英尺深,如果土质合适,又不影响排水,可以在球道尽头和道边堆起小丘(图7.1、图7.2)。

图7.1 加利福尼亚州费尔菲尔德的Woodcreek Oarks高尔夫球场,练习范围地势较低,挖下来的土壤堆成的山丘把周围的地势抬高了。这种做法使球道周围的安全屏障的高度相应地降低了,也减少了花费。地平面上的灯柱是为了给场地和球座照明。

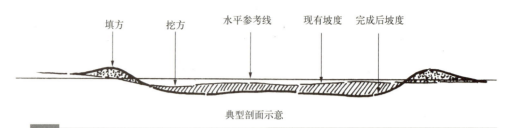

图7.2 剖面图表示了Woodcreek Oarks球场现有坡度和改造后的坡度的关系。

总有一天，球手的击球距离不会再明显地远于父辈。尽管这一天还没有到来，但是在近些年，从球座到尽端800英尺（约244米）长的练习球道已经足够了。现在需要900英尺长的矮墙作阻挡，防止球滚远。如果向坡上或者坡下击球，这些数字还需要修改。

理想的练习球道区应该具备的特征有：

- 距离专业商店和第一个球座都很近。
- 从球座处可以看见球道。
- 从球座到球道尽端总长300英尺，在球道尽端还是需要围墙。
- 球座区的最小面积是20000平方英尺（约1860平方米），应该有足够的宽度来容纳至少12—15个球手，平均每人10—12英尺的空间，还要有一个或更多的障碍。更大的球座区会好些。有的球场已经建设了一英亩或更大的球座区（图7.3）。

图7.3 这是加利福尼亚州瓦列霍的Blue Rock Springs公共球场的一个典型的练习球座区。球座处在一片圆弧形的区域里，边缘距离中心约160码。每个球座都在球座区中心部分或者向着中心，使球不会离开该区域。注意图左边地势较低的教学区。

- 在任何天气中都能使用的地带。如果这个地带设在球座区，管理人员可以在该地带被使用时继续在球座的工作。
- 供专业选手教学用的私人区域。
- 球道尽端的"培训"球座。由于围墙不可能在球座区的两个尽端都有，因此培训球座应该距离一般的球座325码。根据情况的不同，培训球座通常只占据一般球座的一半或者更少的空间。
- 需要用轴线对南北方向定位，趋向于标出北方（图7.4）。如果考虑到上午或者下午的使用，西北方向和东北方向也应该标出。

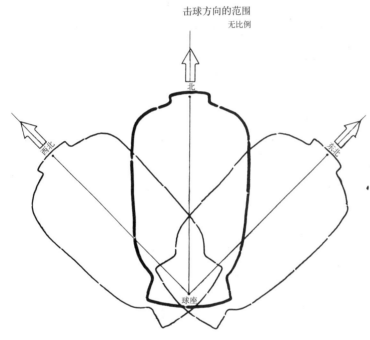

图7.4 如果可以选择，向正北方击球是最好的。在清早和天黑以前，有些接近中心的位置和/或树影覆盖的位置会被遮挡，无法接受到斜射的阳光。

- 在大多数球手愿意练习的早晨或黄昏，如果球座不直接指向太阳，其他的一些定位方向也可以接受。在考虑不同季节太阳升起落下的位置时，规划师需要咨询当地的气象站。同时，还应考虑清晨和日落前中心位置或树影覆盖的位置是否会看不清目标。例如，在马萨诸塞州波士顿的纬度下，在打球的季节，太阳从西北方落下，但是很多人说太阳从西方落下。在一定的纬度和季节之下，有的地区的太阳在整个中午都很高，因此对南方的定位将有一定用处。
- 球洞区以及障碍区和球座的距离各不相同。在安排它们时，应该发现球手们喜欢它们被交错布置。而且，如果空间有限，球洞在中心线上将有助于沿着中心线击打和避免出界。每个球洞区的面积约有2000—3000平方英尺。为了拾回击出的球，障碍"沙坑"里填的可能是石灰石，这样沙坑表面会更坚硬，使球不易下陷，更容易拾回来（图7.5、图7.6）。

图7.5 球洞区的大小和轮廓是可变的，但是把它们都建成碗形，并且都比球座区地势低，有助于每个人看清球到达的位置，也有助于把球拾回来。

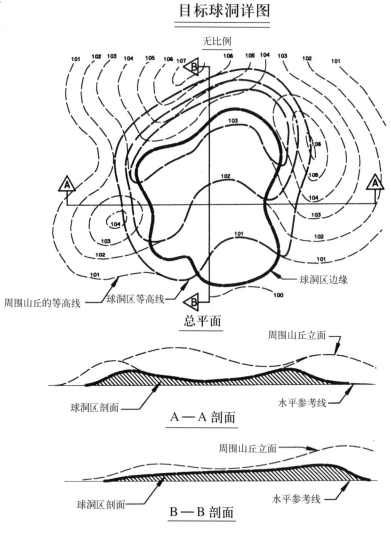

图7.6 草皮的高度使球洞区不够明显，但是障碍区的存在有助于球洞区的定位。

- 不仅能灌溉球座区，还能灌溉球道区将比较理想。
- 球座区有优美的景观。树丛中搭凉亭，并设有座椅是很常见的，为停车场设计地景例如铺地，也可以带来更好的视觉效果。
- 建造最高质量的球座。

水面

在空间有限的地方，一些球场主把蓄水池等较为广阔的水面用作练习球道，相应地使用能漂浮在水面上的高尔夫球。水面由于具有练球的功能，形式又很新奇多变，因而越来越普遍。但是，能浮起的高尔夫球没有一般的球飞行距离远，而且这种在水上练习的新鲜感也会慢慢消失（图7.7、图7.8）。

图7.7 内华达州里诺市的这个蓄水池，是一个酒店综合体的一部分。该水池被成功地开发出高尔夫球练习的额外功能。虽然所使用的球不同于一般（飞行距离较近），特别是使用长球杆的时候，但仍然是练习的有效途径。

图7.8 图中的大湖指向北面的会所，湖水是球场灌溉用水的部分来源。使用了可漂浮的球以后，湖面变成了一个精彩的练习场。

练习用的轻击区

练习用的轻击区最理想的位置是球具店和第一个球座之间（图7.9）。如果还在别的地方建轻击区，哪怕是建在会所门前的草地上或是球场入口，同样会很受欢迎。但是如果在球场入口，球手走下人行道时，可能会发生事故。在第10个球座附近建第二个或者第三个练习轻击区，也是很普遍的。

球场管理员希望轻击区的总面积为12000平方英尺（约1116平方米）或更多，但是发现两片分开的轻击区草地，每片约6000平方英尺，在维护时比一整片更便利。

轻击区要有等高线和轻击功能，还应该距离18个球洞尽可能近。因此，大多数的球洞区应该平坦，这样球手才能在进入轻击区之前，在较远距离处用直线将球逼近。因此要求最高质量的建设水平。

图7.9 俄勒冈州本德市 Widgi Creek 高尔夫球俱乐部的这片练习轻击区，位于会所和第一个球座之间的理想位置。从平地到斜坡，这片区域包含各种轻击类型。

练习用的劈球区

在练习轻击区使用劈起球和地滚球，可能带来意想不到的障碍，或是妨碍别的人使用推杆。所以需要单独建设一片草地。通常和其他练习场地有一定距离，球手们能够捡回他们的球的地方（图7.10）。这样的练习区域有以下特点：

- 面积在3000平方英尺（约280平方米）或者更多，和球场上的其他区域一样有等高线和草皮。在当前，球场建设越来越精细，球手们也希望练习区域如此。
- 设有一处或两处障碍，需要球手击球越过沙地。
- 即使球场上没有障碍洞，也要设一处草洞和一处沙洞。球手们希望在领教邻近球场的障碍洞，或者到英国诸岛领教那里很普遍的障碍洞之前，先在练习场地得到锻炼。
- 用来练习劈起球和地滚球的球道区和深草区，边缘较为低洼。

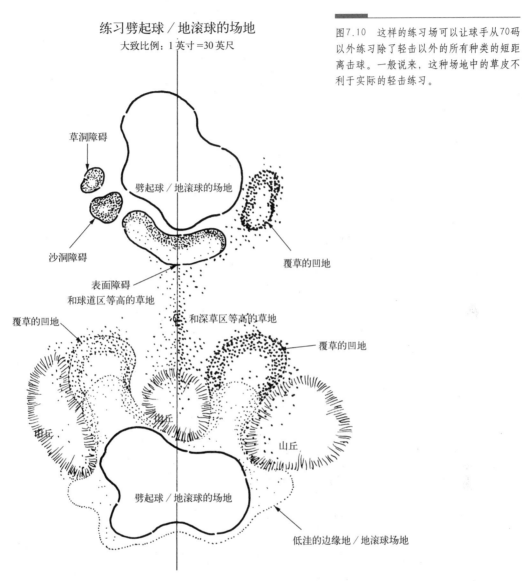

图7.10 这样的练习场可以让球手从70码以外练习除了轻击以外的所有种类的短距离击球。一般说来,这种场地中的草皮不利于实际的轻击练习。

轻击球场

1800年代,当女士使用的高尔夫球场在圣安德鲁斯建成时,轻击球场在世界各地的俱乐部、休闲胜地等地区已经很普及了(图7.11、图7.12)。事实上,一些轻击球场依靠日常的收入维持经营。它们在夜间使用泛光灯照明,一般需要0.5—2英亩(0.2—0.8公顷)土地。

轻击球场类似于圣安德鲁斯的女士球场,并不总是设有一片很大的轻击区。相反,它们会设置9或18个带状轻击区,每个宽20—90英尺,设在深草区、收集区、沙地、水面、岩石区、树木和边界之间。拐形击球区由于也有类似于球道的等高线,允许轻击入洞,可以体现短距离击球的价值,因此也可以包括在以上用轻击地带进行间隔的各种区域内。

图 7.11 图中的轻击球场位于内华达州拉斯韦加斯市的安琪儿公园，是一整套高尔夫球设施的一部分。这套设施包括一个18洞球场和练习区域。

图 7.12 俄勒冈州威尔逊威勒附近的 Langdon Farms，拥有一个18洞的标准球场和练习区域，其中轻击球场占有重要地位。(照片由美国职业高尔夫球协会的 J.D.Mowlds 拍摄)

在进行轻击球场规划时，用模型是否能模拟球场的效果？一些俱乐部对此进行了讨论，建筑师斯科特·米勒则实际地模仿了圣安德鲁斯老球场的击球线路和数量。该球场位于加利福尼亚州的 Mission Viejo，是为高水平选手服务的。

儿童球场

有三个或三个以上球洞的儿童球场已经被引入了俱乐部，也有多少不同的日常营业收入。问题也随之产生：儿童球场的空间迟早要被其他项目所占用；家长和孩子一起打球所要求的球场维护标准太高，费用太贵。为12岁以下儿童设计的球场约有100码或者少些（图 7.13）。

第七章 练习设施、小场地和凯门高尔夫球 **173**

图 7.13　在图中所示的儿童球场中，可以越过或围绕着坡度障碍，打出距离为 60 到 130 码角度各异的球。

热身球场

有的俱乐部和日常营业的球场在球手到 18 洞球场打球之前，为球手提供两到三个球洞用来热身（图 7.14）。在对球场进行一定标准的维护时，这样的设施是一种很有用的资产。

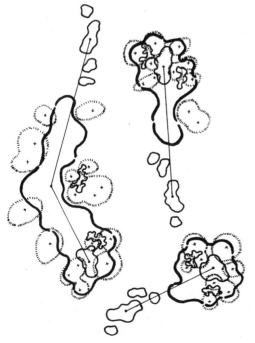

图 7.14　图中的儿童球场允许距离为 95 到 385 码的球，在这个范围内的各种球都可以打。

3杆和切球球场

多年以来，标准杆为3杆的切球球场变得越来越普及，对于俱乐部和营业球场也有或多或少的重要性。（切球球场的标准杆为3杆，没有球座，所以允许球手自由击球。）有时候，这种3杆球场促使选手们进行有目的的冒险。科德角上的雅茅斯南部的Blue Rock，从1960年代初就开始营业，吸引了远近广大范围的顾客。它还建有一条独立的练习球道，面积约40英亩，可供所有俱乐部使用。球洞区平均面积为5000平方英尺，设有水面和沙地障碍。Blue Rock的球洞距离统计如下表：

球洞	码	球洞	码
1	103	10	147
2	113	11	111
3	113	12	200
4	130	13	150
5	248	14	181
6	145	15	177
7	170	16	141
8	153	17	120
9	160	18	170
外	1335	内	1397
		外	1335
		合计	2732

劈球—推球和地滚球—推球

如果球场面积有限，球洞区面积仅为500—2000平方英尺，在一些俱乐部就会增设劈球—推球和地滚球—推球球场（图7.15）。通常，这些球场都供日常营业使用，

图 7.15 Hillcrest Country 俱乐部位于加利福尼亚州洛杉矶市，为它的球场采取了一项有利的措施：把会所附近一片2英亩的土地划入了一个6洞的地滚球—推球球场。于是该场地的长度范围在20—50码之间。它的维护标准和该俱乐部的18洞球场是完全相同的。

在晚间使用泛光照明，为了经济目的而运行。

苏格兰 Turnberry 酒店的劈球—推球球场一直都是世界级的典范（图 7.16、图 7.17）。新泽西州 Elmwood 公园的 Hillman 球场在美国的老牌商业劈球—推球球场中也是级别很高的，从 1954 年开始营业，当时有 7 英亩的面积，球洞距离数据如下：

球洞	码	球洞	码
1	50	10	45
2	75	11	50
3	45	12	80
4	60	13	70
5	45	14	40
6	40	15	50
7	60	16	40
8	50	17	60
9	60	18	45
外	485	内	480
		外	485
		合计	965

图 7.16　本图是著名的苏格兰 Turnberry 酒店的劈球—推球球场的局部。它允许使用各种铁杆，受到各年龄段的各种水平的球手的欢迎。

图 7.17 Turnberry 酒店的小场地的障碍区和小山丘建造得和大场地很相似。这对于球手练习在小场地的技术或是作为热身练习是很适合的。

可运行（或精确）球场

从3杆球场到标准球场的所有种类中，可运行（或精确）球场对很多球手都很有吸引力（图7.18）。一个18洞的标准球场需要80英亩（约32.4公顷）土地，还要有练习球道区。3杆，4杆，5杆球场的数量各不相同，但是3杆球场比4杆球场和5杆球场的总和还要多。在标准场中，球洞区和球座区的大小相同。马萨诸塞州科德角的雅茅茨港的 Kingsway 球场，基本距离数据如下：

球洞	码	标准杆	球洞	标准码	杆
1	346	4	10	215	3
2	198	3	11	193	3
3	155	3	12	297	4
4	375	4	13	167	3
5	124	3	14	167	3
6	189	3	15	138	3
7	157	3	16	181	3
8	147	3	17	211	3
9	409	4	18	354	4
外	2100	30	内	1923	29
			外	2100	30
			合计	4023	59

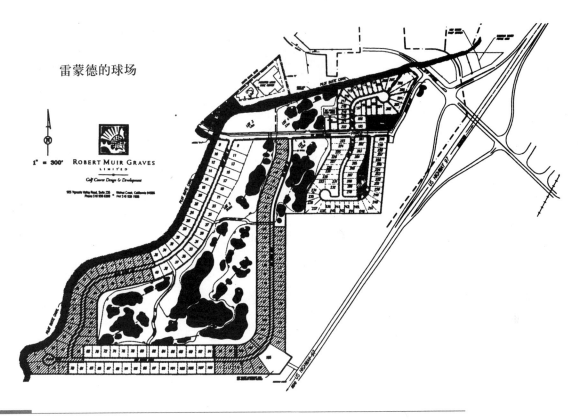

图7.18 这是个可运行球场,含有2个4杆球场和一些长度在78到210码之间变动的3杆球场。

教学中心

教学中心是一种全面的练习设施,更倾向于指导。虽然有的教学中心也向公众开放,但是严格来说它的主要功能更像一个学校。

这种教学中心是从1960年代开始兴起的。最初是为了在夏天游客稀少时,吸引人们到主要的滑雪胜地去。

佛蒙特州斯特拉顿山的斯特拉顿高尔夫学校建于1969年,是教学中心的先锋(图7.19)。开始时为年轻人提供指导,后来很快发展为面向各年龄段的学校。

最初,斯特拉顿精心设计的练习设施包括水池,青年学员在晚间游泳时捡回落水的球。教学中心面向所有年龄的学员以后,由于捡球时所出现的问题,水池被取消了。

近年来,高尔夫球学校的数量逐渐增长。有些是走读学校,几乎没有酒店或者汽车旅馆。一定数量的课程使用学校自己的练习设施,但也有相当部分的设计和斯特拉顿的设计很类似(图7.20)。

建筑师迈克尔·赫德赞在《高尔夫球场新闻》上,对1995年11月他在辛辛那提附近所设计的教学中心进行了描述。它包括一个9洞的可运行球场;一个环形的运动区域,被划分为三部分:一个49球座区,一个25球座指导区,和一个1.5英亩

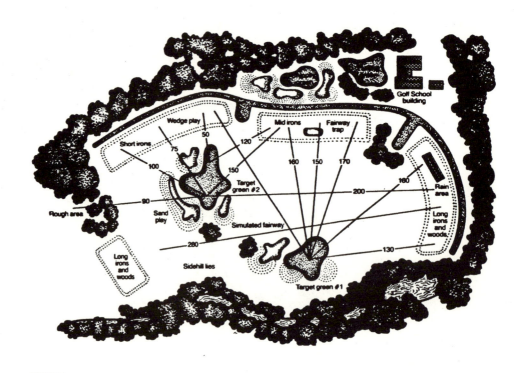

图7.19　佛蒙特州斯特拉顿山的斯特拉顿高尔夫学校，占地22英亩，允许球手在任何不同的位置击球。它的练习区域提供了两个面积很大的球洞区，还有宽阔的球道区、障碍区，以及一个使用地滚球和劈起球的轻击区。

的硬草球洞区，带有山丘，障碍，地滚球区和低地。

　　Foy和Beljan描述了位于佛罗里达州的鲁克斯威利的World Wood高尔夫球俱乐部，作为本段的结尾。它包括22英亩的练习区域，有8个单独的球座区，2英亩大的轻击区，3个练习球洞和一个9洞的小场地。

乡村高尔夫球

　　小场地和教学中心已经成了球手们玩耍的"沙地"。直到二战以后，才在牧场、公园里的开敞地带、废弃的高尔夫球场、可供多个季节使用的土地等地方建立起设计建造得比较一般，而又面向大众的"沙地"。

　　虽然这种乡村高尔夫球的场地制作得较为粗糙，但是却给很多人初次接触高尔夫球这种古老而高贵的运动的机会。可惜的是，当今这个喜好争辩诉讼的社会里，人们害怕承担责任，那些开敞空间的所有者不愿意在自己空置的土地上开展这项运动。另一方面，在北美洲，乡村高尔夫球由于打法自由，很类似于高尔夫球运动在最初几个世纪时的模样。

　　乡村高尔夫球以各种形式存在着。人们会看到西部片中的牛仔，有时是喝醉了的，从球座击球，越过灌木丛和草场，飞向用作球洞区的地方。这似乎说明遍及全世界的高尔夫球手由于没有正规球场，在对乡村高尔夫球进行初步的设计建造。

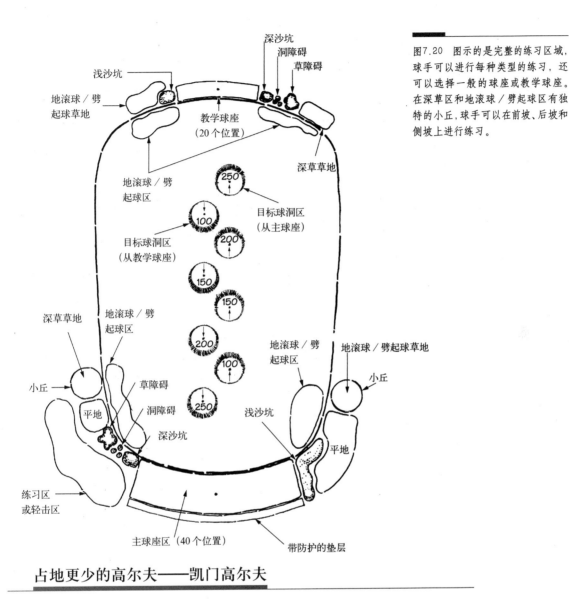

图7.20 图示的是完整的练习区域，球手可以进行每种类型的练习，还可以选择一般的球座或教学球座。在深草区和地滚球／劈起球区有独特的小丘，球手可以在前坡、后坡和侧坡上进行练习。

占地更少的高尔夫——凯门高尔夫

作者威廉·阿米克
《高尔夫球场建筑》，
佛罗里达州 Daytona Beach

在1930年代，印第安纳波利斯的高尔夫球场建筑师威廉·H·迪代尔首创了一种设计思路：通过使用比标准球运动能力弱的球，来减小球场的尺寸。在1980年代初，杰克·尼克劳斯说服 MacGregor 公司生产一种为小球场设计的球，这种球是他自己的设计公司在 Grand Cayman 岛开发的。这种球现在由佐治亚州奥尔巴尼的凯门公司生产和销售。该公司的总裁 Troy Puckett 掌握着这项专利。起初，使用这种球的运动称为"改进的高尔夫"。现在，这种球被命名为"凯门"，于是这种运动就被叫做凯门高尔夫。

凯门高尔夫的优点

- 凯门球更容易飞行；因此会鼓励初学者，相应地，教学者也喜欢它。
- 凯门球更轻，使用时对过路人和球手自己的危险性较小。
- 凯门高尔夫只需花很少的费用，在一个很小的球场上进行竞争性很强的运动，这令球手们很兴奋。他们走路的距离更短，也因此而使游戏进行得更快。
- 有可能省略一部分球棒等装备。

这些优点使凯门高尔夫趣味盎然，而且它的费用又低，受到很多人的欢迎，包括偶尔打球、热衷程度一般的球手，女士们、老年人、年轻人、残障人士和初学者等。

南卡罗来纳州查尔斯顿附近的 Eagle Landing，为设计这一类的球场提供了范例（图7.21，7.22，7.23）。Eagle Landing的设计者是本节的作者，Eagle Landing也是美国的第一个18洞凯门球场。后来在日本、英国和美国，陆续建设了这类球场。Eagle Landing球场的距离指标如下，还附有标准球场相同项目的指标进行对比：

球洞	标准杆	与球座的距离，单位为码	标准球场的大致距离，单位为码
1	4	245	408
2	5	343	571
3	3	98	163
4	4	222	370
5	4	278	463
6	4	263	438
7	4	260	433
8	5	290	483
9	3	125	208
外	36	2124	3537
10	4	210	350
11	3	112	187
12	4	218	363
13	3	138	230
14	5	350	583
15	4	250	416
16	4	272	453
17	5	305	508
18	4	252	420
内	36	2107	3510
外	36	2124	3537
合计	72	4231	7047

第七章　练习设施、小场地和凯门高尔夫球　　181

图 7.21，7.22，7.23　这里是南卡罗来纳州查尔斯顿的著名球场 Eagle Landing 的三张照片。作为美国的第一个凯门高尔夫球场，Eagle Landing 从发球区到球洞的最远距离是 4231 码（照片由威廉·阿米克拍摄）。

第二部分

建造和增长

第八章

建造高尔夫球场

设计师要把沙坑分散布置，除了在每个球洞只有一击的情况下，沙坑要远离发球区。设置凹凸起伏是避免接近果岭的最好的办法。最大的障碍是在离发球区200～235码、偏离球手的最佳路径5—10码的位置设置沙坑。

摘自《关于高尔夫》，1903年，约翰·莱恩·洛（1869—1929年）

本章概述了在一个逻辑次序下的建造程序。一般地，施工队决定建设的顺序、方法和技术。但是，建筑设计师可以指令某部分的工程在某个特定时间完成。设计师还可以要求环境保护措施和沉淀控制等在某个时间完成。设计师可以监督施工队的工作进展，但是考虑到天气和其他的一些因素，要允许一定的灵活性。

土壤侵蚀和流失控制

高尔夫球场可以带来很大的环境效益，但是也会有一些负面作用。球场设计的目的是增加优势，减少负面影响。

在球场建设中，可能会发生环境的退化。数周或数月，土地没有植被的覆盖，容易受到风、水、冰和重力作用的侵害。在这段时间和紧接着的一段时间内，侵蚀和流失控制包括以下内容：

1. 在播种之前使用快速发芽的植被，避免荒芜。有两种常用的草种是在霜冻地区的谷类冬季黑麦草，和在无霜冻地区的荞麦。它们的作用是在草皮生长之前，覆盖土壤表层，防止土壤流失。这两种草都会在日后的正常除草中被清除掉。
2. 快速生长的混合草种，比如黑麦草，只要它们不会影响日后的草皮生长。
3. 水植法，配合天然或人工的覆盖物使用。
4. 使用各种类型的减少侵蚀的覆盖物，可以不含草种。

5. 在排水迅速的地方植草，比如倾斜的堤岸或者水渠。

6. 在靠近溪流的地方限制交通，尽量少设置交叉口。

7. 在陡坡或者水渠中设置水坝或者狭道，进行分流，减少水量和冲击力，阻止水流倾泻（图8.1）。

8. 用稻草包、细石堤、沉积池塘和水塘，阻止沉积物随水流走（图8.2、图8.3）。

9. 景观设计师，约翰·麦克库拉认为，可以将生物和工程方面的原则和方法借用于**流失控制**，[1]比如在堤岸上饲养牲畜、使用植栽的篱笆等等。

10. 保护现有的树木和植被，甚至有可能包括杂草。

11. 提供施工人员和参观者的停车场所，限制交通，以减少尘埃；用植被覆盖储藏堆，防止土壤流失，使用水管，在播撒草种前尽量不要平整草皮用地。用于**减少尘埃**的有害化学品，在高尔夫球场中很少使用。但是可以考虑少量用于研究。

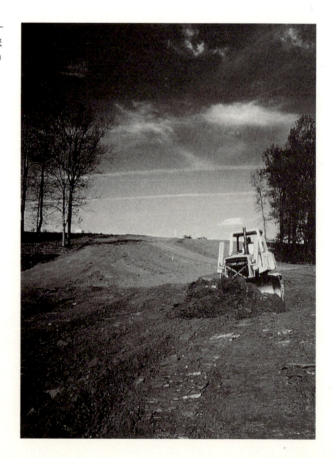

图8.1　从顶部开始，这个推土机正在建造一个水坝／狭道，使得水流不能进入球场。（由菲利普·阿诺得摄影）

图8.2 在加利福尼亚州罗斯维尔的木溪橡树园,稻草包、细石堤和其他的一些方法都被用来防止土壤流失。

图8.3 当重要的研究、确认和保护湿地的工作在进行中时,细石堤可以防止外来的破坏或者好奇者的参观。

  D·N·奥斯汀和T·德赖弗强调说,把土壤固定不动远远比捕捉悬浮在空气或者水里的土壤要方便、有效。[2]

  关于土壤侵蚀和流失控制的细则在合同中有详细的规定。一般由设计师起草,由经验丰富的工程师和环境咨询师配合。

立桩标界和清理场地

这一程序包括以下步骤：

1. 立桩标界由调查者来执行，遵循设计师的图纸，每隔100—200英尺（约30—60米）设桩，在垂直点上标注（见图8.4，也参见图4.9）。
2. 设计师检查这个中心线，当需要的时候作出调整。
3. 清除球洞宽度的75%以上场地内的树木。一般地，最终确定的清除线离发球区最少100英尺，离果岭最少200英尺，离剩下的球洞最少180到250英尺。
4. 根据设计图纸，用旗帜标示出最终清除线。这一般是由设计师完成的，他能够认识到起伏的树木轮廓的重要性（图8.5）。
5. 在界线以内进行清理，设计师随同认定需要保留的树种。设计师同时指出将

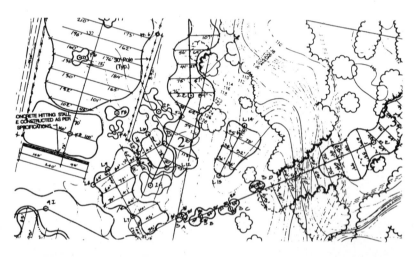

图8.4 这部分的立桩标界设计图显示了支距如何用来设计和确定发球区、球道、湖泊和其他大的地形变化的尺寸和形状。果岭和沙坑，在更大比例尺的图上单独表示。

图8.5 使用中心线立桩，加上PVC管帮助确定可见性，设计师往往面对必须决定哪颗树要被移除的尴尬局面。

来可能遮挡果岭、发球区或者其他区域,导致结冰或空气不畅的需要移除的树木。
6. 清理出从果岭到发球区的、球洞之间的维护道路。

清 理

清理工作包括砍伐和移栽树木,去除树桩,选择性地砍伐周边树林(图 8.6)。所有的球场区域,包括果岭、周边环境、发球区、球道和粗草区、道路(图 4.9),都要砍伐树木。有两种砍伐的方法:

1. 直接把树木砍成碎片,就地燃烧,这种方法现在为很多条例所不允许。
2. 砍倒树木,用下列方式进行处理:
    a. 如果允许,燃烧。
    b. 如果允许,深埋于球洞处,条件是树木不会在土壤中腐烂,土壤不会下沉。需要进行彻底的密实,不留任何空隙,上面覆盖 4 英尺或者更多的土壤。如果燃烧,需要得到特殊的许可。很多这样填埋的场地需要瓦片排水,否则上面或者附近的地表将呈现水田的情形。腐烂的树木会产生油性物质,可能渗出影响球场。
    c. 用卡车把所有的树木运出场地。
    d. 砍成小段,销售或者用作场地内其他建设。
    e. 卖掉主枝,燃烧侧支或者砍成小段。

图 8.6 砍伐浓密的树林需要大量的机械作业和人工劳动。往往这些木材可以在市场上销售,以弥补建造成本。

选择性清理

在彻底清理区域的周边40英尺（约12米）的范围是选择性清理区域，有时候根据设计在球洞之间或者墙之间也选择性清理。在球场之外的区域一般不作清理，保护动植物的遮蔽场所。选择性清理的四个目的是：为场地引进流通的空气和光照，帮助球手很快找到球进行比赛，减少不能打球的区域，促进保留树木很好地生长。

选择性清理遵循以下步骤：

1. 清除被风吹落的果子、木头和下层林丛，以及已经死去的树木、树桩、篱笆和其他遗迹。
2. 修剪低矮的树木——死的、将死的、活的——到6至8英尺的高度，注意清除有尖利的枝条的树木，以防伤害眼睛等。
3. 如果今后植草，清除足够的树木让出割草区。
4. 不管是否植草，清除足够的石头，避免对于俱乐部建筑的危险。
5. 偶尔，清理出一定的区域，创造"英国公园"的效果。这对于打球、维护和欣赏而言都是理想的，虽然对于野生动植物没有什么益处。所以在具体设计中要综合考虑这两方面的要求。
6. 保留松针叶的粗草区，它们不仅美观而且不影响打球。

除 根

清理树木以后，所有的树桩和石头都要移除，这个操作，叫做"除根"，包括以下步骤：

1. 用推土机和大铁铲移除树桩，清理侧根，或许会用到大的切割机来切开树桩。
2. 如果遇到较大的石块，就需要在一定宽度的洞口，在一定角度上进行挖掘。机械设备一般的最大深度是8—12英寸，虽然8英寸以下的深度可能没法达到。
3. 选择性清理的场地有时候也需要除根，虽然一不小心可能伤到保留树木的根系。这些区域的石块用化学的或者粉碎的方法清除。

其他有关树木的工作

准备清理树木的细则时，设计师会要求包括地面以上6到8英尺的树枝。有时设计师指定对于某些特殊树种或者它们的根系进行调查。很有可能在球场建成以后，树木栽培专家要在球场管理者的要求下，继续树木栽培和根系清理工作。

在树枝上安装的发光棒也需要按照细则进行。

移动土壤

和依照地形做最简单设计的球场不一样,追求雕塑效果的球场需要移动大量的土壤——有时候18个球洞的球场移动土壤量超过了100万立方码。任何球场都是需要移动土壤的。对于自然地形的再造,是设计师的天才的表现(图8.7)。

图 8.7 大规模的移动土壤完成以后,就要把小的土堆铲平,取得整个球场的土壤质量的均一性。

表层土的不可再生性决定了它的价值很大。所以在移动土壤的时候,最好场地足够大,这样表层土就不必移动两次。具体的操作是把一个区域的表层土移走,用另一个区域的表层土填来做基地,这样顺次进行,减少土壤的移动次数。

大量的土壤移动

大量的土壤移动包括了建造果岭、发球区、池塘和沙坑等设施的基础。要求达到下列条件:

- 创造一个和山坡坡地相协调的较为平坦的场地。
- 保证可见。
- 保证表面排水。
- 建水坝截水分流,防止水土流失(图8.1)。

坚硬岩石

土壤的移动可能包括坚硬岩石的移除和粉碎。坚硬岩石或者暴露在地表或者埋在地下。圆卵石是否作为坚硬岩石处理由设计师决定。在开挖渠道的时候也可能遇到坚硬岩石。

一般地,岩石的数量很难估计,所以在投标或者建议书里会对于每立方码土壤中用于清理岩石的费用进行说明。不同的岩石需要的搬运或者爆破费用是不一样的。

修整土地

在大量的土壤移动以后,就是土地的最后整形,这是创造有特色的球场的关键。富有天才的整形工程师能够把设计师的要求转化为现实。有时候设计师亲自监督这项工作的进行,因为它关系到球场的娱乐性、美观,甚至设计师自己的名声。在搬运土壤时,要避免重复使用一条运输道路,因为这样会导致局部土壤的过度密实,影响将来的草皮生长。

池塘的建造

建造池塘可以增加球场的娱乐性和美观,还可以用作蓄水池,为建设提供表层土和填埋土。池塘大小不一,有大到几英亩的,类似湖泊的,也有小到几千平方英尺的,甚至更小。

显然,池塘是需要水源的。基于周边环境考虑,水源可以是溪流、水井、雨水排水或者一个终年积水的高处的水池。

有两种高尔夫球场的池塘。一种是在地平线以下的挖掘出的池塘,另一种是通过拦截而造成的池塘。还有两种都结合的池塘(图8.8)。一般地,潮湿地区的池塘最

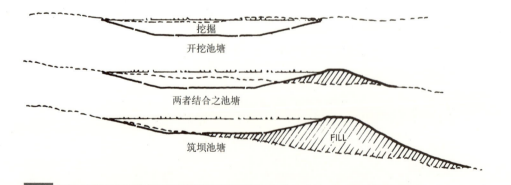

图8.8 这里展示了三种常用的建造池塘的方法。其中两者结合使用是最常见的,而筑坝拦截较少,因为在一个天然的场地中筑坝并非易事。

少6英尺深,而干燥或者寒冷地区的池塘至少15英尺深,或者更多,保证鱼类在冰下能够生存。更深的池塘可以容纳水草的繁衍,保证水质新鲜。

如果池塘的岸边是要种植的,那么坡地不能超过1:3的坡度(垂直距离除以水平距离),虽然再陡的坡地也能够种植。水面以下的坡地应该在当地条件允许的情况下尽量陡峭。一般地,安装土壤覆盖的塑料膜要求坡度不大于1:3,而且陡峭的坡地有利于抑制水草生长,也可以在较为坚固的基础上建造,比如黏土,而不是砂子或者碎石(图8.9)。不幸的是,陡峭的池岸很危险,有批评家说它们对于溺水有贡献。从安全角度出发,1:5的坡度较好。

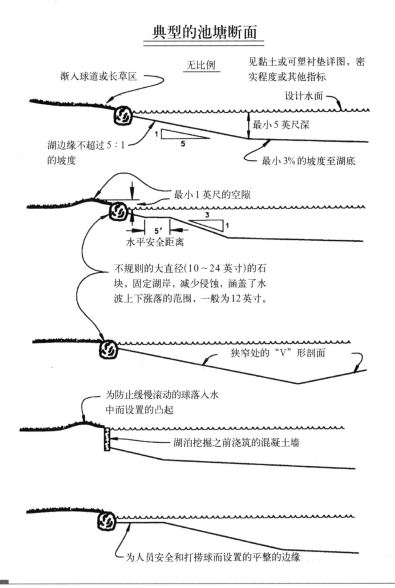

图8.9 这些断面图展示了不同的池塘边缘及其砌筑方式。每一种都有优缺点。安全、球的返回率、水生植物的生长和维护方便等,都有所考虑。

干舷，指从水平面到周边池岸的最高点的距离，在很多法规中都有所限制。合适的干舷很重要，因为水平面太高，会影响周围场地的排水，虽然比较美观。

如果水源是一条溪流，那么最好溪流不要直接注入水池，避免沉淀，除非池塘设计作为溪流的沉淀池，或者池塘本身就是河道的局部放大。避免沉淀的办法是在溪流水汇入池塘的节点开挖支流，而溪流水通过管道注入一个大圆筒，再流入池塘（图8.10、图8.11）。

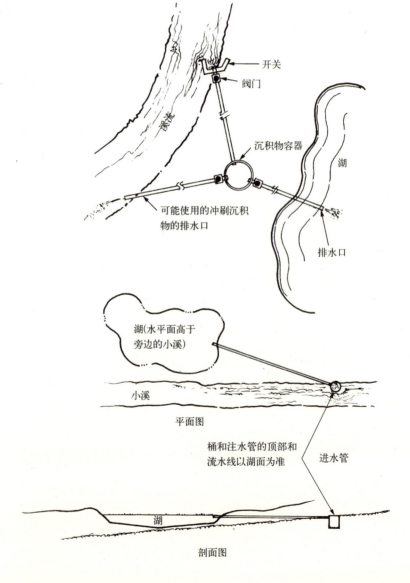

图 8.10 这里圆筒远离溪流，也可以搜集沉淀。

图 8.11 进水口设置圆筒，这样水就可以直接进入池塘了。为了除掉沉淀物，必须在圆筒的底部设置孔洞，或者进行挖掘。

防水渗透的池塘，一般用木头、石头、或者混凝土加固岸边，减少波浪侵袭、啮齿动物破坏和其他的伤害。这使得设计师可以将草坡直接延伸到池岸，而且不会像直接铺到池岸的草坡那么容易受到侵害（图8.12、图8.13）。

图8.12　在加利福尼亚州的七颗橡树球场，在池塘注水之前先用混凝土砌筑了池底和池岸，当水注满以后，混凝土就看不见了。

图8.13　在水体和果岭之间的最自然的衔接就是倾斜的草坡。但是，它们对于风或者波浪引起的侵袭没有任何抵抗能力。

池塘也需要一个出水口。适合这个目的的设备是滴管（图8.14）。这个装置可以在需要清除池塘沉积物时，调节水面的高低和排水。当不排出所有的水时，管道可以安装在合适的高度，排出沉淀（图8.15）。

设计师应该注意T形阀的使用。对于小的或者浅的池塘，T形阀不像常用的溢出阀有效。但是在大的和较深的池塘，当水面控制更加频繁时，T形阀可能是很好的选择。

在高尔夫球场排水研究中，土木和卫生工程师西奥多·L·博兰德说：

> 使用合适的水阀清空池塘的水，是工程的主要部分。娱乐性的池塘需要定期的维护，包括修剪水草、移除灌木等。如果能够很快地调节水面的高度，这些工作就很顺利了。加上结构本身需要的一些维护工作，比如清除沉积物和深水水草、修理池岸等，水阀应该安装在一个灵活的位置。[3]

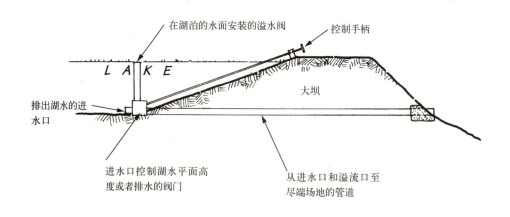

图8.14　这个滴管是一个连接在出水口上的简单的水平管。

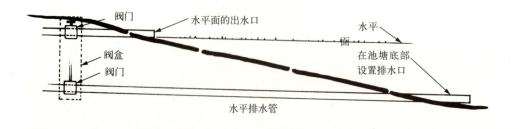

图8.15　一般的排水管并不贵，但是安装在池水表面的排水管对于控制池水高度没有什么作用，只能通过注水和用水或者渗透来改变池水高度。在池塘底部安装水管可以排空池水，利于维护。

除了通常用的排水管以外，用于紧急情况的溢水管，也会在洪水较大时有用。这个溢水管必须安装在坚硬的草坡上，有时甚至用混凝土或者木头。

细小的沙土需要用黏土来过滤。斑脱土是一种常用的黏土。使用合成的衬垫也可以过滤沙土。市场上有几种类型，都是膜状的。影响它们有效性的主要因素是选择合适的厚度、几层胶合在一起、周边绑定（图 8.16）。

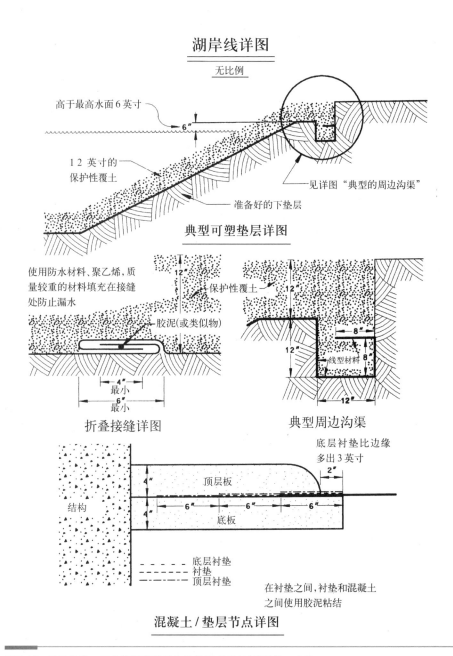

图 8.16　虽然昂贵，但是使用塑料衬垫是保证 100% 过滤的惟一方法。

针对池塘和湖泊的施工，有专项的法律、规范和细则规定。所以设计师需要在得到美国农业部资源保护委员会的许可以后，聘用注册工程师。

这里，仍然是设计师构想池塘的外观、技巧和乐趣。实际上，池塘的外观很可能成为球洞特征要素。

灌溉和排水设施

灌溉和排水系统将分别在第九章和第十章详细介绍。系统的安装紧随土地整形之后，在表层土回填之前。这样的顺序减少了在管道上的沉积，也减少了开挖渠道产生的石块混杂在表层土中。

表层土回填

表层土回填包括条形土的回填，必要时给球道和粗草区增加土壤，和为果岭和发球区准备和购买特殊的根系培育混合物。

一旦表层土安置好，这个区域就准备进行播种植草了。

高尔夫球场设施

高尔夫球场的设施包括遮蔽物、小路、溪流交叉口、台阶或步道和设备房。遮蔽物和设备房需要避免雷击的艺术性的设计。（一般，给所有球手和场上人员的报警系统安装在俱乐部建筑上。）

小　路

高尔夫小车和小路能够使得高尔夫运动更加方便，尤其是在山地上，也延长了每天打球的时间。它们的广泛使用增加了球场的收益，也吸引了更多的人参加这项运动。

小路的表面一般是沥青、混凝土、预制石板或者石粉。最近几年，用彩色（往往是红色）砖来铺路渐渐流行。虽然花费较多，但是美观好看。

石粉的路面容易在春季早期或者暴雨的时候被冲刷掉。这种材料和其他的石制路面一样，在缺乏灌溉的干旱季节，会起灰尘。但是只要经常清洗，它们都会效果很好。时间久了，只要它们的排水设施保存完好，还可以在它们上面铺沥青或者混凝土。

有机的表面材料也可以尝试使用，包括树皮或者几种植物的混合——鞣制革、欧亚甘草、坚果果皮等。不幸的是，在经常使用的路面上，它们往往腐烂很快，需要及时清理维护。所以用在临时性道路或者通过林区的步行道上，效果很好。贝类的壳也可以使用，富有装饰性。

果岭和发球区的小路需要建造路肩，避免小车伤害草坡。而且路肩可以限制雨水的流向，也是一种排水方法。但是问题也因此出现，在春秋两季的晚上有可能路上会结冰，直到第二天早晨才会融化，甚至在夏天暴雨过后，也会很滑，所以小路很少被用作为排水途径之一。

有些人建议在整个小路上都建造路肩，[4]单车道的宽度是5到8英尺，双车道12到14英尺。我们发现一般的小路宽度在6到8英尺之间。图8.17介绍了一种建造坚固路面的方法。

图8.17　路基已经做好，不再需要其他的作业，这时用机器把可流动的混凝土倾倒在上面。（盖瑞·鲍曼摄影）

在小路尽端可以使用一些材料促进草种生长。它们包括塑料的或者其他的编织材料，允许植物穿过它们生长。这类型的新材料将会不断出现在市场上，曾经用来稳固小路上的土壤的化学品，今天已经很少使用了。在设计上，使小路多一些转弯，会减少土壤的移动（见图3.14）。

如果处理得当，高尔夫小车和小路可以成为景观设计的画龙点睛之笔。

溪流的交叉口

使用管路，可以在交叉口设置衔接配件，但是环境专家不赞成这种做法。在实际操作中，使用管路需要许可证。还会有相关问题出现，管路必须满足足够的管径大小，否则就会在多雨季节发生溢水。

桥梁还是让人满意的,虽然造价高了点。但是它能够给球场增加魅力。可以使用的桥梁有,让人回想起古代球场遗址的石桥(图8.18、8.19)和红砖桥。后者在1993年的樱桃山乡村俱乐部中颇为引人注目(图8.20、8.21)。

图8.18 圣安德鲁斯的这座石桥无疑是高尔夫世界中最能够入画的桥梁了。作者科尼什建议所有的设计师都去参观圣安德鲁斯,走过这座桥,探求高尔夫的源头。

图8.19 圣安德鲁斯桥的微缩板,位于华盛顿州的港口球场的这座小桥,展示了溪流和沥青小路相交时的下沉处理方法。

图8.20 穿过湿地最好采用宽阔的步行桥。

图8.21 位于北加利福尼亚的海边农场的这样的桥墩可以支撑一座预制的桥梁,也可以用来支撑其他的平台,比如说老的铁路平板车。

有顶的桥梁和带有殖民地特征的桥梁,是新英格兰和加拿大沿大西洋海岸部分省分的高尔夫球场的特征(图8.22)。它们也用作遮蔽物。设计师皮得·戴伊曾经富有创造力地把一截火车厢用作桥梁的遮盖(图8.23)。

有很多种不同的预制的木桥,有些是带拱的。有一类型是可以自承重的,不需要桥墩。它们受到了环境主义者的拥护。有些溪流在一年中大部分时间是断流的,但是在丰水期会有水,这时桥梁一般是一端固定,另一端在涨水时放开,在水位回落时再重新安装。

图8.22 有顶的桥梁在美国有悠久的历史,遍布全国。这个维护设备用的小路的遮蔽物坐落在印第安纳州的卡梅尔的曲棍高尔夫球场。(艾丽斯·戴伊摄影)

图8.23 同样在曲棍高尔夫球场,这个桥梁使用了一截旧的火车厢,并且打出了老的广告标语。(艾丽斯·戴伊摄影)

  桥梁的正确选址很重要,尤其当它们比较昂贵、不易移动的时候。一般地,桥梁坐落在球洞的一侧,靠近多数球的落点。桥梁必须和高尔夫小车的路径结合考虑。如果相交,那么最好分别在球洞两侧布置,一个供设备小车使用,一个供行人使用。

  维护设备也需要穿过河流。所以桥梁也要提供这样的承重,也许需要专用的桥梁。为了使这种桥梁的数量最少,最好在平面设计中就考虑好维护设备的路线(图8.24、图8.25)。

图8.24 作为惟一的通道，这个桥梁必须足够坚固，能够使得高尔夫小车、大部分的维护设备和行人都通过。

图8.25 比一般的高尔夫球场的桥梁都复杂，位于美国加利福尼亚州西部的圣克拉拉的这座桥梁承载了四条线路：铁路、轻轨和步行。

溪岸的保护

除非溪流流水是间断性的或者速度较慢，否则即使有覆盖物，河岸也不容易播种草种。更多的时候，是直接使用草皮。防止侵蚀的膜状物可以固定草种，很多时候河岸可以种植柳树或其他树种。

其他的保护措施包括木头的使用、混凝土和石头的隔水壁、石堆（在池塘或者溪流随意堆放的石头，防止水的侵蚀）、篾筐（有些时候带有植栽）、栅栏墙、三维的蜂窝状的金属，或者覆土植栽的塑料膜。选择依赖于流水的数量和速度。设计师现在越来越关注生物工程学，一门结合了种植方法和工程结构的学科。

台 阶

如果坡地比较陡,那么到达较高的位置就需要使用台阶了。在台阶的最上端和平地交接的地方,很容易磨损,成为凹陷。为了避免那种情况,台阶一般呈展开的形状(图 8.26、图 8.27),第一阶较窄,最上面的一阶最宽。

往往会为残障人士设置铺草的或者其他类型的台阶,有时候所有的球手都需要滑轨。

图 8.26　将上面的台阶加宽能够最大程度地减少对小路的破坏。

图 8.27　在这些台阶的旁边,高尔夫球手,很多是手推车的人,会自己开辟出一条小路。

设备用房、储藏间和有顶的区域

设备储藏加上办公场所,对于一个18球洞的球场,一共需要最少6000平方英尺(约558平方米)的面积(图3.23 A–D);空间大一些更好。

一般由球场设计师指定位置,建筑设计师设计这些房屋。但是球场的建设监管容易也会对建筑的选址和设计提出一些要求。图3.23详细列出了这些建筑的各部分的情况。几个预先建好的设备房被证明对整个建筑群的建造有利,其中施工人员的经验也贡献很多。很多州要求按照专项细则建造单独的化学品用房。

还需要其他的场地,包括草皮准备区域、管理人员和参观者的停车区域、燃料储藏区、设备冲洗区域,防止有害物进入河流和地下水。正如第三章讨论的,一般除了草皮和树木的培植区以外,需要1到2英亩的各种辅助设备区域。

建设当中的高尔夫监管人员的角色

高尔夫球场的监管人员的工作可能给球场的最终效果带来很大不同。如果他富有经验,那么就会顺利完成工程的监管工作。但是未来的监管人员还需要提出建议或者在施工现场作为观察监督者。即使这样的工作也是很有价值的,比如说,未来监管灌溉和排水系统的安装就会变得很有帮助。

在建设中监管人员的工作包括,但是并不限于:

1. 选择草种时作为咨询。
2. 对灌溉和排水系统进行咨询,还包括果岭和发球区等设施。
3. 在设计维护用房和通道时提供咨询。
4. 列出维护设备的需求和球场保养的需求,并且满足它们。
5. 帮助或者指导建设。
6. 在建设前和建设中,帮助或者指导土壤和水的分析和采样,包括土壤的物理和化学分析,水质量分析。
7. 准备将来用于维护的预算。
8. 安装维护设备。
9. 协助报批工作,在环保材料方面给出建议。

实际中,设计师希望监管人员能够监督将对未来的维护产生影响的设计和建造的每一个方面。

注 释

1. John McCulla, *Landscape Architect and Specifier News* (February 1996). *BMPs of Erosion Control.*
2. D. N. Austin and T. Driver, *Erosion Control* (January/February 1995).
3. From a letter report of one of the author's own projects.
4. *Golf Course Management* (October 1995).

第九章

排水

没有什么能够比精心设计果岭,更多地增加比赛的魅力了。有些果岭比较大,但是大多数是一般尺度大小,有些平坦,有些随山势起坡,或成一定角度,但是更多的果岭有着自然的起伏。草皮一定要很好,这样球才能够运行得很精确。

摘自《苏格兰的馈赠:高尔夫》,1928年,查尔斯·布莱尔·麦克唐纳(1856—1939年)

1975年在马萨诸塞大学一个关于草皮的研讨会上,英国的高尔夫设计师弗雷德·W·霍特里这样评价排水的重要性:"排水、排水、更多的排水,是英国草皮做好的关键。"在参观过不同气候地区以后,我们发现他的论述是很有道理的。实际上,有很多设计师把它说成"霍特里法则"。排水设计是有一定难度的,而且排水系统完成以后也要不断增补、升级和维修。

排水的主要目的是排除场地中多余的水,使得草皮能够繁盛,增加高尔夫球手行走、开车和打球的舒适性,保证他们和维护人员在娱乐或者工作的时候遇到最少的碎石或泥土的障碍。在排水良好的场地,不容易留下车辙或者设备的痕迹,在干旱地区排水能够带走碱性土壤中的盐分。甚至在寒冷潮湿的地区,养护好果岭也是值得的。

高尔夫球场排水中最主要的一个考虑就是尽快排走多余的水分,甚至要比在农耕地里要快,因为在暴雨过后或者春雪融化后,高尔夫球手和球场管理人员都希望尽快恢复运动或工作。

高尔夫球场需要地表排水、地下排水和空气排水。

1. 地表排水通过以下方式达到:
   a. 使场地起坡,利于分水排走
   b. 安装敞开的沟渠、洼地和排水道
   c. 创建水障或者犁沟
2. 地下排水通过以下方式达到:
   a. 瓦片排水、管道排水
   b. 鼠道式排水沟
   c. 垂直排水
   d. 狭长散兵壕
   e. 暗沟
   f. 阻挡或中断式排水(可用于地表和地下排水)

3. 流通空气排水的方法是选择一块能被太阳照到的通风的场地,清除周边的树木、灌木和山石,以及任何阻挡空气流动的东西。

整个地下排水系统包括搜集不同管道中的雨水,汇集到较主要的管道中,最后排到出水口(图9.1)。地下排水的有效性依赖于、也受制于出水口的类型。可能的出水口是粗草区(水直接排走或者在较低水平面以上的多孔渗水物)、现有的主要的或者平行的排水口和洼地,沟渠、池塘和溪流。规范中有对于这部分的规定。实际中,选择要更加困难,因为排向池塘或者溪流往往不被允许。

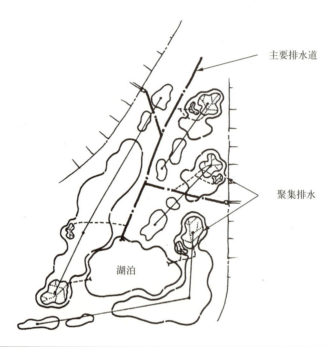

图9.1 在这种有四个球洞的复杂情况下,主要排水道能够同时解决居住和路面排水问题。搜集的果岭和洼地的雨水也可以排向这个主要排水道。它最终排向湖泊或者其他合适的区域。

出水口还可以是污水坑、深坑或者储水器(图9.2)。如果土壤多孔,那么水就从水坑渗走了,如果不是,那么就从水坑中抽水或者用管道排水。

水坑有时开敞,但是这样容易给路过的人造成危险,所以更多的是用石头或卵石填充,石头上面用稻草或者合成材料编结的过滤层覆盖,防止盐分进入石头。过滤层很多时候用表层土压着(图9.3)。有时还有一个检修孔(图9.4)。

偶尔,湖泊、小溪或者排水洼地可以用作排水的终点。如果合适的话,可以在球场以外的区域排水(图9.5)。

即使当高尔夫球场和周边的住宅合并时,也不能把周边建筑的排水视作高尔夫球场排水的一个分支。实际中,当周围还有其他的附属设施时,往往是把高尔夫球场本身的排水组合进来一同考虑。

第九章　排水　**209**

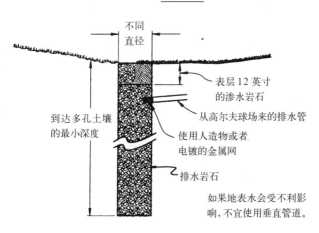

图9.2　不管是垂直的还是水平的排水坑都可以搜集排水并且把它们扩散到土壤中去。垂直水坑效果较好，多孔渗水土壤更有帮助。水平水坑和一般的地表排水沟渠作用相同。但是如果遇到地下水的环境问题时，任何方法都不能使用。

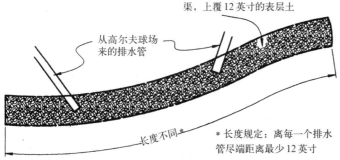

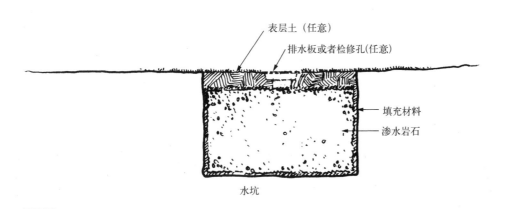

图9.3　水坑就是搜集从其他主要排水道来的雨水的容器。它的底部和侧面允许向各个方向的排水。

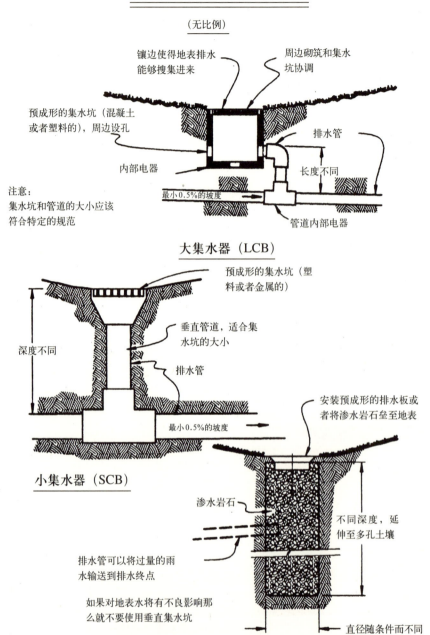

图9.4 当远处有一个雨水搜集点时，较实际的做法是建一条开敞的沟渠到主要排水管道。

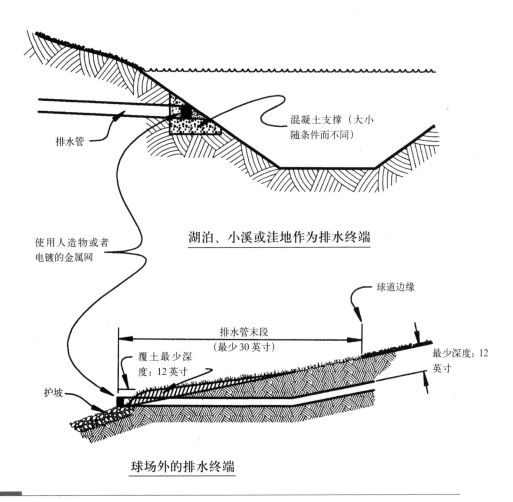

图9.5 另一个排水的方法是将雨水引至附近的水系，或者一个不排斥过度盐分的球场外的地区

地表排水

地表排水是最重要和最有效的排水方式，有很多种方法可以实现。

场地起坡

场地起坡的目的是借助重力使得雨水更流畅地流经表面，而不需要管道。实际中，即使是多孔的土壤，高尔夫球场的地表排水还是最重要的。因为多孔的土壤也会由于结冰或者多年维护使用而密实，不能渗水。大大小小所有的可能积水的洼地都必须被排除。

如果允许在任何季节，周边地区的排水都流经果岭或者球道，是会对球场有所损害的。所以设计时要注意高于周边地面，或者设置开敞的断水设备环绕球场。

球场的最小起坡一般是2%—3%。如果小于这个坡度那么排水就会被延滞，虽然常常使用1%的坡度作为第二排水面。在碱性或者盐性土壤上，大于2%—3%的坡度有利于带走盐分。

安装开敞的沟渠和洼地

地表排水的第二个方法是开敞的沟渠（图9.6），如果周边土壤足够坚固那么就可以使用接近垂直的侧壁了。当土壤不是这么坚固的时候，那么就需要侧壁也有一定的坡度，根据土壤条件确定坡度。

洼地至少要有30英尺（约9米）的宽度，深度则几英寸到几英尺不等。坡度不小于2%（图9.7）。

在球场附近设置洼地，会影响打球并且不容易维护。所以洼地一般坐落在远离球场的地方。但是有时候还是把洼地布置在球道中，作为一个临时性的权益之策，随着建设的完成也将被排水管取代。但是随着高尔夫球场的发展，很多这样的洼地已经被人们作为一种障碍而接受，因为它们增加了乐趣，也成为了一种设计传统。但是这样的间断性的洼地增加了维护问题。

图9.6 一个老的垂直侧壁的沟渠，为排水而设计，现在已经发展成为球场的不可分割的一部分。

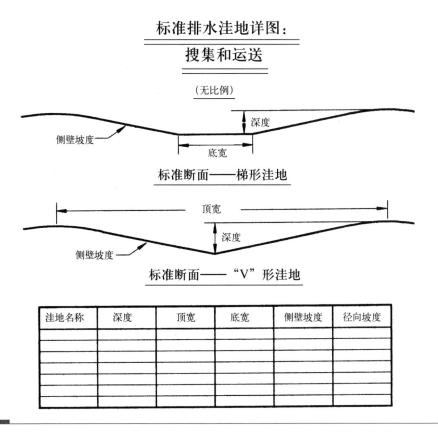

图 9.7 洼地是一个存储排水的流行做法，可以增加球场地形起伏的乐趣，还增加了填埋土。

洼地在球场中比沟渠要受欢迎，因为当没水的时候可以除草。但是大多数土壤会在表层水退去以后保持潮湿。这样就必须在洼地的底部安装瓦片了（图9.8、图9.9），当洼地坡度较小或者比较弯曲的时候，底部的瓦片就更加重要了。

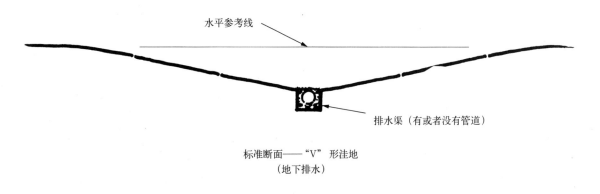

图 9.8 洼地底部因为排水和灌溉的原因会经常很湿润，所以采用中心线或者径向排水就很必要。

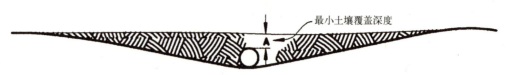

最小土壤覆盖深度
管道要足够长，超过一个
最小可行区域的范围。
在一个填埋区域中，最多
有5个坡。
填土

填埋区名称	大小	管道大小	管道类型

图9.9　如果洼地一直潮湿，但是人或者设备必须通过，那么设计师就要考虑在底部沿径向安装排水管，其余部分填埋，以供通行。

犁　沟

犁沟是很少弯曲的窄的洼地，常常在旁边设有堤岸（图9.10）。犁沟往往设在坡度较陡的地方，被人们叫做“水坝”。

水坝的作用是在陡坡上的水获得足够的数量急速下滑之前，改变它们的流向。这在播种或者草皮生长过程中对于陡坡都是很有帮助的。

图9.10　在水坝较低一侧的堤岸能够有效增加水坝的容量，而且使用的是挖掘水坝而产生的土壤。

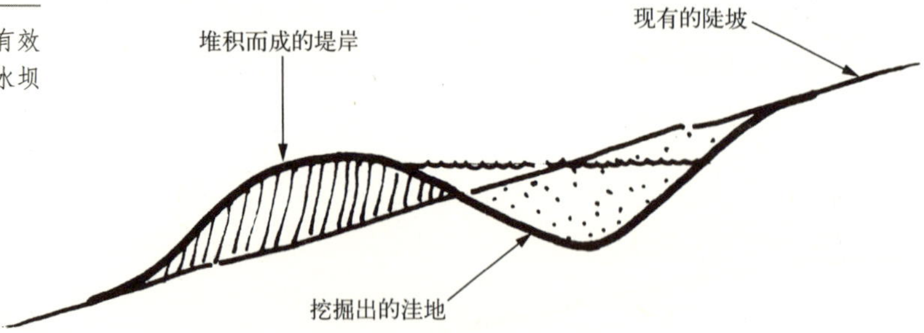
现有的陡坡
堆积而成的堤岸
挖掘出的洼地

水坝（WATER BAR）

地下排水

按照既定方法安装的排水方法是高尔夫球场排水的最常见的形式。瓦片排水的形式包括鱼骨式、栅格式和随意式（图9.11—图9.13）。

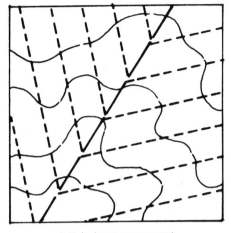

鱼骨式（HERRINGBONE）

图9.11　鱼骨式最适合整齐而不太平整的坡地。

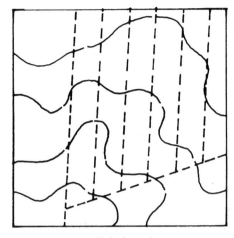

栅格式（GRID）

图9.12　栅格式最适合平整而且整齐的坡地。

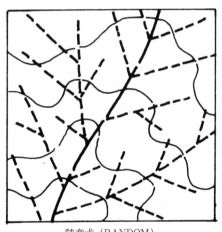

随意式（RANDOM）

图9.13　随意式能够适应坡度的不同变化。

如果要在输送的过程中接受更多的排水，那么就需要有多孔的土壤，中间有开口可以汇流其他的排水，所有管道都是由细卵石围起来的。但是如果排水只是从一地运到出水口，中间没有其他排水的汇入，那么管道就要用固体的管壁了（图9.14）。

细卵石的大小一般在1/4—3/8英寸左右，虽然有些工程师喜欢用较大的卵石，尤其是在水流比较急的时候。在球道和粗草区，卵石可以直接暴露，不用表面的覆土。这样可以加快排水的速度，但是在安装数月后往往不太适合娱乐和维护了（见图9.14中的裂缝排水）。当卵石的直径少于3/8英寸时，总要被草覆盖。当卵石比较大时，最好使用2—3英寸厚的粗砂或细卵石，覆盖在其表面，利于草皮的繁殖。实

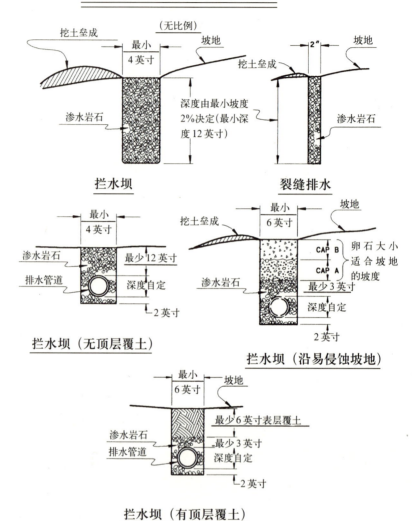

图 9.14 有很多种不同的石子填充管道的方法。当管道没有支流时,一般不用石子填充。

际上,几年以后将有浓密的茅草覆盖这些石头,需要剪除这些茅草了,不然的话它们会阻碍排水。

管道的进水口和出水口一般都会用石子或者人造金属护网保护,以减慢水的流速(图9.15)。开敞的水口也要保护,防止啮齿动物的进入。管道本身也是需要冲洗的,一般用的方法是设置立管,把软管插入进行清洗(图9.16)。

第九章 排水　　**217**

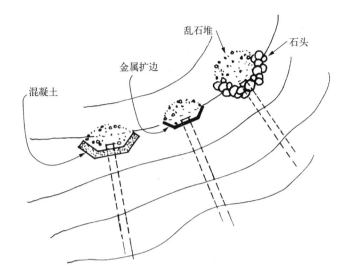

图9.15　这里有三种常用的保护进水口和出水口的方法。如果是进水口的话就不需要乱石堆了。

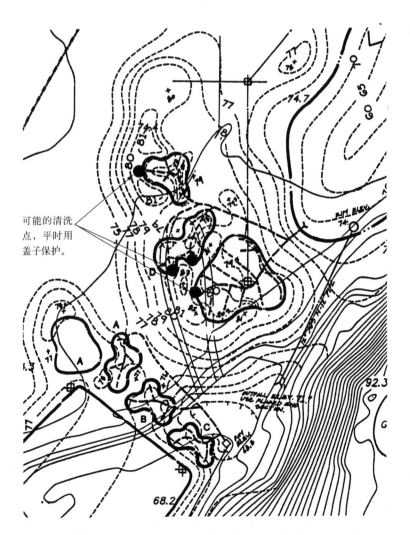

图9.16　每一个单独的主要排水管都可能成为清洗点。盖子可以是实体的或者木板的，利于空气流通。

管道一般设置在壕沟里，周围有1英寸左右厚度的卵石，上面也用相同的卵石覆盖（图9.17）。

壕沟的宽度会随着管道的大小、壕沟深度和土壤类型而变化，很多土壤中壕沟6英寸宽，管道直径4英寸左右。

高尔夫球场排水的管道和管路可以由塑料、混凝土、黏土、金属或者老式黏土砖制成。根据排水类型，管道可以是固体实体的、打孔的或者多孔的，可以是坚硬的，也可以是柔软的。但是在有卵石或者岩层的土壤中一般使用软的管道。

果岭部分的管道一般设置在壕沟中，有2%—3%的坡度。并没有规定要求地下排水的坡度和地表起坡方向一致。在球道或者粗草区，2%—3%的坡度比较理想，但是往往无法实现。这些地方最大可能坡度是1%，但是这样流水就会减慢（图9.18）。

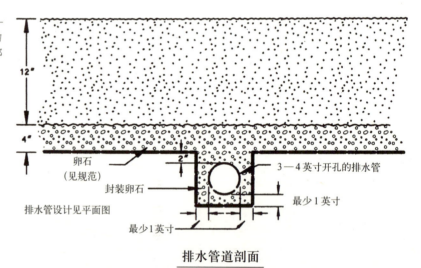

图9.17 不注意果岭或者植草区的土壤特征，而使用卵石或者管道，都是不够谨慎的。

图9.18 这是一个典型的排水管道安装的场景，这时封装卵石还没有铺设。

过去都是用稻草、干草、焦油纸封装管道进行保护。现在有几种新的地温(geotextile)材料也可以用于这一用途了。可以在管道的三面或者四面都包裹这种材料（图9.19）。用地温材料包好的排水管，也可以购买到。

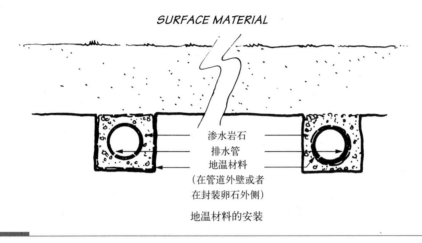

图9.19 这里有两种用地温材料的方法。必须注意地温材料不会阻碍排水进入管道。

高尔夫设计师和工程师合作开发出了很多充满智慧的排水系统。比如皮特·戴伊在佛罗里达的旧沼泽地球场设计的排水系统能够把搜集到的雨水用于灌溉系统。设计师威廉·G·罗宾逊将一个球场和草地湖畔的一个水处理厂结合布置，这样可以将排水处理过后，每天提供600000加仑的无臭的灌溉水。还设计了一个系统可以阻止雨水排到周边的河流或其他水体中。犹他州的墨雷球场将高速公路的雨水过滤以后再排到河流中去。

鼠道式排水沟

鼠道式排水沟是埋在地表以下2—3英尺的圆管。它们是通过拖拉一个钢球——"鼹鼠"，到达出水口而做成的。一个用于安装电线、电视线和灌溉管道的装置，被用来完成这个任务。这样做成的管道虽然没有任何保护，但是却能够在坚硬的土壤里保持两三年。当在土壤中拖拉"鼹鼠"的时候，同时在土壤中留下了一个裂缝，这样可以使雨水流进鼠道式排水沟里（图9.20）。

鼠道式排水沟可能会被几英里长的自动灌溉管线所损害。如果在这些管线安装之前做好了鼠道式排水沟，那么在管线的安装中排水沟也会收到干扰。

有几种比较适合农业耕种的土壤类型，其中又有一些尤其适合草皮的生长，而且现在已经在土壤下面成功地解决了排水问题。

图9.20 虽然对周边的一定范围内的土壤有一定的影响，但是鼠道式排水沟对于坚硬的土壤是很有效的，除非十分坚硬的岩土。

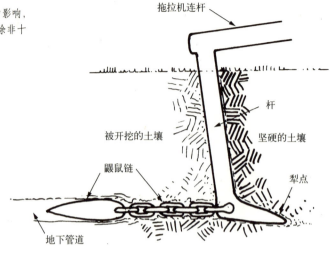

垂直排水

当表层土被不透水土层与下面的多孔沙土或者卵石隔离开的时候，垂直排水就很有用了（参见图9.2）。沙坑中的垂直排水往往填充了石头，类似于USGA果岭的卵石铺装。

当土壤下面的土层真正是多孔的透水层时，垂直排水就真正起到作用了。向下连通到透水层的水井或者沟渠，被特别类型的卵石填满（图9.21）。曾经一段时间，使用炸药粉碎不透水层。虽然那样做的结果会保持几年内有效，但是长远来讲，总要不断进行爆破。而灌溉系统的存在使得这种方法不再有效，很多地区也不再允许使用。在一些有可能污染地下水的区域，垂直排水是禁止使用的。

阻水或断水排水

阻水（或断水）排水适用于浅的洼地或者深的沟渠，有或者没有管道都可以（参见图9.14）。在高尔夫球场，它们一般坐落在高于打球区的坡地上。目的是要阻挡坡地上的水流到场地中，搜集地下水，或者降低场地中的水面高度。阻水（或断水）排水也用在球场周边，搜集来自球场以外地区的排水，防止它们流到场地中来（参见图9.14）。

也许声名狼藉的"橡苔沟渠"（Oakmont ditches）最初是用作阻水的。当时它是由其他的俱乐部设计的，经常带来灾害，所以广为人知，人人害怕。

裂缝沟渠

裂缝排水是将排水渠挖开，填入卵石而不铺设管道做成的（参见图9.14）。它们能够保持几个月好用，但是一两年之内就会因为沉淀物堵塞卵石而不再有效。用干

第九章 排水 **221**

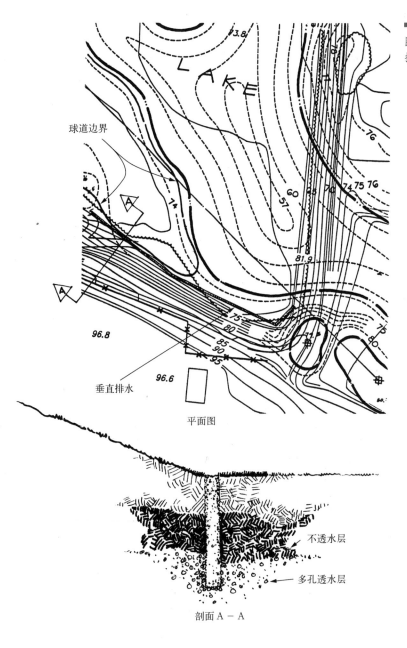

图9.21 这张图表示了垂直排水怎样保护了在坡地底部的球道。

草、稻草、焦油纸或者人造物环绕卵石可以延长它们的寿命。但是毕竟它是权宜之计。在更多的情况下，使用管道才是一种明智的选择，仔细维护，它们可以持续几十年不坏。

暗沟

"暗沟"这一词汇被用在了几种不同的排水系统中，包括裂缝排水和管道排水。高尔夫设计师用这个词表示用石头砌筑的地下导水装置（图9.22）。虽然在农业上使用情况良好，但是在高尔夫球场上，即使用天然的或人工的材料包裹，暗沟还是寿命有限。这也许和场地上不断有设备车辆行驶有关。

暗沟还用来指在施工中开挖并用场地中挖出的石头填充的沟渠。这是一个有效的利用石头的方法。但是它的排水价值历时不长。比如说在新英格兰，人们希望这样的暗沟能够促进排水，但是事实证明只在有限的几年内它们是有效的。

即使在潮湿的地区，高尔夫球场的排水也要进行。这既是一个建设任务，也是一项维护工作。建造中在需要的地点设置排水设施；随着年代的增加，需要更多的排水管，而且排水管也会老化。在山地或者台地，经常有新的泉水涌出，这样排水设施就会承担更大的负担。在粒状沙土中可以把旧的管道掘出来，换上新的。即使用最好的材料做周边保护，投入最好的维护，瓦片的排水管时间长了，还是会裂缝。很多高尔夫球场的土壤在第一年并不很密实，这就为将来的排水增加了更多的负担。

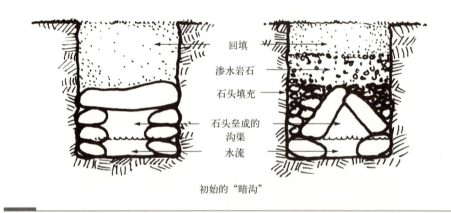

图9.22 很多类型的排水系统都被称作"暗沟"。但这是一个创造性的用法，很多年以前它是指农田里的做法。

空气流通排水

高尔夫球场，也必须像农业和园艺一样，考虑空气流通。缺少空气流通，加上阴暗处比较多，就会导致冬季和春季的冰雪积存时间延长，而在高温潮湿的夏季空气会滞留，当秋天比赛开始的时候浓雾不散，生成潮湿的表面，长满菌类。

相反，空气流通能增加湿气的蒸发，移除场地的多余水分，保持草皮干燥。在清除和维护工作中，这样的免费空气流通排水的方法决不能忽视。不幸的是，伴随着树木的生长而日益严重的空气流通不畅，不容易被发现，所以这方面往往被忽视。造成草皮效果不理想的因素有很多，其中缺少日照和空气流通不畅是最基本的原因。

第九章　排水　**223**

空气流通不畅很多时候是由树木造成的，也有一些原因是周围的山体和崖壁阻挡了气流。背风坡往往通风不足（图9.23）。这样的地形没有办法改变，可能的改善办法是重新选择果岭位置，或者使用巨大的鼓风机加快空气流动。

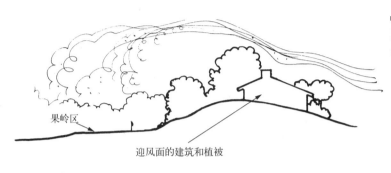

图9.23　在迎风面结合地形设置建筑和浓密的树林，可以减缓迎风面的盛行风。

一项新的专利"次空气"（subair），用于向果岭鼓风，再抽出空气和多余的水，也许可以发展成为一种有用的设备，解决很多不利的微气候条件下的球场问题。

在很多北美的高尔夫球场设计中，植树过多。原因之一是高尔夫或者景观设计师不了解所栽树木成年以后的高度和轮廓。另一个原因是在砍伐的时候忽视了一些树木，过后它们就生长得更加繁茂。施肥和灌溉也同时作用于树木，加快了它们的生长。

为了增加空气流动，可以有选择地清除树木，使其稀疏（图9.24）。即使在比赛场地之外的粗草区的低矮灌木，也会阻挡气流。清除从树木边界后退数英尺范围内的灌木，将使其前方的果岭收益很多。但是这一做法是和为野生动植物提供庇护所

图9.24　移走一些树木、使灌木变稀疏，可以明显增加空气的流通，这在华盛顿州旋转码头的慢跑者俱乐部很明显。

的宗旨相背离的。所以很多时候会折中，即在球很少到达的地方保留灌木。

教训是在球场建成以后增加树木的时候，一定要考虑树木长大以后对于下面草皮的影响。基于这点，很多设计师主张清理时不留树木，或者在离草皮60英尺以外再种树木。

很多果岭因为移除树木而花费了大量的费用，给打球造成很多不便。即使修剪很好的球场也会因为树影过多而渐趋平庸。

结 论

地表排水、地下排水和空气流通排水，对于增加球场的美观、维护方便和乐趣，至关重要。

第十章

高尔夫球场的灌溉

詹姆斯·麦克·巴雷特
高尔夫球场灌溉工程师和咨询师
新泽西州,蒙特克莱

高尔夫设计师必须用球场来引导比赛。好的设计师能够让球手在每一击中享受独特的乐趣,就像好的球手总会在脑海中反复下一个击球一样。

摘自《关于高尔夫》,1903年,约翰·莱恩·洛(1869—1929年)

五百年以来人们都是在草地上打高尔夫。虽然尝试过其他材料,但是很明显人们更喜欢草皮。只要球场场地是草地,灌溉就是建造和维护球场的一个重要问题。

水是植物最主要的营养来源。它弥补了蒸发造成的水分损失。蒸发率由气候条件决定,比如日照、风、气温和湿度。水在植物体内输送养分和化学物质,并有降温的作用。水还可以帮助代谢有害物质。

随着过去几十年高尔夫运动的兴起,人们要求越来越好的场地条件,灌溉设备制造者、系统设计师和建设者努力为人们提供了优质、有效、可靠、环保的灌溉系统和服务。

灌溉系统必须随时随地供水。设计管理得当,它们能够对场地内的任一部分的水分情况,作出精确的反应。

植物灌溉要求

除了场地位置和天气等明显的因素以外,灌溉需要量也会在同一场地的不同位置有很大差别,受较多的因素影响:土壤、地形、草种类型、割草的高度、排水、打球或交通器械、密实度、光照、阴影和风。这些因素里的任何一个都可以使得一个部分的灌溉水量和场地内其他部分有很大差别。

一个明显的例子是一条东西向的道路南侧种有树木,道路北部的草皮终日见光,而南部的草皮有一半的时间处于阴影里,这样两部分的需水量就很不同了。

如果这个球道使用单一管道灌溉,那么就不可能在保证南部的草皮用水适当的时候,还使得北部的草皮不缺水。即使是双管道系统也有问题,因为提供这一球道时双管道如果接在同一个控制所的话,那么操作者就不知道应该按照哪一部分的草皮来供应水量。如果按照南部的供给,北部草皮会变细而衰弱,土壤变干;如果按照北部的供水,南部的又会太湿。这样浪费了水和动力,还可能引起草种疾病和其他的维护问题。

最好的灌溉系统对于每一个地区,不论大小,只要有特殊的灌溉要求,就单独控制。这样,一个好的灌溉系统至少要设有两个管道,不管是单独设阀门,还是用综合系统控制,都要对于球道的每一边能够分别控制。

需水量也随着不同气候类型下的灌溉季节和植物的生长周期而变化。灌溉系统要足够灵活以适应这些变化,以天为单位控制水量。

水的供应:数量和质量

供水总量决定于位置、天气和面积大小及草种类型。每天的用量从寒冷潮湿地区的10万加仑到炎热干燥地区的几百万加仑不等。每年的用量从东北部的1000万加仑到沙漠地区的1.5亿加仑不等。

最好的灌溉水源包括现有的湖泊、池塘、运河和河流小溪。假设环境和其他规范允许必要的分流(包括水位后退限制),那么这些水源一般可以提供给球场充足的灌溉用水。使用这些水源可以避免建造大型的储水设备和水泵等设施。

打井、引用蓄水层,也是一些水源途径,而且水质很好。每个州对于采取地下水都有一定的规定,比如每天或每年的采水量。有些系统直接用水泵从井中取水送到灌溉系统,但是这样做效率并不高,更好的办法是从井中取水注入一个蓄水池,另有一个水泵将水分流到灌溉系统。

蓄水池

蓄水池的蓄水能力决定于当地条件,比如天气、灌溉需水量和水源的稳定性等。但是在可能条件下达到最大深度是一种明智的选择。池越深,藻类和水生杂草的问题就越少,水温越低,还相对减少蒸发损失。在很多新建项目中,蓄水池还是很多建设项目的注水水源。而不仅仅服务于灌溉。

市政水源

在很多球场中，当没有其他替代方案时，往往使用市政用水。它成本较高，还需要变压阀，因为市政用水的压力往往不适合于灌溉水阀。昂贵的防止回流的设施也需要配合使用。

另一个使用市政用水的问题是在大旱时节的断水（当确实必要的时候）。并不是基于实际中潜在的损失和损害，而是政治上的流行做法，很多地方、区域或州的权威者往往在这方面著名。

废 水

废水，或者下水道排水，是灌溉用水的另一个来源。在美国现在至少有200个球场使用的是废水灌溉，这个数字还在增加。一般而言，废水要比市政用水便宜很多，尤其是水泵等设施可以不用的话。但是，如果把废水看成可以出售的产品，而不仅仅是废弃物，那么成本可能会增加。

被治理到次一级标准的废水已经被很好地用作灌溉了。但是考虑到对于健康威胁知之甚少的群众，从农业的角度上看处理到第三等级（或者更高）最好。

不管水治理的等级，在决定使用废水之前，必须有专人对于废水成分和当地的土壤成分进行详细的研究。从中发现的重要因素有：生化需氧量（BOD），悬浮物总量（TSS），溶解物总量（TDS），排泄物中大肠菌含量，和一些微量元素的含量。如果废水中的上述某些含量要改变的话，也要计入成本。比如增加土壤添加剂，或者增加过滤水抵消过高的盐分等。由于养分含量的增多，池塘的管理成本也会增加。有些球场报告说由于使用废水，化肥、杀虫剂、除草剂的使用量都有所增加。

很多规定限制使用废水，除非经过非常严格的审核。在很多州，在废水使用区和建筑或者红线之间要留有缓冲区。湿地、濒危物种区、新鲜水源、溪流，和室外饮水台、饮水井也要有缓冲区隔离。这样导致很多球场和废水管并行的还有一条灌溉水管，为那些不允许使用废水的区域提供新鲜水。

另一个考虑是储藏设备。如果球场愿意每天、每周或每月使用一定量的废水，那么在雨水充沛的日子里，也要分担一定量的废水。所以和废水提供者的协议，会对灌溉系统以外的废水处理进行商谈。

虽然有很多问题和警告，废水灌溉正在变得越来越普遍。

水分析

有一点很重要,在高尔夫球场的设计初始阶段,就要对于水的质量和充足的水源进行详细的调查,直到获得满意的答案。很多实验室可以做水质分析,也很了解高尔夫球场的需求。分析内容有pH值、硬度、电导性、钠的吸收率、重碳酸盐含量、碳酸盐含量、含盐量、含钠量、氯化物含量、各种养分含量。有时增加某些添加剂是为了中和某些含量较多的成分。

饮用水

灌溉系统最后一项,但是也是极重要的一项功用是为喷泉、浴室、休息处提供饮用水。不管水源如何,灌溉用水和饮用水的直接联系是一种水源交叉。这是为国家标准和各种健康标准所不允许的。它是一个潜在的严重健康隐患,可能给业主或球场负责人带来法律责任。所有的喷泉、浴室、休息处的饮用水必须通过独立于灌溉系统的水管单独供水。

水泵站

大多数球场的水泵站都使用预先安装好的包括水泵、阀门和各种管道的系统。它们一般使用的是固态的程序化的数字系统,根据灌溉系统的压力和水流决定阀门的开关。还包括一个自动安全电路,在发现可能损害整个泵站或系统的问题时,自动切断电源。这样的问题有可能由于输入电流不稳烧坏了发动机;也可能因为较低的进水水位,导致水泵停止;或者水压变化太大,使得管道泄漏。另外,保证安全至少要有准确的管道长度值,用于明确控制目的、给操作者提供重要的控制信息、给监管机构提供使用报告。

除非水泵站依靠一个淹没式抽水泵或者中继泵站来运行,一般地,垂直的涡轮机比水平的离心机更受欢迎。垂直涡轮机的木球是真正淹没的,容易维护,而水平机器里泵被升起,维护比较难。垂直涡轮机效率更高。低速泵(1800—3600转/分钟)和发动机尽管造价高,但是寿命长。

变频机(VFD)由于能够根据系统需求调整速率,节省动力,所以近来变得流行起来。VFD的另一个优点是"软"启动,就是渐渐加速到最大,而不是一下子启动,避免了瞬间流量过大,巨大的压力对于灌溉系统的影响。VFD造价很高,所以要在决定之前，做好成本收益分析。

典型的水泵站是建在一个大的混凝土石板上的，管道向下伸到混凝土水井中。混凝土或PVC管制成的进水管，从水井底部伸到池塘，为防止淤泥，要保持离池塘底部1—2英尺。水管前端设置一个保护网防止木棍、鱼等大的物体进入水管。

过 滤

是否需要过滤取决于水的质量。机械的自动屏幕过滤对于很多问题都有效，比如蚌类或者蛤类。但是它们不能过滤有机生物。用沙土过滤可以除去海藻，但是需要占有更多的空间。

藻类相关问题最好是在池塘里解决。通过底部的管道释放氧气，使用循环泵减少水的滞留，将有效阻止藻类的生长。

泵 房

泵站上方一般要搭建一个建筑，就是泵房。这个建筑一般有可以开口的屋顶（经常使用预制屋顶）便于移出设备。还需要充足的光照便于维修，屋顶采光，自动调温控制的窗扇用来增加空气流通、使机器降温。采暖和密闭措施并不必要，但在北部地区往往需要。

电 力

泵站的用电也是一项重大的开支。一般常用480伏、三相、60赫兹的电力，虽然并不是处处都有。电流的大小取决于泵站的容量和马力，最少需要400安培。

有些市政公司提供地下电缆，用户自己就近接入。有些公司提供替换新的系统的服务。收费标准每个公司都不一样，但是很多都提供支票和使用时段（高峰和非高峰）条款，这对于灌溉设计很重要。大多数供电公司关于发动机启动和控制设备有特殊的规定。所有这些要点都要在设计中详细考虑。

水泵容量

水泵容量（也包括灌溉系统的主要管道容量）过去是用水循环场地一周的时间和每天晚上比赛结束到第二天早上维护工作开始之前的时间间隔比较而决定的。简单计算可得需要的流速。今天，随着维护水平的提高、成本的增加和环境规定的日益严格，水泵容量由其他的因素来决定：在下午日落时段滴灌果岭和所有球道，在化肥或者其他昂贵的材料失效之前用完它们，或者在暴雨来临之前被土壤吸收，比赛开始之前施用一种化学药品，在栽种或者生长的早期保持场地大面积潮湿，在非高峰期浇灌不同的草皮等等。

灌溉施肥

灌溉施肥（通过灌溉系统施用液体营养物或者微量元素）已经在美国的球场使用了三十多年。源于佛罗里达州，这项技术被广泛使用，除了个别的基层使用者，大多数球场都使用这种技术了。虽然这项技术对统一性要求很高，但是实践中效果都很好。

灌溉施肥的价值在球场栽种阶段表现得最明显。有些球场甚至已经加大了这个阶段的初始投入。在这之后，灌溉施肥的一个主要的优势是能够精确地施用小计量的养分，比如氮，能够使土壤长期保持一定的含氮量，使得草皮有稳定的颜色和生长速率。避免了因为间断性大剂量施肥带来的颜色变化。

灌溉施肥的另一个好处是提高管理控制的水平。比如灌溉施肥中小计量的氮被投入到灌溉用水中，植物大约用几天的时间就能吸收，但是传统的施用方法将耗用四到六周的时间。因为灌溉施肥可以周期较短，管理者就能够保证一段时期草种状态良好，这是传统的长周期的方法无法做到的。

混合的液体养料和等量的固体肥料价格相当。虽然灌溉施肥可以节省人力和机械，但是初期投入比较多。泵站旁边需要建储藏罐，还需要一些其他的安全设施。如果储藏罐、混合水泵和控制房都要建设的话，泵房需要另外的1200到1500平方英尺的面积。

材料

今天所有的系统都使用PVC管（图10.1）。4英寸或者更粗的主管道设有垫圈接头，允许热胀冷缩和安装中的错动，比传统的电焊接头更灵活。较细的管道也可以用垫圈接头，除了振动压制方法需要电焊以外（图10.2、图10.3）。

一般使用SDR（标准尺寸大小）21和SDR26PVC管，分别能够承担200磅/平方英寸和160磅/平方英寸的压力。SDR衡量的PVC管道不论大小有相同的耐压力，

第十章 高尔夫球场的灌溉　　**231**

图10.1　给PVC管做电焊（詹姆斯·巴雷特摄影）

图10.2　用振动压制方法安装管道和电线，使用夹板可以减少草地上的车痕。这种方法只在较小的管道上使用（詹姆斯·巴雷特摄影）

图10.3　挖渠工作。注意土壤先被挖起，沟渠随后生成。这种方法适用于较粗的管道和坚硬的土壤（詹姆斯·巴雷特摄影）

但是普通水管没有。虽然有时候在较细的管道中使用普通水管，但是在较粗的水管中从来不用。PVC管的其他系列（比如SDR13.5和AWWA C900）能够经受更大的压力。

必须注意承压限制。美国农业工程协会（ASAE）的S376.1规定中说，PVC管承压峰值不要超过工作承压的28%。这样，如果不知道承压峰值，SDR21（200磅／平方英寸）的工作承压不要超过144磅／平方英寸，SDR26（160磅／平方英寸）的工作承压不要超过115磅／平方英寸。如果知道承压峰值，那么工作承压加上承压峰值，不要超过管道的承压限制。

灌溉系统的设计者必须在这个领域知识丰富、富有经验。水流速度应该保持在每秒5英尺以下，速度更高会导致长时间的循环高峰。还可能造成水击作用，这是一种由于突然开关阀门或者启动停止水泵而引起的水流速度的剧变，是一种有破坏性的压力过大的情况。

其他材料的管道，比如球墨铸铁、钢、聚乙烯，也用在特殊情况下。石棉水泥管曾经在20世纪五六十年代很流行，但是现在已经不生产了。电镀钢管也曾经用过，但是现在几乎不用了，因为它们在灌溉水或者土壤的作用下容易锈蚀。

管道装配

管道装配要小心谨慎，尤其是在有压力的时候。虽然PVC管道适合于较小的尺寸（比如$2\frac{1}{3}$英寸、2英寸或更细），但是现在的潮流是使用球墨铸铁加垫圈套在较粗的管道上。用鞍形物代替了T形物，成双使用，但是它们必须为PVC管专门定制，并且要小心安装。

今天的很多旋钮都是为PVC管预制的，带有O形垫圈和扩大的螺圈。有时也用普通40管，但是必须封装，尤其在接口处用沥青材料接合。

主管隔离阀（3英寸、4英寸或更粗），一般用球墨铸铁制成。较小的阀门用青铜的较多。一般阀门都是闸门阀，弹子阀用在较细的管道中，弹子阀使用时间较长，但是也较贵。

排气阀是PVC管道不可缺少的，但是合适的大小和位置是非常重要的。在管道的低处设有排水阀，但是在寒冷的冬天一般不再使用，而使用压缩了的空气来排水。

喷 头

喷头有很多不同类型，一般使用的是承压安装的弹出式的喷头，在喷水时喷射小塔会升起1—4英寸（图10.4）。喷水半径从40到100英尺不等，水流量每分钟10到80加仑或者更多，这取决于喷头类型和水压。喷头有些是青铜浇铸或黄铜、不锈钢、铸铁，还有高密度的塑料。有些喷头用塑料包裹了金属构件。喷头的旋转依靠的是凸轮或者类似杠杆的驱动器，甚至有些驱动器包含了涡轮和齿轮。很多类型的喷头都有调节整圈或者半圈的功能。大多数喷头带有止回阀。

图10.4　电镀金属接头上的喷水阀（詹姆斯·巴雷特摄影）

　　喷头通过并行的管道，独自或者成组地连接到远处的控制阀。这个远端的控制阀是一个预承压的阀门，当接受信号的时候就打开阀门，使水流入下一级的管道中。随着压力和水流的作用，喷头打开，当水流停止的时候，喷头又恢复到先前的状态。这种阀门，称作隔断阀，能够在远端控制阀关闭时，不再把管道中的水喷洒出去。

　　远端的控制阀可以是电控的，也可以是液压制动的，前者较为普遍。如果系统出现故障，那么电控系统往往不能关闭，而液压系统往往无法开启。

　　端头阀是把远端的控制阀转移到喷头上的一种做法。这样省去了安装远端控制阀的设备盒，而且维修简单，因为每一个构件都是直接和端头相连的。这种阀门往往是电控的，虽然也有液压的。

比起传统的将远端控制阀和喷头分开的方法，端头阀更加经济实用。在隔断阀系统中这种差别不很明显，但是在电控系统中，端头阀通过电路的接合能够在一个控制系统下同时运转多个喷头。

虽然隔断阀有很多设计优势和维护方便，但是长远地讲，因为阀门数量的增多，维修任务可能更大。

随着技术的进步，现在有很多"低压"阀门问世。所谓"低压"，能够比传统喷头减少2—30磅/平方英寸，这样导致泵站分压减少很多，相应地，减少了泵站的马力，节省用电。这种喷头尤其在多风地区能够显示优势，因为它们喷出的水珠比高压喷头的水珠要大。

控制系统

自从计算机发明以来，控制系统迅猛发展。电气化的设备虽然还在生产中，但是因为新技术造价较低，而使用日益广泛。先进的控制系统不仅精确而且可靠，尤其表现在时控方面。更重要的是它们更加复杂而灵活，包括多次重复、间隔时间相等利于土壤吸收完全、同时操作多个系统、双向交流反馈场地信息、流量控制系统、警报和切换、停止或暂停、继续工作等，能够随时对于外界的风、雨和湿度变化做出反映。中心控制系统能够自动计算运行时间。还能够提供详细的用水状况和系统运行状况及系统失误。

今天的大多数系统包括一个中央程序，和几个散布在球场中的卫星控制器。后者通过埋在地下的电缆或者液压连接到远端控制阀或者端头阀上。卫星控制器和中心控制电缆或者电台相连，虽然当中心系统失灵时，它们能够独自正常运行。在多种维护工作中卫星都能够起到一定的作用。

从中心到卫星的电台控制系统，被越来越广泛地应用，尤其是在已建球场的灌溉系统翻新中。另一个最近流行的方式是手持遥感控制。通过一个手掌大小的便携式控制器，管理人员能够在场地的任何位置，控制一个或者一组喷头。这个系统不再需要卫星到喷头之间的"可见"，而可以把卫星放在较远的地方。最终这项技术将卫星从编程中解放出来，大大降低造价。

场地上的气象台可以提供当地的蒸发率数据（图10.5）。应用一个加权系数（手工或者机器），可以得到特定的某一草种的调整数据，这样中心控制程序就能够按照蒸发量计算出应该弥补的灌溉量。气象站有的昂贵而精致，有的便宜而简单。

第十章　高尔夫球场的灌溉　**235**

图10.5　场地上的气象站计算蒸发量（詹姆斯·巴雷特摄影）。

闪电保护

闪电保护是任何一个计算机系统都具备的功能。它们能够发现即将来临的闪电，在暴雨之前切断电源，有些系统还可以同时发出报警声提醒球手离开球场。

设计

早期灌溉系统是由设备厂商提供设计的。直到1960年代，加利福尼亚州出现了很多独立的灌溉设计师。渐渐地，独立的灌溉咨询师的概念在全国流传开来，厂商不再涉足灌溉设计领域。这对于高尔夫球场业主和设计师的好处是灌溉设计者对于灌溉设备的选择没有固定的偏好，他们能够从所有的设备中进行选择，设计出对于项目本身最为合适的系统。

在项目开始时，灌溉设计师需要场地的综合信息。除了这些场地数据（当地气候和土壤条件），球场布置方案和绿地设计也很重要，它们是互为因果的。地形也需要考虑，比如树木界线、红线、湿地和保护区周边的缓冲区等。泵房位置最为关键，这需要详细调查水源数量和质量以及相关规范。设计者还要知道维修房在哪里，哪里有120伏电源能够支持卫星设备。

在球场设计师、灌溉设计师和业主代表的讨论中，可以产生初步设计方案了，包括覆盖范围、扩展覆盖范围、系统容量和运行时间、阻隔能力、理想的控制系统复杂度和灵活性、附属设施如气象站、手持遥感控制和灌溉施肥能力。显然，必须结合建造成本考虑所有这些因素。

覆盖范围

球道和粗草区的灌溉覆盖范围是用宽度来衡量的，而不必用喷头数量。给定宽度，既可以使用两排喷射半径90英尺（约27.5米）的喷头间隔90英尺布置，也可以使用三排喷射半径65英尺的喷头间隔65英尺布置。不同的是分布的均匀性和控制的准确性。三排喷头当然比较整齐。而且，每一个大的喷头可以覆盖25500平方英尺（约2370平方米）的面积，但是一个小喷头只能覆盖13300平方英尺的面积。假设由单喷头控制，那么三排小喷头可以更加精确地覆盖一片区域。加上喷头的精确定位（有时使用喷洒半圈的喷头），这使得操作者可以浇灌太阳照射到的区域，而不浇灌周围的阴影区，浇灌坡地或者山脊而不是洼地，浇灌道路但不浇灌投掷区。

显然，成本是限制条件。但是长远考虑，小喷头可以灌溉均匀，所以草皮也容易均匀，它们能保证最少的用水量，而且节电。

喷头的选择应该主要基于统一性的考虑。有几种技术手段达到统一，其中电脑软件的应用，可以帮助把喷头分布、间隔、管口和水压组合多种不同的方案。从这些方案中可以为给定的项目选择最佳方案，但是作出合理的判断是需要经验的。

现在很多设计都提供了果岭周边的附加的灌溉范围。因为草种类型、土壤、割草高度的不同，湿度要求也不一样。有些设计使用了单独控制的半圈浇灌的喷头，其他的使用一组小的喷头（半径12—15英尺），由远端控制阀操控，它们一般设在坡地或者山脊上。曾经有一些坡地地下水流淌的试验，但是不足以评价这项技术。

水力学

灌溉设计的水力学部分要求很多专业知识：静压和动压、摩擦损失、速度、水锤作用、管道和装配压力等级、灌溉系统操作、水泵运行曲线、安装程序，从而使得系统安全、高效、运行寿命长。设计的电工部分需要了解电缆粗细、电压损失、绝缘措施结合系统、接地方法和波动保护等。

结论

前面的讨论仅仅是对高尔夫球场的灌溉系统的主要原则、构成和问题进行介绍。所有提到的设计／建造概念，将在已建球场的系统安装中，显得越加困难。设计者必须认识到球手的不满、日常使用折旧、进度表的冲突、安全因素和附加的成本（图10.6、图10.7）。这是一个复杂的问题，而且将越加复杂。系统设计和专项规范应该留给专业的、独立的咨询师来完成。但是，高尔夫设计师必须具有灌溉系统的设计和安装的知识。

图10.6 已建球场上沟渠的长度一般都比能够铺设管道、回填土壤所需要的长度要短（詹姆斯·巴雷特摄影）。

图10.7 这里，一个旋转的扫除机在替换草皮之前就把回填土清理了（詹姆斯·巴雷特摄影）。

第十一章

废弃地上的高尔夫球场

所有伟大的高尔夫球场都包含了智慧和冒险的较量。千万不要试图去模仿一个球洞,因为每一个球洞都依赖于它的周围环境,甚至很远地方的背景。如果地形合适的话,那么有创意的球洞应该设计在其他地方。

摘自《关于高尔夫》,1903 年,约翰·莱恩·洛(1869—1929 年)

把高尔夫球场建在人口稠密的中心区周围,已经变得越来越困难和昂贵了。所以,设计者把目光投向了废弃地,包括露天矿、矿渣堆、煤矿、碎石坑、沙坑,尤其是垃圾堆。在这些场地上都诞生过成功和独特的球场。

在露天矿和煤矿用作高尔夫球场之前,必须进行物理和化学试验,以确定是否有污染表层土和沙土的有害物质。还要测验现有的物质是否密集到影响地下排水的程度。

很多城镇和城市正在考虑把高尔夫球场建在垃圾堆上,作为休闲娱乐开发和市政项目。威廉·阿米克,曾经参加过变垃圾堆为高尔夫球场的项目,他对于本章的讨论贡献很大。

垃圾堆上的高尔夫球场

威廉·阿米克
高尔夫球场设计师
佛罗里达州戴托那球场

在人口密集区往往没有便宜的场地可供高尔夫球场使用。但是在已经完成的垃圾掩埋场,很少有活动。如果幸运地遇到某个建设或者维护项目,很多垃圾场可以——而且已经——变成高尔夫球场。

1995 年美国有超过 60 个高尔夫球场部分地或者全部地建在垃圾场上。每年都有所增加,大多数是市政项目。三个建立已久、十分成功的球场是加利福尼亚州的圣克拉拉的高尔夫和网球俱乐部,由罗伯特·穆尔·格雷夫斯设计(图 11.1);北卡罗来纳州的布丁市的复兴公园高尔夫球场,由米哈伊·胡尔赞设计;以及佛罗里达州的圣彼得斯堡的红树林海湾市政球场,由威廉·阿米克设计(图 11.2)。它们的发球区、球道和果岭都已经融入了曾经荒芜的场地中。

图 11.1 前景中的加利福尼亚州圣克拉拉的高尔夫和网球俱乐部是一个包括旅馆、商业中心、议会中心和停车场的综合体的一部分。除了湖泊以外，球场都建在垃圾场上。

图 11.2 这是 14 球洞的圣彼得斯堡的红树林海湾市政球场。（威廉·阿米克摄影）

但是，因为垃圾掩埋场下垫面很不牢固，所以如果没有良好的建造基础的话，很可能会发生灾害（图 11.3）。下面是在垃圾掩埋场建高尔夫球场的几个注意事项。

图11.3 佛罗里达州圣彼得斯堡的另一个球场,18球洞,也是建在垃圾场上。(威廉·阿米克摄影)

许可、要求和监督

在场地整理和建设,以及未来的维护中,都要仔细研究联邦、州、区域和地方政府的规定和要求。这些要求比较严格,但是仔细遵守这些要求可以减少事故责任。检测地下水处理沥出物,是尤其关键的问题。

沉 降

随着时间的流逝,废物开始腐烂,垃圾开始沉淀。这个过程可能会花费几年的时间,在垃圾场的不同部位会有不同数量的沉淀。高尔夫球场设计者要足够重视这一过程。否则发球区可能倾斜,打球区可能出现塌陷,不均匀沉降会破坏灌溉管道或者电线,排水系统也会废弃(图11.4)。因为一个垃圾场的沉降率是不可估计的,各个部分又有不同的沉降率,所以很难说出什么时候垃圾场"适合"高尔夫球场的建设。在实际开工之前至少5—8年的时间用来沉降。曾经有掩埋刚刚结束就建造球场的例子,后果是不仅场地难以打球,而且面临很高的维修费用。

气 体

废弃物的腐烂会产生沼气等气体。为了避免着火或者爆炸的危险,以及将来可能对植物产生的危害,必须妥善处理这些气体。一般的方法是通过将打孔的管道伸入废弃物，并连接成一个系统搜集气体。这些气体将被排放、燃烧，或者用作能源。由特德·罗宾汉设计的，位于洛杉矶附近的山门乡村俱乐部，每天能够搜集500万立方英尺的气体，并输送到南加利福尼亚大学用作供暖、制冷和其他用途（图11.4）。气体搜集和排除系统由工程师设计，并有经验丰富的专业人员控制操作。

图11.4 洛杉矶附近的山门乡村俱乐部，有着充分利用高尔夫球场的传统，同时，正如照片中反映的，它还是一个充满魅力的球场。（由墨菲／斯库里摄影）

掩 埋

今天在美国大部分的掩埋都使用几英尺的土壤来完成。有时塑料薄膜也是可以使用的。在掩埋一个垃圾场时，要按照规定完成很多步骤。尤其当垃圾场上面将要建设球场时，需要有更多的考虑（图11.5）。

设计师对于掩埋土壤的厚度要求最少是3—8英尺，以保证最基本的高尔夫球场设施。平均深度是5英尺。如果掩埋土壤比较重，那么在其表面增加6—12英寸的沙土会较为理想。发球区和果岭最好有较深的土层。有时候在沙土下面使用保温织物。规定设计师和开发商必须在这个过程中邀请经验丰富的土木工程师参加。

垃圾场上的球场项目比天然场地的项目造价高，其中掩埋土的造价是主要原因。除非通过碾碎岩石等方式获得土壤，一般都要从场地以外运输土壤。购买、装载、运输和卸撒土壤都要花费很多。但是如果场地一部分建在垃圾场上，那么可以用另一部分的天然土壤弥补这一部分的需要。

第十一章 废弃地上的高尔夫球场

图11.5 正如这张照片下方所示，如果垃圾场没有掩埋好，那么可能发生空气和水渗入、腐烂、沉淀和沥出。

图11.6 这颗勇敢的树没有土壤可以依附，只生长在废物堆上。结果是很明显的。

树木比草皮需要更深的土层（图11.6）。树木可以种植在"树箱"里，其中有6—8英尺的土壤。种植根系发达能够穿过废弃物的树木，虽然较为理想，但是很多时候为规定所不允许。所以，要选择既合适又容易生长的树种。

为高尔夫球场造型而设计填方

在垃圾场上建造高尔夫球场的一个主要的限制条件是，垃圾一旦堆放就不允许移动，即使允许，也不可能和不可行。这种限制导致建设时要花很多钱用来填方。所以，理想的准备方法是在垃圾场的堆放设计时，球场设计师就配合工程师工作。这需要在垃圾堆放之前、更在垃圾填埋和球场建设之前很多年进行。如果在堆放开始之前，就完成了球场的设计雏形，那么将会给施工带来很大的优势，节省成本。

设计师可以设计每一个球洞及其范围,有很多设计可能性和乐趣。土壤的移动和建造费用也降至最低。池塘的位置也可以预先选择。当设计师完成球路和坡度设计以后,所有这些目标都可以实现了。这样就可以确定垃圾堆放的位置了(图 11.7)。

当垃圾堆放完以后,就可以进行掩埋了。在规定的沉积时间以后,场地呈现出很好的高尔夫球场的形状。在圣彼得斯堡的玩具城垃圾场,曾经为高尔夫球场做过这样的准备工作(见图 11.7)。

如前面所述原因,垃圾场上的高尔夫球场会比天然场地的球场,多两到三倍的造价。而且,维护费用,尤其在最初几年,也会较高。

从很多优秀的已建球场来看,很明显,这些附加的问题和更多的费用,被证明是值得付出和花费的。对于市政、对于开发者、对于使用球场的球手,都是这样的。谁能够反驳,一个球手云集的美丽的球场,比一个废弃不用的、贫瘠的垃圾场更好呢?

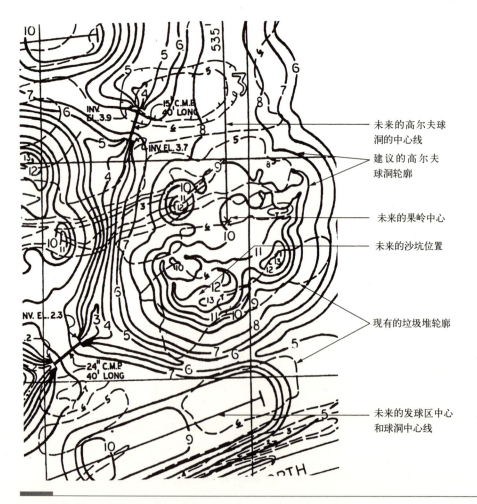

图 11.7 在佛罗里达州圣彼得斯堡的玩具城垃圾场,可以看到按照高尔夫球场成形的垃圾场。垃圾堆放将继续按照球场的要求进行,这样球场的建设就部分地完成了。

第十二章

高尔夫球场草坪铺设

障碍设置的好坏直接导致相比看似确信无疑的抽签更激烈的争论（宗教领域之外）。然而，当激烈的争论持续数年，以至于认为这种游戏是否公平，这正是你所期盼的游戏的真正优点。当大家一致认为这种游戏很美好，游戏本身就很平庸了。我从未听过没有反对的经典运动。

摘自《苏格兰的馈赠：高尔夫》，1928年，查尔斯·布莱尔·麦克唐纳（1856—1939年）

高尔夫球场草坪铺设

高尔夫运动是在草坪上进行的。一个茂密平整的耐久性草坪是高尔夫球场设计和建设说明书准备的主要目标。实际上，草坪的质量据说是球手关注的第一件事，同样很多高尔夫球手认为这是球场设计中最重要的方面。

精良的草坪将在灌溉区域成长后变成现实，只要：

1. 有足够深度的表层土或者根部混合区。
2. 地面、地下排水设施和空气流通设施。
3. 细致表面坡度的苗床。
4. 养料和土壤调节器能够提供足够的肥沃土壤。
5. 理想的草种多样性。

说明书为此必须包括针对表层土和底层土综合全面的化学和物理土壤测试：

1. 表层土深度。在球道和邻近的乱草区，土壤深度最小值是4英寸，发球区是6英寸，越厚越好。底层土的式样和条件与表层土深度也有关系。果岭根部混合区的厚度根据这种方法也有规定。例如，美国高尔夫协会（USGA）的方法要求统一的12英寸紧密土。

2. 排水系统。这包括一定坡度产生表面径流，所需的地下排水管，为空气流通而移植树木。

3. 表面平整，除去巨石和碎石。"表面平整"是指平滑表面，不是通过重机械开挖与填充完成。机械的拣石机和耙地机是用来产生水平区域和地面排水沟的，好比拖拉机拽的几种自制浮子。目标是自由平缓跌宕起伏的平滑表面，能够表面排水，通过较低高度的割草而除去不整齐的草头。

但是球道的表面平整不包括消除自然起伏。阿利斯特·麦肯齐强调说，目标不是死气沉沉的平板球道。虽然设计师可以说明去掉一些自然起伏而增加更刺激的趣味。这些温和的起伏，毕竟，在地形平面上很可能不能显示出来。这种起伏在基地中行走才能被发现，并且能够成为传统高尔夫球中的运气因素。

在果岭和发球区，必须除去全部巨石和碎石。除非追求有准备的混合，必须筛选石头，因为即便是细致的机械或者手工耙地也不会除去所有石头。

球道土壤和护堤、发球区的斜面有时筛选过。巨石与碎石时常被机械拣石机和耙地机除去，有时也是手工除去的。

4. 土壤调节器和种植养料。土壤调节器在乱草区坡面后补充。土壤反应（pH），通过测试而定，酸性或者碱性对于草皮可能过强。如果土壤酸性过强，需要石灰，如果碱性过强，硫磺或者酸性肥料能够降低碱性。碱重或者重金属盐土壤，就要添加石膏肥料。当土壤pH值比较高但是缺乏钙元素时也可以这样解决。

当获得预期的表面，肥料和土壤调节器需要补充跟上。土壤分析可以指示所需。尽管如此，设计师是基于自己的知识作设计，还要顾问农艺学家和负责人决定实际需要。

几乎总是需要氮、磷和钾（N、P和K），有时微量元素。环境保护学者趋向有机氮肥。但一些设计师发现无机肥料（氮磷钾）能够比有机肥料更快促进草坪覆盖，这样缩短地面缺乏植被的关键时期。

除加州果岭外，有机物质，通常是泥煤苔，是果岭和发球区的预制混合成分，有时也用沙质表层土。许多其他材料，包括锯屑和树皮粉沫也常用。每种分析都需要。

混合沙土和其他调理剂成分的首选方法是混合场地外的成分——高尔夫球场非必需成分。用搅拌机或者类似的设备混合更有效（图12.1、图12.2）。前一种方法，根据一定比例混合几桶沙、几种有机物质和土壤，然后反复转动，在很多回合之后最终会产生均匀的混合物（图12.3）。

图12.1　A966前式推土装卸机正在向一台定制土壤搅拌机的泥煤漏斗中不断放入土料。制造根区填充物的关键是保证精确度。（摄影　格林斯米克斯）

第十二章　高尔夫球场草坪铺设　　247

图12.2　这台混合机是在东马来西亚丛林工作。该机器由多台旧式机器的部分组装而成的，属劳动集约型，正在进行一项可靠的工作——配制植物填充材料。(格林斯米克斯拍摄)

图12.3　一名技术员在用沙土探测器探察混合土堆，确保获取具有正确比例的精确的代表性的样品。(格林斯米克斯拍摄)

　　在地混合包括在果岭和发球区表面传布有机物质，然后用旋转的犁耕或者圆盘耙耕作，将它们混合到沙地和土壤中去。混合少量有机质时，在地混合可以令人满意。当添加大量有机质时就不太理想。实际上，向沙地在地混合有机质能够在果岭的表面数英寸范围产生有利的地下水位线，在根部区域上面数英寸部分形成渗透环境。

通常其他加入顶层混合土的物质有煅烧黏土、煅烧硅藻土、腐殖酸盐、海藻、污水正颤蚓、珍珠岩、多孔陶瓷、蛭石与沸石。海藻和其他成分能够对多种土壤起积极作用，并且对沙子有独特的好处。这些调理剂，和化肥一起常常在地混合，虽然有些设计师和负责人更偏好场外混合。

泥煤和沙混合可能减少草皮需要的有利有机成分。需要一个更迅速的有机物质分解形式，或者百分之一的沙质表层土。有机物质的快速分解形式包括污水正颤蚓、海藻、优良分解肥料（如果肥料确实富含野草）。

土壤烟熏消毒法

土壤烟熏消毒法在草皮繁殖阶段已经实践很长时间。目的是为了除去所有害虫，包括杂草种子、昆虫和真菌。同时，果岭土壤也经过烘烤加热得以消毒灭菌。杂草通过休耕土壤也有所减少，目前很少考虑这样一种操作主要因为会引起严重的腐蚀。休耕使种子发育；培育然后根除掉。现在最可能采取的措施是化学烟熏。然而在记录长期使用的化合物甲基溴时，它已经逐渐停止使用。其他材料将很快上市取而代之。此外，现在很多果岭以沙土为底基，设计师、承包方和负责人关注烟熏消毒法也更少。

高尔夫球场的草坪

为高尔夫球场选择草种这个重要问题在第十三章中由美国高尔夫协会果岭分部的国家主管探讨。购买草种在第十四章中介绍。

野花、观赏性草坪、地被植物（包括富贵草和香桃木）、沙丘植物（包括荆豆、石南、海洋滨麦和滨草），以及球茎植物（特指早春水仙）适合在死球区。种子商及扩展服务便是关心这些植物运用的消息来源。

覆盖新播种区

"覆盖"是指为防止苗床腐蚀和干燥而保护苗床的技术。一般认为，覆盖根部加速了萌芽和草苗的早期生长。选择覆盖根部是因为具有保湿和保暖而不断氧的能力，同时也因为水可以透过覆盖物到达土壤。

覆盖原料包括自然产品比如未加工的干草和麦秆，虽然干草会引入杂草，毕竟是从盐沼或者其他富产有害杂草的区域收割。合成材料因此更受欢迎。普遍应用的一个品种就是机织聚乙烯罩子，最初是由冬季保护果岭发展而来。能够持续很长时间，不仅在初期建设中运用，同样适合后期维护。

应用干草、麦秆和其他合成覆盖物的首选方法是水流覆盖,通过水力播种机机箱中添加到灰浆中的覆盖物进行播种。

厂商会介绍合成材料的施用比率,虽然麦秆和沼泽干草通常以每1000平方英尺1/2至1标准包比例施用。合成覆盖材料是可生物降解的,实际上和自然材料相似,但是后者不得不在草苗生长时和温度升高时,甚至其他休眠期全部或者部分除去。

有些覆盖物比如自然材料,在暴露于风中或受到暴风雨冲刷时必须牢牢固定在土壤中。粘合剂、沥青或者其他黏性物质能够用于此处。覆盖物也可以由可降解材料制成的护网保护起来,这种护网在第一次割草前不需要除去。

在果岭、发球区以及球道和乱草区的陡坡上播种后覆盖几乎总是很见效。事实上,整个高尔夫洞口常常都被覆盖。

与覆盖紧密相关的是各种防腐蚀控制片,草穿透这些控制片间而生长。会用到好几种包含种子的标牌,虽然可能很难找到饱含预期种类的标牌,除非定制了腐蚀垫。

除铺草外,覆盖很可能是控制腐蚀的最有效方式,虽然混合较高百分比的快速发育草种也有帮助。细叶黑麦草能够用于此处,但是含量不能太高。实践中我们发现蓝草混合物中黑麦草将会起主导作用,如果按多于15%—20%重量比例混合。这主要归咎于快速萌芽和排挤蓝草的秧苗的活力。蓝草可以维持很多年甚至一直持续下去。

另一种控制腐蚀的方法是播种裸麦或者任意一种快速发芽并随第一次割草消失的谷类。裸麦以每英亩40—80磅比例播种。接着在上面持久性混合播种。有时在水力播种后跟随一台碎土镇压器型播种机通过已播区域,可以确保裸麦和土壤接触。在防冻季节,荞麦也可以按这种方式运用。

创立高尔夫球场特色

高尔夫球场特点不同,建设程序也不一样。本章末的附录A和B提供美国高尔夫协会和加利福尼亚州果岭起草的建设使用材料规范。

果岭和凸缘

许多甚至大多数目前的果岭在建设中按美国高尔夫协会规范包含一个上次滞水面(图12.4)。这是有意为管理者在干涸时期提供一个沙砾覆盖层上的蓄水池,在非常仓促的时期提供果岭轮廓的快速排水。

建造蓄水池是因为水通过一个细小微粒层向下运动时,保留在另一个较粗糙的微粒层之上,直到足够压力才能致使水因为重力通过沙砾层向瓷砖层运动。

美国高尔夫协会建议用两种方法进行果岭建设:一种是在沙砾垫层和顶部混合层之间设置一个粗沙层作为中间层;另一种没有这个粗沙层,将顶部混合层直接设置在沙砾垫层之上(图12.5)。

图12.4 这是典型的美国高尔夫协会果岭，由马文·费格森博士于1950年代的成果演变而来(承蒙美国高尔夫协会)

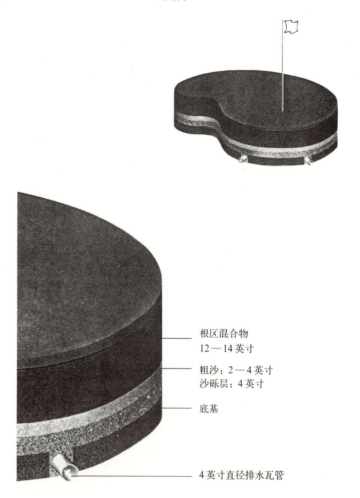

美国高尔夫协会果岭详图
无比例

根区混合物
12—14英寸

粗沙：2—4英寸
沙砾层：4英寸

底基

4英寸直径排水瓦管

图12.5 此图由美国高尔夫协会提供，表现左边的果岭横截面含有2—4英寸中间的粗沙层，右边这个横截面删除了粗沙层，剩余部分都是一样的

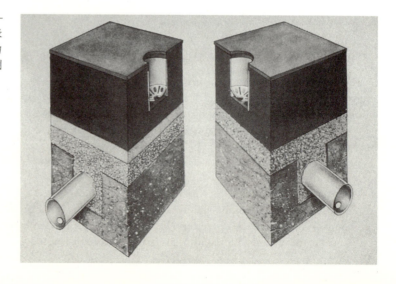

通过已核准的实验室对沙子和砾石进行分析,强制性以此为依据确定粗沙层是否必需,并选择适当大小的沙子和砾石。

除了美国高尔夫协会的方法,还有下列方法不受限制:

1. 可塑隔板虹吸法(Purr-wick)(图12.6)。由普杜大学的W·H·丹尼尔发明,这个专利体系使用的是可塑隔板上的密集沙子。沙子通过草根土固定,保持潮湿和持续的操作能力。这个体系已经证实成功建设果岭,甚至针对发球区更成功,因为和起伏的果岭相比坡度更平缓。(虽然更大起伏也能够克服。)

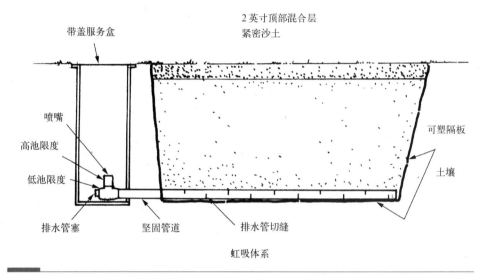

图12.6 此图显示很多类似部件之一,由可塑隔板构成的内部分隔物分开,并由木材或纤维盖板固定。内部分隔物在果岭表面每6英寸高度发生变化。

2. 加利福尼亚方法(图12.7)。这种方法由加利福尼亚大学戴维斯分校发明,包括一个12英寸深的纯沙置于覆瓦地基之上,其中的沙砾中间层可有可无。
3. 其他专利方法。其他几种体系已经发明。一个例子就是细胞体系,提供滴流的灌溉和排水。

一些设计师在建造果岭时将表层土或者含沙表层土直接置于覆瓦地基之上,而不使用沙砾基础,并且按此建议他们的客户。我们注意到很多这样的低成本果岭更容易成功,不可能允许在表层数英寸中富含土壤。当基础多孔渗水时有时覆瓦被省略去,虽然在北方地区在覆瓦果岭上春季冰冻能够更快消失。

北方地区的设计师已经试验过在果岭和发球区表面覆盖表层土和沙砾,而并非将其放置在洞中(图12.8)。排水管看上去有所加强。实际上覆瓦将不得不设置在纺织原料底部,以至于在潮湿时期带走水分,特别是在早春。覆盖可能危及上层滞水面。

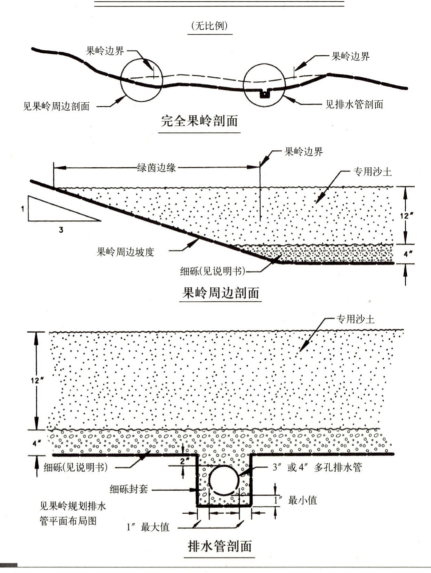

图12.7 该横截面和美国高尔夫协会果岭大致类似,除了两方面不同:(1)没有中间层,(2)成长媒介直接是沙土而非混合物。

当果岭地基(除了那些专利体系)就位并压实,接下来的步骤包括:

1. 排水瓦管*以错缝式、栅格式或者自由图案安排,侧边间距由底基土的纹理决定。冲刷器或者清洗器安装在主排水管顶端,允许使用软管冲洗系统。果岭剖面建议底基中的排水管沟至少在地基下8英寸深。
2. 添加以下垫层,包括沙砾层、粗沙层(如果使用)和根部区混合层。

* 旧式提法"排水瓦管(tile)"和新式提法"排水管(drainpipe)"可以互换

第十二章 高尔夫球场草坪铺设

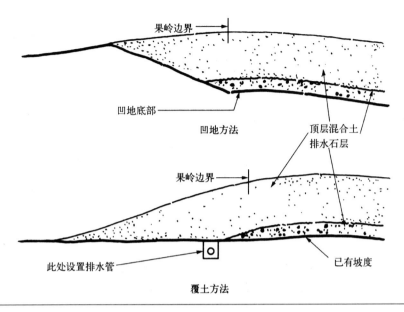

图12.8 在凹地方法中，完成的果岭坡面必须与周边匹配。在覆土方法中，果岭材料放置在已有路基之上，事实上每个果岭都有到达果岭的边坡。

3. 增加肥料和土壤调节器。类型和比例根据分析确定。
4. 表面通过耙除和拖耢形成精细的坡面，然后再播种、铺草皮或者种植匍匐茎和小枝桠。铺草皮的方法包括运用长在草根土上的草皮、精选草皮和长在塑料薄板上的草皮。
5. 播种之后就是增长期，包括频繁施肥，专门灌溉以保持表层经常的湿润。

发球区

在地基后建造发球区的方法全部有如下几种：

1. 美国高尔夫协会果岭分部的果岭建造法，最常见的是省略粗沙层。
2. 虹吸法（Purr-wick）。
3. 其他方法，在以下情况适用：
   a. 如果底基土不均匀，在其上添加沙砾底基层，再在上面覆盖6英寸或者更厚沙质表层土或者表层混合土（图12.9）。
   b. 如果底基土均匀且有气孔，沙质表层土或表层混合土直接铺在上面。

当表层土或者表层混合土到位并压实后，建造进程就和果岭的步骤相似，发球区边坡和跑道一样处理。边坡草坪按照一般指定的防腐蚀。新引进的激光压路机目前被用来制造"台球台面"一样发球区表面，就像当代高尔夫球手所要求的。

因为发球区表面除一些轻微斜度外基本均一平坦（图12.10），并不总是需要排水管，除了位于台地斜坡底部（图12.11）或者位于山坡边缘并有凹槽的发球区（图12.12）才需要排水管沟。

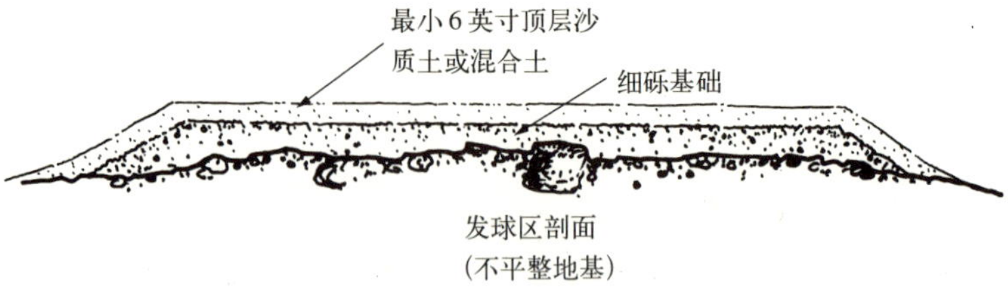

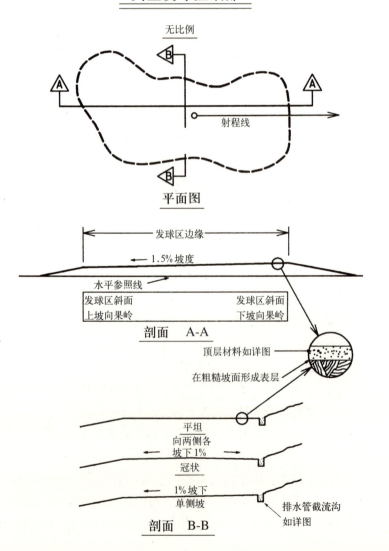

图12.9 细砾基础使不平坦的地基变平坦，让发球区原材料平坦的添加成为适当的草根土媒介，或者在凹地或者覆土层上，如图所示。

图12.10 一般的，发球区纵向截面向前下方移动的时候，正是登陆区低于发球区标高。另外，横向截面由高尔夫球场设计师的判断力决定。

第十二章 高尔夫球场草坪铺设

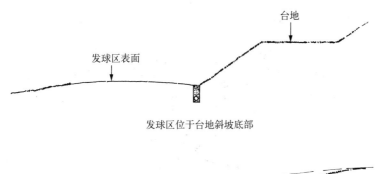

发球区位于台地斜坡底部

图12.11 排水管沟位于斜坡底部保护发球区，防止排水管表面水流入发球区。

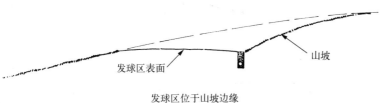

发球区位于山坡边缘

图12.12 再次，排水管沟防止排水管表面水流入，不致使发球区边界因为雨水或灌溉过湿。

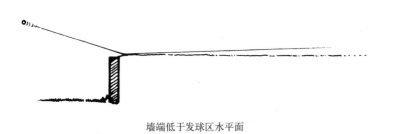

墙端低于发球区水平面

图12.13 靠近垂直表面的任何物体能够在不同的方向上跳飞一个反弹球。

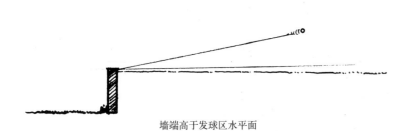

墙端高于发球区水平面

如果防护墙用在发球区边上以保护不动产，通过排除长草斜坡，必须小心谨慎，以确保墙不突出于发球区水平面。否则，可能发生危险的飞弹球（图12.13）。

球 道

为了创造自由分布石头、碎片、光秃秃的土丘和储水山谷的球道表面，必须用心准备和细心安排每一步骤。准备包括以下步骤：

1. 部分或全部球道的地下排水系统，除多孔渗水的已有土壤和地基外，就像在沙质地区。如果球道排水管的设置只能解决好球道本身的排水，宁可不安装这种引水管道，周边细砾将会被带到地面，因为即使细砾上浅薄的表层土也

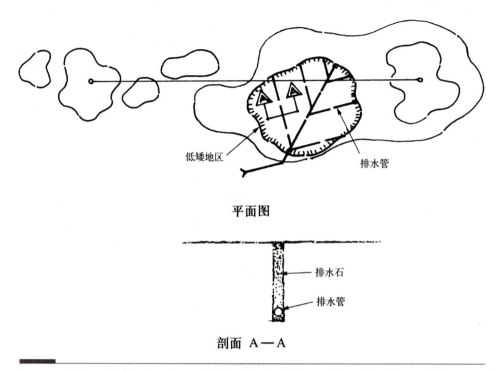

图12.14 狭窄的管沟应该保持畅通无阻,让排水顺势流进排水管。生长的草坪很快就能覆盖并隐藏排水石。

会危害整个系统(图12.14)。
2. 根据地基铺设至少4英寸深的密实表层土。如果安装了复杂的球道灌溉系统,可以用类似美国高尔夫协会说明书上的沙子代替表层土。有的设计师还规定对地基进行物理性能测试。
3. 添加肥料和可能的土壤调理剂,比如石灰。
4. 种草。球道草皮最常见是通过播种或插根的方式建造。有时球道也完全铺草皮,或者草皮铺于陡坡,在排水洼地或者过度侵蚀的其他地区。剥去草皮有时在这些区域是一门很好的技术。在陡坡上和水槽里设置拦水板及时引流,防止水流量和流速足够大到引起侵蚀。

乱草区

在球道外50英尺(约15米)或者更大范围内的乱草区和球道的准备模式相同,除了种植其他草种。

偏僻的种植乱草区很少精心改善,但是常常种植混合草种。期望这些地区可以长草,一些设计师为种植区域成为"英式公园"而努力奋斗。

沙 坑

建设沙坑的方法包括以下步骤(图12.15):

第十二章 高尔夫球场草坪铺设 257

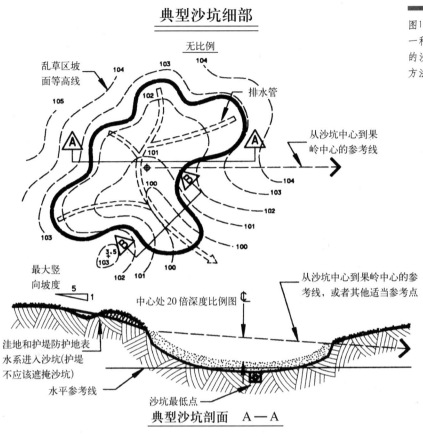

图12.15 这张细部表示建设沙坑的一种基本方法。有很多种不同类型的沙坑，每一种都要求不同的建设方法。

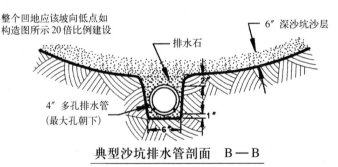

1. 挖掘沙坑至一定深度（图12.16）。
2. 建设护坡、洼地，围住整个沙坑防止地表水进入其中（图12.15）
3. 在整个沙坑四周建立1英尺垂直边缘，以减少风对沙的侵蚀（图12.17）。在沙质或不稳固土壤，这种陡降需要用挠性夹板或装满硬土的沙袋固定（图12.18、图12.19）。

　　如果1英尺垂直边缘设置好后，在沙坑的绿线边沿添加沙子形成3英寸边沿，在发球区边沿形成12英寸深的边沿，避免无法击球的假象（图12.20）。

258　第二部分　建造和增长

图12.16　这张图说明沙坑建设的两种基本方法。上图沙坑完全从已有坡面上凹进。下图沙坑由填充材料建设。这两种方法相互结合能够产生很多种变化。

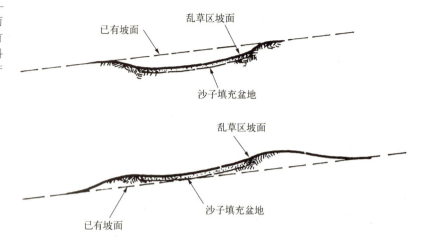

图12.17　除了垂直边缘，沙坑边还可以用斜坡替代。

图12.18　细薄易折夹板或者纤维板能够构成沙坑轮廓处期望的曲线。

图 12.19　另一种构成沙坑护堤的精良方法包括填土沙袋的使用。这种护堤以后会烂掉并消失。

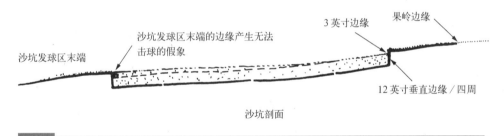

图 12.20　当球停在边缘或者陡降斜坡时,实际上便无法击出除非出了边界。然而,有的高尔夫球场设计师感到这对于拙劣的一击而言是公平的惩罚。

4. 安置排水管。标准和自由模式都会运用。如果石头放置在排水管周围,一个麦秆栅栏、沥青油纸或土工布将放在石头和沙之间,防止石头污染沙子。
5. 加衬。虽然实施上有争议,一些设计师偏好用土工布或者能透水的其他材料加衬一个沙坑。这将在特殊的多石土壤上使用,防止石头和沙混合。
6. 在边缘铺一条草皮,如果建设中能够解决灌溉问题。
7. 有的设计师明确指出,为周边地区安装专用灌溉系统。

因为受戴伊的影响和高尔夫球场的传统,设计师可以在松散的位置安装铁路枕木覆盖沙坑,防止反弹球在垂直墙面发生(图 12.21)。

沙坑四周的墙面和土垛一般按球道和乱草区相同的方式植草,但是不混合剪股颖。

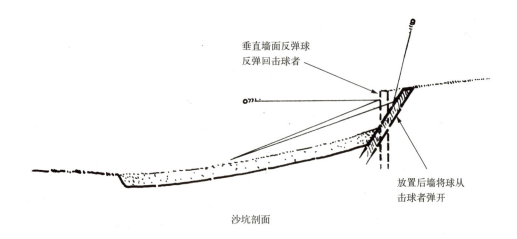

图12.21 建设垂直墙面将会造成危险的情况(同图12.13)。再者,一些高尔夫球场设计师认为这仅仅是为高尔夫球手解决另一个问题,通常为了最后到达果岭需要将球射出边界。

护 堤

乱草区的护堤和乱草区的植草方式一致,反之球道护堤和球道同样对待。虽然经常是播种,铺草皮能够产生更早完成的效果,从视觉美观上更吸引人。

培育:冷季草

培育包括浇灌、除草、施肥等。这个阶段的工作是不需要设计师详细列出的,虽然设计师能够概述甚至定期监督它们。更多的时候培育草种是完全留给维护者的。虽然有培育草种的专家,但是他们并不在建设的过程中参与。

在接下来的段落中我们将详细描述培育草种的要点。但是要强调的是事先不应该提出什么严格的标准。培育方法随具体情况而变化。

培育草种中使用的草毯

播撒草种,一般在秋天播种,在播种的区域铺上一层草毯,防止结冰。这些草毯,有很多类型,能够促进生根,减少腐烂的危险。只要管理得好,这些草毯能够帮助草皮很好地度过冬天,加快了草坡的成形。但是使用上也有一些问题。比如,必须在温暖的时节里揭开它们,最终在春天一定要把它们移走。

下面给出的标准都是针对每1000平方英尺的。需要注意培育草种会导致对于新设备的损害,所以很多业主安排租用旧的设备。

轻击区和环形区草皮培育

轻击区和环形区，不管是种草，还是铺草皮，必须在草长成之前保持湿润，而且不能承担任何水压。在干旱时，也不要伤害草种，除非遇到了水土流失，没有被水浸过且没有发芽的草种还可以使用。

在发芽后不久就要施用氮肥（每1000平方英尺用1/2磅）、磷肥和钾肥，注意用量多少，防止烧坏植物。这样的施肥要在整个生长期持续下去，每两周一次。比如说，如果在波士顿地区，9月初播种了果岭的草皮，那么在9月的第三周就要进行第一次施肥，在霜冻之前至少还要施肥两次，然后换用冬天休眠施肥方法，也就是使用1磅的有机氮肥，加上数量各半的磷肥和钾肥，可以适当调节比例。

接下来的春天，大约在4月中或4月末，一旦恢复生长，那么就要继续施用1/2磅的氮肥，加上适当的磷肥和钾肥，两星期一次。有些培育者强调在第一个春季施用1磅的氮肥。这样整个计划包括在第一年施用4—10磅的氮肥。氮肥含量如此高，但是并不会阻止根系的生长，一般超过10磅才会有负面影响。

如果天气比较干燥，那么需要更多的灌溉。实际上即使在寒冷潮湿的地区，4月是一个水分严重损失的季节。

及早地、经常地为表层土施加有机肥料，可以创造一个培育区。需要选用合适的材料，才能达到目的。

在播种以后大约两到三周，草长到1/2—3/4英寸高时，需要割草了，割去的长度不超过1/4英寸。接下来，慢慢减少割草的长度到3/16英寸，并且保持整个生长季节。减少割草的高度，可以增加球速，但是会有一些草皮的根系的生长。实际上，过于频繁地割草和施用太多的氮肥，会降低根系生长速度，反过来对于草皮的生长产生长久的影响。

当球手在第一个季节抱怨球速太慢时，管理人可以使用周期性割草的办法减少这种埋怨。但是，毕竟最好还是保持高度在3/16甚至1/4英寸，在根系深度和草皮的密度方面。差别会很大。

在整个培育期间，管理人必须谨防疾病、虫害和旱斑等。后者可以在以后使用加湿剂补充，前者就要使用杀虫剂了——往往比成熟的草皮的使用频率要少。

如果土壤表面很密实的话，那么通风措施就很必要了。这样才能够促进根系的生长。

发球区和球道的弯腰草

发球区和球道的草皮的培育类似于果岭和环形区的草皮培育，一般使用1/2—3/4的施肥量。

第一次除草要在草长到3/4—1英寸高的时候，渐渐除草到1/2英寸高度，或者理想的高度。质轻的割草机倍受欢迎，因为割草机本身的重量可能对草皮造成伤害。

发球区的草皮，像果岭和环形区的草皮一样，被要求培育成"台球桌式"的表面，这是被公认的标准。

土壤流失修护

尽管有很多预防措施，在草种生长的初期阶段，还是有可能发生土壤的流失，它们一般表现为以下三种类型或者它们的组合：

1. 土表层流失，当裸露或者表层土很薄时。
2. 小溪的侵蚀，一般由雨水汇集而成，1/4英寸到几英寸深。
3. 冲沟的侵蚀，流水将土壤冲击成深沟。

在保护措施以后尽早采取维护的方法，是最好的选择。土表层流失和小溪的侵蚀，需要重新覆表层土，重新施肥和重新播种。很多时候，在草种上播种一些谷物，比如说黑麦，一般每1000平方英尺播种2磅，能够通过覆盖帮助那些草种生长。有些谷物的种子在草种之前播种。

冲沟的修复往往采用铺草皮的方式，因为重新播种无法阻止进一步的冲刷。当手边没有草皮时，可以使用夹杂黑麦的草种。如果仔细培育，并且使用防止侵蚀的草毯，修复工作还是能够成功的。

果岭轻击区百慕大草的培育

约翰·H·福伊
指导者，佛罗里达州
美国高尔夫协会绿地部

一旦果岭区的土壤的建设工程完成以后，就开始草皮的准备工作了。好的培育工作决定了草皮近期和远期的成功。下面的叙述基于很多球场在过去几年中的草种培育的成功经验。

种植之前的施肥

在土壤成分的试验检测和混合物的物理检测以后,就开始土壤的化学分析了。结果决定了土壤的添加成分。一般的情况是,每1000平方英尺施用2磅的氮的等量物,多使用缓慢释放的物质,比如活性淤泥肥料。另外,每立方码施用2.5—3.0磅的磷肥,在刚开始时效果会很好。一种5-20-20的物质也可以在每1000平方英尺上,施用10磅。

土壤的准备工作和种植

坚固而平坦的土壤适合于草种的培育。这一点往往被忽视。根系生长的深度上下浮动最好不要超过1英寸。可以使用灌溉或者车轮的碾压使得土壤坚固。一般在播种以前,尽量减少在植草区上的人的走动。

标准的培育百慕大草的方法还是幼苗移植。结合一般的夏季播种,使用幼苗在25—30蒲式耳*比较理想。使用幼苗太多,也会因为不同种之间的竞争而减慢草种的生长,而且还浪费了成本。

草皮的建立和表面发展

栽种幼苗以后,紧接着就要进行灌溉,使得土壤保持良好的湿度。直到根系形成,都一直要保持上层根系的土壤水分,但是不要造成水分过剩。在第3到第6周,需要经常在有阳光的日子里灌溉。水过多和缺水一样有害。一个好的策略是这样的:"像待孩子一样待它们——把它们放在干的床上(在土地上),在潮湿的时候唤醒它们。"

在播种以后的7到14天,新芽就会萌发出来,培育工作就要开始了。为了促进生长,每1000平方英尺每星期要施用1磅的氮肥。如果基于完整的施肥平衡分析,使用现成的混合氮肥,比如硫酸氨,效果会很好。同时施用两三次钾肥会促进根系的生长。直到割草的高度下降到1/4英寸,这时就不必施用肥料了。施肥的频率以4到5天一次为佳,效果好于每7天施肥一次。

---

* 蒲式耳(Bushel)为美、英等国量谷物等的体积单位,在美国1蒲式耳约为35升——译者注。

一个环境方面的提醒：稀薄的未成熟的草皮，加上高施肥量和灌溉量，很可能造成氮排放量很大。所以在氮肥可溶时，每次施用氮肥不要超过每1000平方英尺0.5磅。即使在管理已经成熟的草皮时，也要保持这个可溶氮肥的最大限制。

发芽以后的除草工作，对于以后的草皮生长和土壤表层的平整和坚固，都是很重要的。开始时，割草高度保持在3/8—1/2英寸，每周割草两到三次。随着草皮的密度和范围的扩大，割草频率也要增多。同时，割草的高度要慢慢降至1/4，并且保持到整个草皮生长的完成。

大约在球场开始使用前6周，割草的高度应该降到1/8英寸或者稍低。其他的正在生长的区域割草高度维持5/32—3/16英寸。

过去，垂直割草的方法被人们普遍使用。虽然垂直割草的方法能够帮助提高密度，但是它可能会给草皮带来额外的压力，减慢它们的生长。垂直割草最早用于修剪移栽的幼苗，平整表面。应该在操作面以上使用垂直割草机，不施加压力。另一个增加密度的方法是规则尖峰，一周或者两周使用一次。

虽然在培育期间，表面滚压是一种常用的方法，但是应该尽量少使用这种方法。1到2吨的滚压，不会对表面造成很大的损伤，还可以增加密实程度，有利于表面的平整。顶肥也是培育过程中的一种重要方法。一般地，移栽幼苗以后4到6周就可以施用顶肥了。每7到14天少量施用顶肥一次。开始的一两年，应该在所有的顶肥施用中，使用用于根系的肥料。

在理想的生长条件下，从移栽幼苗到长成完整的草皮，大约需要90天时间。但是，至少需要120天的培育时间，我们也强调在土壤工程完成以后，任何草种都需要一到两个完整的生长季，才能形成真正成熟的特征。这个成熟阶段的一个基本的标志是根系上部的少量有机物（茅草）的积聚。这种积聚会有利于保存养分和水分，增加土壤弹性。一般，在建成以后的第一个冬天，球手可能会抱怨草皮高度不够切球，而且草皮也不耐磨损，这时，需要球手的耐心，因为草皮的生长成熟中，一个很重要的因素就是时间。

如果在培育中时间允许的话，最好在开始运营前6周时，进行小半径的采样。这样有利于表面的进一步平整、打破和重组有机层、保持土壤在第一个冬季的弹性。我们建议1/4英寸直径的中空孔洞取样。这样取出的土壤块应该粉碎后回填。在回填的孔洞中施用孔洞容量的90%—95%的顶肥。然后使用滚压保持表面平整。在冬天可以使用很多方法保持土壤的弹性。

特别注意

在整个培育过程中，要密切注意是否有"异种"的繁殖。如果有，立即去除。如果可能，在两三个点施用草甘膦。也可以使用机器设备大规模清除杂草。无论怎样，早期清除异种，对于保持草皮的单一性和长期的健康稳定，是十分重要的。

球道百慕大草的培育

詹姆斯·弗朗西斯·穆尔
指导者，建造教育项目
美国高尔夫协会绿地部

归功于百慕大草很快的生长速度，球道的建设相对而言是一个迅速和简单的过程。但是，把种植前的准备、好的种植原料和好的培育结合起来，才能够产生一流的草皮。

种植前的准备

虽然很基本，但是往往在百慕大草的种植中被忽视的一点，就是光照。百慕大草是一种典型的适应力很强的草种，但是它不耐阴。每天至少要有8个小时的日照，百慕大草才能够很好地生长，尤其在小路上的那部分。一旦这个条件满足，就可以创造最好的高尔夫球道表面了。

场地先要进行化学检测。有必要对于每一块不同的土壤类型都进行检测。比如说，现在很多场地的土壤都是混合的，有不同类型的组成。这样对于不同的区域，采取不一样的促进草种生长的措施。

有可能的话将土壤的pH值调节到6.0或者7.0。加硫磺或者石灰，能够帮助调节。这是比较理想的酸碱度，但是并不意味着百慕大草不能够生长在pH值更高或者更低的环境中。实际上，百慕大草的适应力是很强的。但是，调节土壤的酸碱度，是一种廉价而有效地促进草种吸收养分的方法，这部分的造价和努力都是值得的。

另有一种测试可以用于检查土壤的营养成分。一般地，土壤的初始肥料（比例往往是1∶2∶1，或者说10∶20∶10）给每英亩土地提供50磅的氮肥，100磅的磷肥和50磅的钾肥。记住这是标准而已，在很多地方，土壤里富含磷和钾。偶尔有些土地的微营养环境并不甚合理，需要施用特殊的营养肥料。

在播种之前还需要确定土壤的合适湿度。注意合适的土壤湿度并不一定意味着土壤要很潮湿。实际上，土壤过湿并不适合百慕大幼苗的移栽。在建造过程中，土壤往往被移动很多次，即使在12英寸的深度都会变得很干。所以在播种之前多次地少量地浇灌土壤，是很好的选择（避免土壤流失）。在移栽幼苗之前保持土壤稍干，在种下幼苗以后立刻进行浇灌。

虽然往往不易找到平坦的土壤表面（决定于土壤中的黏土和石子的数量），但是在种植的时候，平坦的土层会带来很多的便利，减少了割草时的困难，尤其是在播种之后开始几周内。

播种的日期也应该仔细选择。在使用百慕大草铺球道的大部分地区，播种的时间从四月到九月不等。虽然在这之前或之后播种也是可以的，但是给草皮带来了危险。在气温达到合适于百慕大草生长的时候就播种，会将没有成熟的幼苗暴露出来。这就增加了患上病虫害和干旱的危险。另一方面，播种太迟，会将未成熟的草种置于严寒的侵袭之中。使用密封的有机的茅草包裹草种，可以帮助幼苗免受低温和冬天风寒的威胁。成熟的草皮在土壤之下发展出了根系，使用茅草可以更多地帮助草种抵抗低温和各种物理损伤。这样，虽然百慕大草是暖季草，夏天的高温也会减慢生长的速度。所以理想的播种日期在初夏，当气温升高到百慕大草茁壮生长的时候。

栽种率和程序

百慕大草的幼苗栽种率，一般用蒲式耳衡量，很大程度上取决于预想的草皮生长速度。如果每英亩播种300蒲式耳（工业标准蒲式耳，ISB），那么需要10到12个周长成。相反，每英亩750蒲式耳则只用6到8周就可以全部覆盖草皮。一般使用的栽种率是大约每英亩450蒲式耳，用的是419百慕大草幼苗。

虽然每英亩的幼苗数看上去是一个决定生长速度的有效方法，但是有很大的不确定性。在技术上，1蒲式耳含有1.24立方英尺的幼苗。但是，这许多年以来，草种产业界已经发展出两种度量，分别是佐治亚和得克萨斯蒲式耳。工业标准蒲式耳（ISB）或者佐治亚蒲式耳是美国标准蒲式耳（得克萨斯蒲式耳）的一半。所以要事先确定使用同一种度量标准。大多数企业使用的是 ISB 蒲式耳标准。

即使在标准方面取得一致，关于怎样培育和收获幼苗，还是有很多问题。一些人说一平方码的草皮生产一蒲式耳的幼苗。但是不同的收获的方法将使得产量大不相同。还有幼苗的湿度和密实度，也不相同。

因为上述原因，很多时候栽种率是基于土壤中栽种的幼苗的密度来计量的。一些词语，如稀疏、适中、稠密，被用来形容栽种率。稀疏的（一般每英亩300蒲式耳）间隔2到3英寸栽种幼苗。适中的，一般间隔1英寸栽种幼苗，每英亩450蒲式耳的是稠密的，而每英亩750蒲式耳几乎是在土壤上并排幼苗了。

幼苗种上之后还要稍稍压实幼苗，可以使用几种机器装置帮助完成这个任务，包括专业百慕大草种植机。使用多种农业阀轮或犁刀，在2—4英寸中心处将幼苗压进土壤。

培　育

幼苗种上之后，灌溉必须立即开始。需要轻微并经常的灌溉来确保幼苗不会干涸。依靠环境条件（特别是风），幼苗必须每两小时灌溉一次。然而，这种灌溉必须特别的轻微（通常一两圈洒水装置），保证幼苗的湿润，使之不被侵蚀。

当草皮开始生成新根时，灌溉要逐步减少，减少过程要在10—14天内完成。随着根的伸长，灌溉要保持频率减少和持续时间增加。种植后的3—4周内，灌溉每天削减一次。关键是在表面3—4英寸内保持一个湿润的（而不是多水的）土壤。

肥料必须每10—14天以每英亩大约45—50磅氮（每1000平方英尺1—1/4磅氮）的比例施用。偶尔比例会高一些；有时以每周每英亩50磅的氮施用。该比例用量有一定阻碍作用，但是因为环境破坏的可能性增加，也会引起土壤侵蚀。加肥灌溉对于颗粒状施用而言是很好的补充。在为新草坪提供适量持续的营养方面有显著优势，并且可以完全除去施用设备（这些设备经常在湿润土壤中造成车辙）。两种施肥技术的结合似乎能做到最好。颗粒施用要先于种植，也要等到平台建立得足够好，撒播设备能够在不破坏球道的前提下来回移动以后。这种应用提供大量营养物，主要是每1000平方英尺1/2—1磅的成分。加肥灌溉用在整个成长期，主要是施用比例在大约每平方英尺1/10磅或者更少的时候。

草皮修剪时一旦不会从土壤中拔起，就可以开始修剪了。在理想的生长环境下，仅3周时间就可以开始修剪。割草机必须特别锋利，应当用液压驱动机代替地轮机。

最初的割草高度在很大程度上由种植表面的平整度和幼苗的状况决定。一般情形而言，割草机应当安置在1英寸的地方进行初次修剪。球道一周修剪三次促进草坪的蔓生。有时刮光草皮是不可避免的，实际上，是平整草坪过程中的关键步骤。修剪高度逐渐降低到最后的每8—10周1/2英寸。

在理想条件下，球道应在种植8—10周后完全由天堂419百慕大草覆盖。然而，这并不意味着已经能经受手推车和大型车辆的通行。虽然球道可以进行比赛，所有交通工具（割草机除外）必须在通道或者乱草区通行。这条规定将在整个第一赛季强制执行。只有当草皮发展成广泛的根茎系统，并且在讨论缓冲有机垫之后，才可以使用交通工具。

一到成熟期，混合百慕大草球道需要有规律的修剪（通常频率越高越好），竖直修剪防止浓密的草坪，以及常规施肥。混合百慕大草对于交通、疾病、虫害以及尽快受伤恢复等状况非常能够承受。然而，却不能容忍没有阳光。压力越早，百慕大草完整的阳光需求也将获得最高优先权。

附录 A

起草说明书——美国高尔夫协会和类似的果岭

诺曼·W·小赫梅尔

赫梅尔公司，土壤学家有限公司

第一阶段：建设之前选取并确定原料

沙砾排水材料

沙砾将是洗净的豌豆大小的石子或碎石，需要满足如下标准：沙砾材料不允许 LA 磨损测试（美国材料实验协会 C-131 项）值超过 40，在硫酸盐稳定测试（美国材料实验协会 C-88 项）损失不允许超过 12%。另外，地下排水石头必须满足以下粒度标准：

100% 通过 0.5 英寸的滤网。
不超过 10% 通过 2 毫米（第 10 号）滤网。
不超过 5% 通过 1 毫米（第 18 号）滤网。
小于或等于 2.5 的统一系数（D90/D15）。
沙砾 D15 值必须小于或等于 $5 \times D85$ 的根部混合区。
沙砾 D15 值必须大于 $5 \times D15$ 的根部混合区。

根部混合区

根部混合区将在这部分详细说明并选定。根部混合区由沙、初加工泥炭或堆肥、表层土（如果业主和设计师愿意）组成。根部混合区由业主的检测代理上用美国材料实验协会测试方法评价球洞根部区域。例如沙子，初加工泥炭或者堆肥，如果可能还有表层土，将被提交给业主检测代理人，检测附着力的详细规格。

加工沙

沙子需要满足以下粒度标准：

	滤网	滤网孔洞直径（mm）	残留物的允许范围（%）
沙砾	10	2.00	0%—3%
最粗沙	18	1.00	0%—10% 混合有沙砾
粗沙	35	0.50	至少 60% 在此范围
中沙	60	0.25	
细沙	100	0.15	20% 最大值
精细沙	270	0.05	5% 最大值
粉沙		0.002	5% 最大值
黏土		小于 0.002	3% 最大值

此外，应当100%通过5号滤网（4mm），但是沙子应当只包含10%的精细沙、粉沙和黏土混合成分。

表层土

表层土应当是松散的、多产的农用土，不含石头、碎片和大于0.25英寸的土块，不含匍匐冰草或其他有害杂草，不含任何除草剂残渣。

加工泥炭和堆肥

泥炭和堆肥应该不含小树枝、石头和其他碎片，按照如下步骤进行：泥炭应当总灰分少于或等于15%，总水分40%—70%。堆肥应当总灰分不多于40%，并经过检验无植物性毒素，最好存放过一年。

在这三个成分认可之前，业主的测试代理人应当按照认为最合适的比例混合多种成分，然后定义沙子、泥炭或堆肥、表层土（如果期望得到）的比例，用来建造根部混合区。沙、表层土和泥炭或堆肥的比例应当基于实验室测试和说明书中定义的执行标准。

经批准的根部混合区的测试结果将建立详细说明，以便批准或拒绝所有后来建设期间提交的质量控制成果。（详细说明应当置于承担测试费用一方）。

根区混合物执行测试

美国高尔夫协会测试沙基球洞草坪区的方法应当用来执行测试。水分保持力应当以30cm张力进行。测试将确定符合明确的混合比例，提供质量控制程序的精确数据。测试将按照以下标准，一个核心以14.3英尺磅／平方英寸压力。

渗透系数（英尺每小时）	6—24英尺每小时
表观密度(g/mm^3)	1.3—1.65
总孔隙率(百分比)	35%—55%
通风孔隙率*	15%—30%
毛细管孔隙率*	15%—25%
渗透百分比*	40%—55%

根区混合物应当满足有机物质净重含量0.7%—3.0%，由美国材料试验协会(ASTM)F-1647的方法1确定。沙土泥炭或者堆肥应当在场外地混合到统一密度。

* 在30cm压力处测定

第二阶段——建设期间质量控制

在提交或放置到果岭基地之前所有沙砾排水材料和根区混合物应当进行测试并核准。

沙砾排水材料

从每500立方码沙砾中抽取1加仑样品进行测试。供测试的每种材料，沙砾将被放置在果岭基地上。

根区混合物

在根区成分和混合物认定之后，每500吨混合物中的1加仑数种混合物样品将要经过测试，包括粒度大小分析和有机物含量分析。物理性能测试是必须的，如果业主测试代理人认为样品中有差异。供测试的数种根区混合物确定之后，材料也将放置在果岭基地上。

检查成本

业主将承担所有首次提交成本，包括沙砾和根区混合物测试。承包方将支付后续不合格样品测试和装卸运输费用。

样品鉴定

业主代表必须在沙砾和根区混合物取样和包装时在场。样品应当由从库存顶层、底层和四周的截面部分抽取的复合样品的子样品组成。1加仑样品应当打包在密封塑料袋或包装箱内，然后送到业主测试代理人那里。

业主测试代理人： 赫梅尔及其有限公司
卡尤加街道61号
杜鲁门城，纽约14886
(607) 387-5694
诺曼·W·小赫梅尔 博士

肥 料

由测试代理确定的最终根区混合物将测试土壤肥沃程度，完整的施肥计划将由安置保养期间的业主代理人推荐。

附录 B

起草说明书——加州果岭

诺曼·W·小赫梅尔
赫梅尔公司，土壤学家有限公司

第一阶段：建设之前选取并确定原料

沙砾排水材料

沙砾将是洗净的豌豆大小的石子或碎石，需要满足如下标准：沙砾材料不允许 LA 磨损测试（美国材料实验协会 C-131 项）值超过 40，在硫酸盐稳定测试（美国材料实验协会 C-88 项）损失不允许超过 12%。另外，地下排水石头必须满足以下粒度标准：

100%通过 0.5 英寸的滤网。
不超过 10%通过 2 毫米（第 10 号）滤网。
不超过 5%通过 1 毫米（第 18 号）滤网。
小于或等于 2.5 的统一系数（D90/D15）。
沙砾 D15 值必须小于或等于 5 × D85 的根部混合区。
沙砾 D15 值必须大于 5 × D15 的根部混合区。

根部混合区

根部混合区将在这部分详细说明并选定。根部混合区沙子由业主的测试代理人用美国材料实验协会测试方法评价球洞根部区域。沙子样品应当递交给业主测试代理人，检测附着力的详细规格。

加工沙

沙子需要满足以下粒度标准：

	滤网	滤网孔洞直径（mm）	残留物的允许范围（%）
沙砾	10	2.00	0%—10%
最粗沙	18	1.00	混合性
粗沙	35	0.50	82%—100%
中沙	60	0.25	50%—70%
细沙	140	0.15	
精细沙	270	0.05	0%—8%
粉沙		0.002	该范围内
黏土		小于 0.002	

此外，应当100%通过5号滤网（4mm），但是沙子应当只包含30%的精细沙。另外，沙子应当有统一的系数（D60/D10）值在2.0—3.5之间。

核准根区沙的测试结果将建立详细规格，判断建设期间所有后续质量控制提交的合格与否。

（此处安插说明——谁承担测试费用。）

根区沙执行测试

美国高尔夫协会测试沙基球洞草坪区的方法应当用来执行测试。水分保持力应当以40cm张力进行。测试将按照以下标准，一个核心以14.3英尺－磅/平方英寸压力。

渗透系数（英尺每小时）	15—50英尺每小时
总孔隙率（百分比）	35%—55%
通风孔隙率*	15%—30%
毛细管孔隙率*	10%—20%
渗透百分比*	25%—55%

第二阶段——建设期间质量控制

在提交或放置到果岭基地之前所有沙砾排水材料和根区混合物应当进行测试并核准。

沙砾排水材料

从每500立方码沙砾中抽取1加仑样品进行测试。供测试的每种材料，沙砾将被放置在果岭基地上。

根区沙

在根区沙认定之后，每500吨沙中的1加仑样品沙将要经过测试，包括粒度大小分析。物理性能测试是必须的，如果业主测试代理人认为样品中有差异。供测试的根区沙确定之后，材料也将放置在果岭基地上。

检查成本

业主将承担所有首次提交成本，包括沙砾和根区混合物测试和运输。承包方将支付后续不合格样品测试和装卸运输费用。

---

*在40cm压力处测定

样品鉴定

业主代表必须在沙砾和根区沙取样和包装时在场。样品应当由从库存顶层、底层和四周的截面部分抽取的复合样品的子样品组成。1加仑样品应当打包在密封塑料袋或包装箱内，然后送到业主测试代理人那里。

业主测试代理人： 赫梅尔及其有限公司
卡尤加街道61号
杜鲁门城，纽约14886
(607) 387-5694
诺曼·W·小赫梅尔 博士

肥　料

由测试代理确定的最终根区沙将测试土壤肥沃程度，完整的施肥计划将由安置保养期间的业主代理人推荐。

注　释

1. 阿利斯特·麦肯齐，《圣安德鲁斯的精神》(切尔西，密歇根州：Sleeping Bear出版社，1995)。
2. 一个100磅包裹的10-6-4商业肥料包含10磅氮（N），6磅可用磷酸（P_2O_5）和4磅可溶性钾盐（K_2O）。如果每1000平方英尺应用1磅氮，将第一个数字分成100；10就是应用的量。肥料同样准备6磅P_2O_5和4磅K_2O。
3. D.N.奥斯汀和J.德赖弗（《侵蚀控制》，1995年1/2月）标出侵蚀控制材料：常规护根物，宽松或者锚定；水压护根物，宽松或者锚定；包金箔侵蚀控制器（RECPs），包括卷在宽松覆盖物上的网状物，用钉锚定；开放编织的土工布网；侵蚀控制毯（可降解材料，包括麦秆、木头和椰子纺织品），包在区域上并且用钉锚定；以及地理合成席作为乱石加固的替代。
4. 美国高尔夫协会1993年果岭建设建议在《果岭部分报告》中说明（1993年3/4月）。本章附录A和B提供了美国高尔夫协会和加州果岭的说明书草案，由诺曼·W·赫梅尔提供。
5. 根据诺曼·赫梅尔在美国高尔夫球场设计师协会年会（1996年3月）中的讲话，设计师在确定指定方法时，应当考虑这些果岭。

第十三章

高尔夫球场的草种选择

球场应该在冬天和夏天一样的青翠,果岭和球道的草皮的纹理必须是最好的,而其他地方也不差。

摘自《高尔夫球场建筑》,1920年,阿利斯特·麦肯齐(1870—1934年)

自从19世纪初美国第一家高尔夫球场建造以来,草皮的质量就一直在稳定的上升,这主要是源于巨大的资金和精力的投入。今天随着草皮监管人员的工作的不断进步,维护水准和条件都已经达到了一定的水平,就像1930年代美国高尔夫协会绿地部的主席约翰所说的"今天球道的草皮就像以前果岭的草皮一样的好。"

今天已经有很多的草皮培育基地了。估计有400家左右,其中的一半都有最流行的十几种草皮的品种。这样品种繁多、变异丰富的草种供应,对于挑选适合的草种栽种在各种不同地形上而言,是最好不过的了。

在选择的时候有很多重要的因素。除了草皮本身的生存能力以及美观以外,今天草种的种植对于生态环境的影响作用已经变得越来越重要了。人们在挑选节水用药量少的草种。

我们将在以下的章节中列出具体的考虑因素:1) 普遍适应性问题;2) 草种的个别适应性问题;3) 球手偏爱的因素。

普遍适应性问题

第一个问题就是所选择的草种是否适合在这样的气候条件下生存?

天气的适应

草种能够被分成两个大的系列:温暖季节的草种和寒冷季节的草种,前者主要生长在80到95华氏度(26.7—35°C)的范围内,所以在美国南部比较常见;它们比较耐潮热,但是在纬度比较高的地区它们对于冷风以及天气突变的抵抗力很差。所以它们一般种在离赤道比较近的地方(图13.1)。

适应寒冷季节的草种在60—75°F(15.6—23.9°C)的环境下生长良好。所以被广泛应用在北方,有些可以在较温暖的地方或者在过渡带的较上方地带生长,限

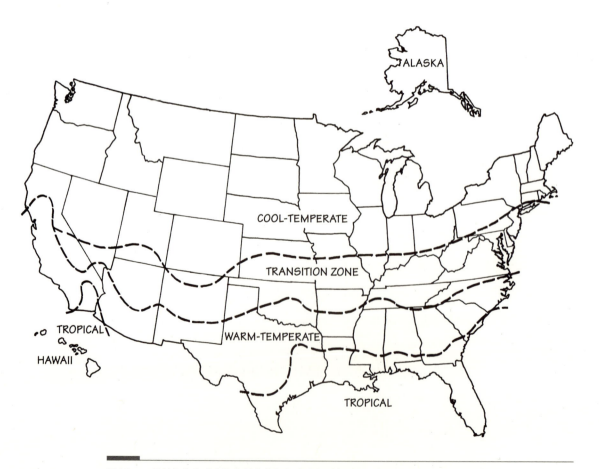

图13.1 最新的草种适应性的版本中把经常被提到但是很少标明的"过渡带"包括在内。

制条件主要是高温和高湿。其中温度是决定植物适应力的决定性因素,而湿度则在其他方面,比如病虫害的繁殖方面对于植物有更深的影响。

另一个重要的气候因素是降雨量。在干旱的地方,如果没有充沛的灌溉条件那么就要依赖于耐旱的草皮了。但是也有很多草皮并不能够很好地适应降雨量充沛的气候。

还有一个因素就是地区的云量。因为有很多的草种是不能在云量少的地方长得好的。

土壤因素

土壤的成分(沙土和黏土的比例)对于土壤的湿度、肥力和黏聚力等等都有很大的影响。在降水量较少的地区,或者废水再利用的地方,土壤的盐度就在选草种时变得重要了。在表13.1中详细列出。

表13.1
几种草种的对盐度的相对适应度*

寒冷季节	温暖季节	相对排名
	海边草	卓越
碱性草	结缕草	很好
	八月草	
弯腰草	百慕大混杂草	好
	百慕大草	
高的牛毛草	木薯草	一般
一年生黑麦草	蜈蚣草	
牛毛草	地板草	不好
大叶烟草	水牛草	

* 在每一列中进行比较,不同列不进行比较。

注:引自M·P·肯纳、G·L·霍斯特,《草皮的质量和用水的节约》,《国际草种研究月刊》,第七卷,P99—113

土壤的pH值是另一项重要指标。5.7以下或者7.5以上都会对养分的保持和其他问题产生负面影响（表13.2）。

表 13.2
不同草种对于土壤酸碱度的适应能力比较 *

寒冷季节	温暖季节	相对排名
		高
高的牛毛草	海边草	
牛毛草	地板草	
殖民地弯腰草	蜈蚣草	
弯腰草	百慕大草	
一年生黑麦草	结缕草	
大叶烟草	水牛草	
一年生兰草	奥古斯丁草	
	木薯草	
		低

* 在每一列中进行比较，不同列不进行比较。

注：引自《草种管理》第三版

草种的适应因素

抗病性

有些草种需要规律的杀真菌剂，这需要花费很大的一笔资金，而且对于环境造成不良影响。所以只要可能，就尽量选择抗病性比较好的草种（表13.3）。

抗病性很多时候和种植条件有关系，比如说寒冷季节的草种种在过渡带就要比种在北部地区需要更多的杀真菌剂。从这点上看，适宜在过渡带种植的草是温暖气候中的草种。

表 13.3
不同草种抗病性比较 *

寒冷季节	温暖季节	相对排名
		高
一年生兰草	奥古斯丁草	
弯腰草	百慕大草	
殖民地弯腰草	结缕草	
牛毛草	地板草	
大叶烟草	木薯草	
一年生黑麦草	水牛草	
高的牛毛草	蜈蚣草	
		低

* 在每一列中进行比较，不同列不进行比较。

注：引自《草种管理》第三版

抗虫害

虫害对于很多草种是致命的。所以要注意选择包含有内部寄生植物的草种，这样可以减少表面的害虫侵蚀。软毛较多的水牛草容易受到害虫的侵蚀。

耐高温

尤其在南部地区和过渡带要选择耐高温的草种，这些草种能够在高温天气中保持很好的根系，牛毛草在这方面较有优势（表 13.4）。

耐　寒

这主要是针对温暖气候下的草皮说的。但这并不是一个绝对的指标，因为阴影、排水不畅，还有其他的培育上的方法都会导致耐寒性降低（表 13.5）。

表 13.4
不同草种耐高温比较 *

寒冷季节	温暖季节	相对排名
		高
高的牛毛草	水牛草	
弯腰草	结缕草	
大叶烟草	百慕大草	
殖民地弯腰草	地板草	
牛毛草	蜈蚣草	
一年生黑麦草	奥古斯丁草	
一年生兰草	木薯草	
		低

*在每一列中进行比较,不同列不进行比较。

注:引自《草种管理》第三版

表 13.5
不同草种耐寒性比较 *

寒冷季节	温暖季节	相对排名
		高
弯腰草	水牛草	
大叶烟草	结缕草	
殖民地弯腰草	百慕大草	
牛毛草	木薯草	
高的牛毛草	蜈蚣草	
一年生黑麦草	地板草	
一年生兰草	奥古斯丁草	
		低

*在每一列中进行比较,不同列不进行比较。

注:引自《草种管理》第三版

耐旱性／用水的多少

在灌溉量有限的地区就要选择能够耐旱的草种了。但是耐旱的草种,却不一定用水量少。比如说高的牛毛草就既耐旱又费水。所以选择用水量的多少也是很重要的,比如在过渡带就尽量选用温暖季节的草皮,可以比寒冷季节的草皮节约大约50%的用水量（表3.16、表13.7）。

表 13.6
不同草种[1,2]耐旱性比较*

寒冷季节	温暖季节	相对排名
	百慕大草[2]	优秀
	百慕大混杂草[2]	
	水牛草	很好
	海岸草[2]	
	结缕草	
	木薯草	
	奥古斯丁草[2]	好
	蜈蚣草	
	地板草	
高的牛毛草		一般
一年生黑麦草[2]		尚可
大叶烟草[2]		
弯腰草[2]		
硬的牛毛草		
锯齿牛毛草		
红牛毛草		
殖民地弯腰草		差
一年生兰草		
粗兰草		很差

1. 采用每一草种最常用的栽培种类。
2. 同一草种中的不同栽培种类。

* 在每一列中进行比较,不同列不进行比较。

注：引自 M·P·肯纳、G·L·霍斯特,《草皮的质量和用水的节约》,《国际草种研究月刊》,第七卷,P99—113

表 13.7
不同草种平均蒸发量比较*

寒冷季节	温暖季节	相对排名
	水牛草	很少
	百慕大混杂草	少
	蜈蚣草	
	百慕大草海岸草	
	结缕草	
硬的牛毛草		
锯齿牛毛草		
红牛毛草	木薯草	一般
	海岸草	
奥古斯丁草		
一年生黑麦草		
地板草		
基库尤草		
高的牛毛草		
弯腰草		
一年生兰草		
意大利黑麦草		高

* 在每一列中进行比较，不同列不进行比较。

注：引自 M·P·肯纳、G·L·霍斯特，《草皮的质量和用水的节约》，《国际草种研究月刊》，第 7 卷，P99—113

建设的速度

建设速度对于防止场地陷落、提早开始营业都有重要意义。有些草种长得很快，有些较慢。所以很多生长较慢的草种是和生长较快的草种混杂种植的。在球道、果岭、发球区等处已经常使用铺草皮的办法提高速度（表 13.8）。

耐用性

考虑到足踏、车行的因素，耐用性还是很重要的。比如说一年生的黑麦草就比弯腰草要经久耐用。而大叶烟草和一年生的黑麦草的混合就要比单纯的弯腰草适合车行（表13.9）。

表 13.8
不同草种生命力比较 *

寒冷季节	温暖季节	相对排名
		高
一年生黑麦草	百慕大草	
高的牛毛草	奥古斯丁草	
牛毛草	木薯草	
一年生兰草	蜈蚣草	
弯腰草	地板草	
殖民地弯腰草	水牛草	
大叶烟草	结缕草	
		低

*在每一列中进行比较，不同列不进行比较。

注：引自《草种管理》第三版

表 13.9
不同草种耐磨损能力比较 *

寒冷季节	温暖季节	相对排名
		高
高的牛毛草	结缕草	
一年生黑麦草	百慕大草	
大叶烟草	木薯草	
牛毛草	水牛草	
弯腰草	奥古斯丁草	
殖民地弯腰草	地板草	
一年生兰草	蜈蚣草	
		低

*在每一列中进行比较，不同列不进行比较。

注：引自《草种管理》第三版

恢复能力

尽管弯腰草并不是很耐磨损,但是它们的恢复能力还是很强的。也就是说能够很快的从各种破坏中恢复过来。一年生黑麦草,也有很强的恢复能力,但是对于机械性损伤并不是很有抵抗力。大叶烟草既耐磨,又有很好的恢复能力(表13.10)。

表 13.10
不同草种恢复能力比较*

寒冷季节	温暖季节	相对排名
		高
弯腰草	百慕大草	
大叶烟草	奥古斯丁草	
高的牛毛草	木薯草	
一年生黑麦草	地板草	
一年生兰草	蜈蚣草	
牛毛草	水牛草	
殖民地弯腰草	结缕草	
		低

* 在每一列中进行比较,不同列不进行比较。

注:引自《草种管理》第三版

耐 阴

因为很多球场都有很多的树木,所以耐阴是很重要的。一般来讲,寒冷季节的草种这方面要好些。而在温暖季节的草种当中,只有结缕草还相对耐阴(表13.11)。

肥料需求量

这会影响到水的供应,在预算中占有相当比例,所以选择好的草种很必要。肥料需求较少的草种可以减少用水量和对环境的影响。寒冷季节的草种在这方面差别不大,而温暖季节的草种则大不一样:百慕大草要比结缕草和水牛草需要的肥料多得多(表13.12)。

表 13.11
不同草种耐荫能力比较 *

寒冷季节	温暖季节	相对排名
		高
牛毛草	奥古斯丁草	
一年生兰草	蜈蚣草	
殖民地弯腰草	结缕草	
高的牛毛草	地板草	
弯腰草	木薯草	
大叶烟草	百慕大草	
一年生黑麦草	水牛草	
		低

＊在每一列中进行比较，不同列不进行比较。

注：引自《草种管理》第三版

表 13.12
不同草种废料需要量比较 *

寒冷季节	温暖季节	相对排名
		高
一年生兰草	百慕大草	
大叶烟草	奥古斯丁草	
一年生黑麦草	结缕草	
高的牛毛草	蜈蚣草	
弯腰草	地板草	
殖民地弯腰草	木薯草	
牛毛草	水牛草	
		低

＊在每一列中进行比较，不同列中不进行比较。

注：引自《草种管理》第三版

高尔夫球手的个人爱好

修剪高度

草皮的高度是一个严格的指标，在选择球道用弯腰草还是大叶烟草时，高度就是标准了。前者可以保持1/2英寸高度，后者最低不能超过3/4英寸高度。如果要选择比较密实的草种那么弯腰草就可以；而在一些公共球场或是球手不很熟练的球场，那么大叶烟草或者黑麦草都很理想（表13.13）。

表 13.13
不同草种修剪高度比较*

寒冷季节	温暖季节	相对排名
		高
高的牛毛草	木薯草	
牛毛草	奥古斯丁草	
一年生黑麦草	地板草	
大叶烟草	蜈蚣草	
殖民地弯腰草	水牛草	
弯腰草	结缕草	
一年生兰草	百慕大草	
		低

* 在每一列中进行比较，不同列中不进行比较。

注：引自《草种管理》第三版

很多球手要求能够打出更快的球，所以修剪高度比较矮的草种就相对受欢迎，比如说有一些弯腰草就在这方面有一些优势，但是这也仅仅是决定草种的一个因素而已。

草种密度

密度比较高的草种常常被用在球道和发球区周围，但是也有很多球手喜欢低密度的草皮。现在无论如何都有比过去多很多的草种可以对不同的地点进行选择。但是一般地讲，密度高的草在管理上就要多费些功夫，花费也较大（表 13.14）。

表 13.14
不同草种密度比较*

寒冷季节	温暖季节	相对排名
		高
弯腰草	百慕大草	
殖民地弯腰草	结缕草	
牛毛草	水牛草	
一年生兰草	奥古斯丁草	
大叶烟草	蜈蚣草	
一年生黑麦草	地板草	
高的牛毛草	木薯草	
		低

* 在每一列中进行比较，不同列中不进行比较。

注：引自《草种管理》第三版

美学原因

很多时候人们都认为美观是球场建设中最重要的因素，他们希望草皮终年呈现深绿，但是只有寒冷季节的草种才能显现这种颜色，温暖季节的草种相对颜色较浅，但是它们即使在冬天也能显绿。

这在过渡地带问题就显得明显一些：尽管温暖季节的草种用水较少、用药较少、保养容易，但是还是寒冷季节的草种受欢迎。毕竟在过渡地带温暖季节的草种也有较长的"冬眠期"，所以人们很快就会忘掉它们的种种好处，而选择了寒冷季节的草种。

球手还喜欢有着悦目的质感的草皮。尤其是在发球区、球道和果岭等各处。所以它们喜欢弯腰草胜过百慕大草。而且他们也不太喜欢有着过于细致的纹理的草种（表 13.15）。

表 13.15
不同草种草皮纹理比较*

寒冷季节	温暖季节	相对排名
		粗糙
高的牛毛草	地板草	
一年生黑麦草	奥古斯丁草	
大叶烟草	木薯草	
殖民地弯腰草	蜈蚣草	
弯腰草	结缕草	
一年生兰草	百慕大草	
牛毛草	水牛草	
		细致

* 在每一列中进行比较，不同列不进行比较。

注：引自《草种管理》第三版

预算分析

预算是制约着草种选择的一个最重要的因素，因为只有在资金比较宽裕的情况下，才能够考虑诸如美观等其他因素，才能够投入较多的人力物力种植一些并非本地的草种。

正如前面所述，在选择草种的时候，似乎只有温度是惟一制约的因素，图 13.1 展示了美国从南到北划分为四个区域，每一个区域都有一些适合种植的草种可供选择，于是在上面所讲的诸多考虑因素中就可以作出选择了。

从东向西纵览整个国家，草种的差异主要是源于降雨量自东向西递减。而降雨量可以影响到前面所讲的许多因素，比如土壤的酸碱度、病虫害活动、耐干旱等等都受其影响。

下面将对主要的四个分区的草种选择进行比较详细的介绍。

在寒冷地带选择草种

几乎在这种地理位置的草种都是寒冷季节的草种,下面就依次按照球场的不同区域进行介绍。

果　岭

弯腰草是主要的选择,在1980年代以前潘克罗丝这种品种几乎垄断所有的供给,但是现在已经有很多的变种,性能也不亚于前者。但是应该注意的是在很多地区只有一种草种是真正适合的,这就应该向当地的权威部门咨询了。

虽然很多球场都会种植弯腰草,但是在五到十年以后会发现真正是另外的草种占有了球场的统治地位。这就是禾本科一年生草。在霜降的灾害并不是很严重的地方,很多草皮管理人是喜欢这种草的,现在就有它们的草种在培育中。

发球区

给发球区选择草种一般来讲主要考虑三方面的影响:发球区的大小、耐阴性和养护的费用。对于比较大的发球区,很少有阴影,能够有很好的养护,那么选择弯腰草比较好。相反,选择一年生黑麦草或者是黑麦草和大叶烟草的混合会比较好。大叶烟草也可以单独使用。如果可能的话,黑麦草不要在北部的寒冷地区使用,因为霜冻比较严重。如果有很多的阴影,那么大叶烟草和弯腰草都不适合。

球　道

弯腰草比较适合在球道上种植,但是需要比较多的养护和经费。如果在比较南面的地区,那么一年生黑麦草还可以用。在大多数的北方地区,大叶烟草适合于预算比较少的球场,可以单独或者混合使用。在很多比较干旱和纬度较高的地区,大叶烟草尤其适合。

粗草区

按照60/30/10的比例混合的大叶烟草、牛毛草和黑麦草是种植在粗草区的理想选择，尤其是在北方寒冷地区。在很多阴影的球场，牛毛草的数量要增加，大叶烟草可以相对减少。而在干旱的地方，木薯草可以很好地减少用水量和维护费用。

过渡地带的草种选择

这个地方是很有挑战性的。因为它处于寒冷地带和温暖地带之间，在这里，寒冷季节的草种容易受到夏季的病虫害的侵害，也难以抵挡炎热；而温暖地区的草种则会有较长时间的"冬眠期"，会受到严寒的威胁。

果　岭

虽然在夏季的中期会有一些小问题，但是弯腰草还是在这里普遍使用。那些有着很好的耐热性并且在夏季能够有发达的根系的草种应该被选择。

发球区

在过渡地带的北面的一些地方，寒冷季节的草种，比如说一年生黑麦草和弯腰草经常被用作发球区。在南面部分，结缕草和百慕大草用得较多。在更加干旱和海拔更高的地方，大叶烟草经常和黑麦草混合使用。

球　道

为球道选择草种意味着面临一个比较尴尬的局面，因为确实没有适合的草种，在过渡地带的北面的一些地方，寒冷季节的草种，比如说一年生黑麦草和弯腰草经常被选用，虽然结缕草也有它的支持者。在南面部分，结缕草和耐寒的百慕大草用得较多。

粗草区

在过渡地带的北面的一些地方，寒冷季节的草种，比如说一年生黑麦草和大叶烟草、牛毛草经常被选用，如果有阴影问题的话，会在上述的几种草中混合加入高的牛毛草。在南面部分，一般的百慕大草和高的牛毛草用得较多。在较为干旱的地方，结缕草受欢迎。

温暖地带的草种选择

这个问题比较直接就会有答案，因为主要是在温暖季节的草种里选择。

果　岭

因为它有较好的表面，所以弯腰草在这里被广泛使用，甚至比百慕大草还多。当然一定要选择其中耐湿、耐热的品种，这应该向当地的权威机构进行咨询。

在比较靠近南部的地方，百慕大草因为维护费用不高所以使用也很普遍。

发球区

在这个温暖地带的西部，发球区一般使用百慕大草、结缕草，如果有比较多的资金的话，使用混杂的百慕大草会很好，而在东南地区，这种草是发球区的标准用草。

球　道

百慕大草在这里几乎占有统治地位，即使混杂的百慕大草会有比较高昂的维护费用，在西部很远的地方也有使用一般的百慕大草的球道。在北部地区也有使用结缕草的。在西部的一些地方使用一年生黑麦草作球道的也偶尔会出现。

粗草区

在东南部地区的粗草区几乎完全使用的是混杂的百慕大草。而一般的百慕大草则主要使用在西部的地方。在北部，高的牛毛草在有阴影的地方被普遍使用，在西部的比较干旱的地方，木薯草用得较多。而在海拔比较高的地方，有一些球场使用一年生黑麦草或者大叶烟草。

热带地区的草种选择

热带地区的草种选择一般来讲比较直接。

果　岭

混杂的百慕大草在这里占有主导地位，这里可以有较低的养护费用，但是它不能忍受3/16英寸以下的高度。有些种植弯腰草的尝试，但是最终都转而使用混杂的百慕大草了。

最近因为基因转移的因素所以有一些百慕大草有变种的倾向，所以在选择草种的时候，应该注意挑选。而研究人员正在深入研究这种问题。

发球区

混杂的百慕大草在这里使用较多。普通的百慕大草也偶尔会使用。

球　道

混杂的百慕大草在这里使用较多。普通的百慕大草也偶尔会使用，尤其是在西部地区。

粗草区

混杂的百慕大草在这里使用较多。普通的百慕大草也偶尔会使用，在西部地区更多一些，在南部地区，奥古斯丁草、蜈蚣草和木薯草有时候也会用到。在干旱的西部地区，水牛草用起来很不错。

使用混合草种的好处

在培养室里已经有很多种草种的品种被培育出来了。有些在耐高温或者用水量方面都有很多优势，但是它们很可能容易受到疾病的威胁。研究表明，混合品种越多就越能够抵抗病虫害的侵袭。

以前很多果岭都使用了一种这样培育出来的草种，但是因为使用时间并不是很长，所以还不能确定它们是否有很多的缺点。现在最常见的情况是在当地的草种中混杂种植新的品种，应该注意的是要在颜色、质地和生长期等方面最好取得一致。

有些专家并不同意使用混合草种，这些反对者认为，使用混合草种是迈向平庸化的选择，应该加大对于不同草种的差异的认识，从而为特定地区选择最适合的草种。但是直到这一选定的结果公布之前，混合使用草种还是一种很好的办法。

信息来源

在过去的二十年来，培育师已经给我们带来了许许多多的新品种，在很多方面都胜过了以前的品种。但是它们这些新品种在很多适应力方面比不上它们的祖先，只能适应于一些特定的地区。这样就给设计师带来一个困难，就是要及时地了解到新的品种以及它们的表现。下面就给出几个重要的信息来源。

USGA 绿地部

这里的15位农业专家对于120个高尔夫球场的草种每年进行观测和评价。而且作为一个非商业性组织，他们提供的信息并不涉及利润问题，具体的信息可以垂询USGA 绿地部，新泽西 07931，远山 708 信箱，电话（908）234-2300。

全国草种评估委员会

全国草种评估委员会（NTEP）是一个自行运行的非盈利性组织，由美国农业部（USDA）提供支持。他们的工作主要是整合和统一发布美国和加拿大的新草种的信息。具体请垂询：

贝兹维尔 20705 NTEP 农业研究中心（西部）

002 楼 013 室 凯文·莫里斯

电话（301）504-5125

大学里的专家

很多大学都有草种信息方面的专家，他们为包括 NTEP 在内的人提供服务。我们可以联系 USGA 以得到他们的名字。

草种公司

主要的草种公司都聘有提供草种信息的代表，他们主要是推荐一些他们公司的产品，还会给你指引一些已经使用过他们公司产品的已建成的球场。

高尔夫球场的管理者

现在有一些高尔夫球场的管理者开始试种混合草种了，所以这也是一条比较快捷的信息来源。

第十四章

建造的方法、设备和物品：从建造者的观点[①]

> 发明者的惟一目的就是要降低高尔夫比赛所需要的技术含量。而高尔夫设计师必须要与这种发明作抗争，力求设计出强调技术胜过强调设备的高尔夫球场。
>
> 摘自《关于高尔夫》，1903年，约翰·莱恩·洛（1869—1929年）

建造方法和设备

格雷·保门克朗高尔夫球场建筑公司

自从二战以来，高尔夫球场的建造方法，随同草种选择和其他设备一起，经历了巨大的变化。

我们不再使用古老的工具箱、农用工具而手工劳作了，我们也不再用手搬动大块的石头，或是平整大块的土地了，而这些直到1970年代仍然发生。现在一个施工队就拥有价值几百万美元的设备装置，包括推土机、平整机、铲土机，以及其他比较小型的建设灌溉设备或者准备草皮等等所需要的机器装置。

一点不变的是建造者的任务还是帮助设计师将从业主那里取得的想法付诸于实施。不同的是今天建设造价已经提高了很多，当然这些都包括在整体预算当中，所以施工队总是很想知道整个工程的总造价。

建造者希望场地是适合于建造成球场的，但是实际情况往往并不如人意。反过来，我们相信设计师和业主都会知道这样的场地条件必然会带来较高的造价。

无论如何，我们都依赖于设计师的图纸进行建造施工。

土壤侵蚀和流失的控制

一旦真正要开始施工，那么第一步就是要在联邦（包括农业工程师联盟）、州和

[①] 本章编者为美国高尔夫球场建造者协会执行副主席菲利普·阿诺德

地方政府的规定范围之内，完成设计师给出的关于土壤侵蚀和流失的控制。一个半世纪以前这个审批过程需要几周，现在可能要几年，而在这期间造价是会不断上涨的，所以建造者总是希望能够加快建造过程，以弥补这段时间的损失。

建造者对于这个过程的重要性是熟知的，因为大家一定都还记得那个惊人的数据，每年沿密西西比河流失的土壤的数量就相当于美国全国矿业开采量在过去几百年里的总和。

过去用麦秆打包来防止水土流失的办法已经不再处处有效了。现在我们要解决的方法包括有很多，比如拦坝、池塘渗透沉淀、转向的河道、沉淀物分离器等等。这些一般都是在建造过程刚刚开始的时候就安装好的。

因为我们的施工队很可能在不同地区施工，所以要密切关注各地不同的州、地方政府的规定。

在这之前，我们需要对于球场的主要设备的位置加以确定，比如发球区的水平和垂直定位，球道中心线的定位等等。

我们一般不会在整个球场同时开工，这样会使得太多的土地在较长的时间内没有植被，所以我们往往只是在其中的一小部分动工，逐步推移。

清除场地

这是整个"三维化"——施工者用来形容把设计者的想法付诸实施的行话——的第一步。清除工作是按照加法原则进行的，这样可以尽量减少对于本地的植被的损伤，具体的清除办法已在第八章详细列出。

移动土壤

第一步就是要移出并储藏表层土壤，注意在今后场地中没有变化的部分可以不加干涉，比如池塘等。表层土，不论是沙子还是黏土，还是介于两者之间的什么，都是有价值而值得保存的。

在这个过程中我们使用明轮的平土机。铲除的深度决定于表层土的深度，可能是几英尺但更多的情况则是几英寸厚。这些表层土将被返回到球道等各处，而且施工者和设计者都希望能够尽量多的保存表层土，因为实际需要是很多量的，往往不够。

第十四章 建造的方法、设备和物品：从建造者的观点

我们使用明轮的平土机是因为它们在铲除和回填土壤的过程中能够完成得很工整，而且使得土壤疏松。

应该努力尽量使得挖出和回填的土壤取得平衡，如果设计师和业主负责这件事的话，那么很可能会专门请一位工程师来作这件计算的事情。

距离的长短决定了使用什么样的机械设备来完成这件工作。如果是在200英尺左右，那么用D-8s或者D-9s的毛虫机就可以了，如果距离在500—1000英尺之间那么用627s或者631s就行，明轮的平土机也往往使用。

如果距离在1500英尺以上，那么就需要从顶上进行装载了。这需要用容量为3—3.5立方码或者更大的重型货车，它们往往停在路边，装载完毕以后开走。这时用明轮的平土机也是一种明智的选择。具体型号要决定于装载的数量、种类和往返时间距离等。

注意在前面提到的1000—1500英尺的距离上，具体的选择往往需要操纵者自己来定。很可能有很好的设备我们上面并没有列出。

在上面的段落中描述的所有内容可以概括为如图14.1中的"批判性路径"。实际中，建造者早在施工之前就已经在纸上完成了整个施工过程的构想，这样可以及时按照预算完成施工任务。

清除土壤、移动土壤和平整地形这些工作可以同时进行。建造者必须在所有这些工作中很好的起到监督作用，而且设计师和业主也要了解情况，因为设计工程是有设计师盖章的，就好像这个球场就是一个建造者和设计师的"150英亩大小的职业证书"。

就像所有的建设项目一样，设计师、业主和施工者的密切合作是保证工程顺利进行的前提。比如设计师在场就不会出现设计中要保留的树木被砍伐的情况，地形平整中土壤被移动两次的情况也会少很多。

设计师往往愿意和较为固定的施工人员合作，这涉及到对于设计和规程的一致的理解，设计师参观现场的频率，还有一系列的其他问题。虽然设计师不能每天都在现场，但是两者的密切合作可以通过电话、传真等方式进行。

在整个工程中花费最多的就要算是土壤的移动工作了，这有赖于施工人员和监管人员的有效配合，这样施工人员可以把监管人员在每天下达的指示很好地贯彻，即使监管人员很长时间也没露面。

298　第二部分　建造和增长

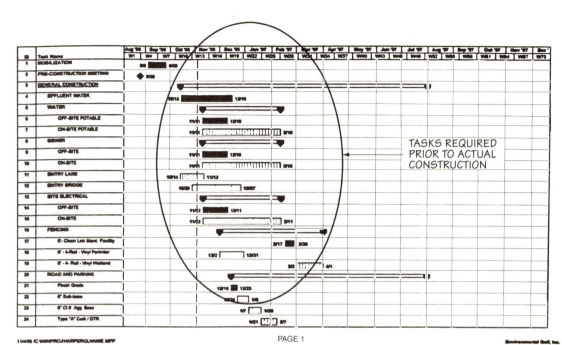

PAGE 1

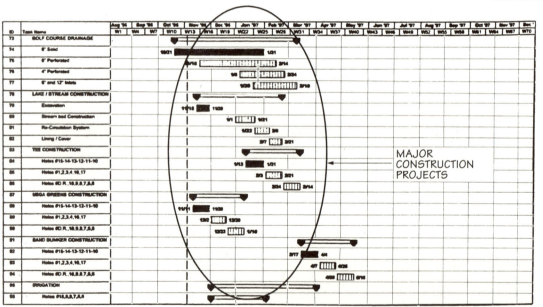

PAGE 4

PAGE 7

第十四章　建造的方法、设备和物品：从建造者的观点　　**299**

图14.1　这里是用表格表示的"批判性路径"的第一、第四和最后一页，虽然具体数据看不清楚，但是我们可以大致了解到工作进程。主要工作的起始时间和终止时间都已给出。
　　第一页给出了实际工程开始之前的准备工作，比如各方会议、估计工程时间和动员。
　　截至第四页前，工程已经进展到主要项目阶段，包括湖泊、小溪、发球区、果岭、灌溉等。
　　第七页以草皮的种植和养护总结完成整个工程。

平整地形

开始是粗略整形，在这个过程中有低估设备能力的倾向。但是熟练的工人是能够使用过D-8或类似设备完成工作的。接着就是细致的整形工作了，可以完成设计师的设想。这时使用较小的机器，但是同样这个过程中赋有天才的整形工人和他们的创造将是至关重要的。

此时建造者和监管人都必须严格遵守图14.1所表示的进程，但遇到不好的天气也必须有必要的调整。这种调整也是基于每日工作量合理安排的基础上的，就像设计师认为的，建造者和监管者不是倾听内心的声音。工作是应该随时调整的，比如有一处土壤某天较湿，就要转移工作到别处较干的地方。

我们认为整个施工过程应该是整洁的，这不仅表现在工人身上，还有更深远的意义：它可以带来潜在的未来的消费者，还包括不知何时冒出来的摄影师。

在平整过程中，我们要注意排水问题了，大的水管，24英寸或者更大口径的水管，应该安装了。同时其他确保土壤干燥的管线也应该安装了。这样在降雨或者降雪之后机器设备又能很快回到工地了。

我们把排水系统的水管分为主要的（洪水排水），经常但并不是总有排水，和次要的（内部排水），这是为果岭、发球区等设施而安装的。主要的排水管应该在主要工程开工之前就使用了。

次要的排水管需要的管径比较小，主要按照设计师给出的坡度和排水路径而安装，但是这里有五个常见的但是麻烦的问题必须在安装时给予重视：

1. 排水经过比赛区。
2. 水坑设计在排水路径上，即使在非比赛区也是禁止的。
3. 最糟的是，在比赛区的集水坑会溢满而倒流到比赛区。
4. 在高尔夫车行小路上设置水坑，因为这以后会变成主要道路。
5. 我们也不能使用池塘、小溪或者开敞水面作排水。

灌　溉

这在第十章已经详细地说明过。所以这里只是指出几个关键点：

1. 灌溉设施应该在施工队的指导下建造，因为他们有能够保障灌溉所需用水的资金支持。
2. 虽然有协议，但是实际中往往会耽搁供水几周以上，所以一个备用方案是有用的，比如说发电机等。
3. 关于设备的维护上仍然有很多协议上的分歧，即使这个项目正在建造或还未开始。
4. 灌溉设备的发送也许会延迟几个星期，所以要在合同签好以后很快就订货。

我们还要提醒，要是在种植的时候仍然没有灌溉，就是大问题了，所以要在图 14.1 中作详细安排。

草种的准备：USGA 的建造的绿色方法

因为对于一个球场而言，草皮是最重要的一部分，所以现在已经有专门的设备用来分析草种的种植了。

设计师密切地观察着施工的进展，以保证他所想要的设计效果能够一步步实现。设计师将会对于草皮的形状修整、草皮高度、到达途径、给球手的景观、给将来周围居住者的景观等方面提出要求。设计师希望草皮看上去就像一直长在那里一样。草皮栽种的过程需要用精密的仪器加以测量，而不是用眼睛去看，这反过来又要求设计师的许可。

考虑到草箱（USGA 要求草皮要有一定的基面层次，依次是，碎石、沙和表层混合土）的因素，设计师往往要求草箱下垫面和最后的表面平行，虽然这并不是 USGA 的要求。

排水的设计也是有要求的：一般地，排水管不超过 20 英尺的间距，每 1000 平方英尺的草皮最少也要有总长度为 100 英尺的排水管，当然这只是最低限，经常会更多。这里在安装的时候也需要精密的仪器加以控制。

一旦排水管已经安装完毕，碎石、沙和表层混合土就可以依次铺上了。我们用推土机 D-3s 或者 D-4s 来完成每一层的操作。这里我们最好不用带轮的设备，因为下面已经铺设了排水管。

第十四章 建造的方法、设备和物品：从建造者的观点 301

D-3s 或者 D-4s 可以使土壤更密实，有些工程师要求用滚动的方法增加工作次数，并且在过程中保持土壤湿润。如果在空穴中的一块狭小空间里进行操作，可以使用箱式推土机或者前装式装载机。当然，即使这样，也要加倍小心。有些工程师不准任何机器设备进入空穴。这样只能使用手工操作来完成了。

当果岭正在被修整的时候，其他的工作也可以进行了：准备草种基层，播种，也许还需要固定等等。这个过程中，监理者仍然要按照步骤（图14.1），检查每一个程序。虽然流程表是线性的，但是监理者要按照类似一颗钻石的方式进行思考，即工程从防止侵蚀这一点开始扩展，当工程进度完成近一半时，达到最大范围，从此几乎所有的步骤都可以同时进行了。工程进度又逐渐减慢，直到最后一个步骤，所有工作都完成。

在场地修整完成以后，用于收尾地小型的设备，比如岩石粉碎机和石块运输机，就可以进场了，如果有岩石很多的场地，还需要岩石运输机。这样草种的基层就被尽最大努力地加以完善了，取决于这块场地的功用（比如击球区或者障碍区）。

草种基层里不能有任何草根、岩石、垃圾，也不能不够密实，这样才能保证适合播种和草种生长。如果土壤基层不符合条件，那么要增加土壤调节剂和基肥，一般施用在2—4英寸的深度内，依情况而异。

在降雨或者其他因素的作用下，土壤很可能会变得松软。一个坚硬的、过于紧密的土壤表面必然导致稀疏的草皮。

接下来就要进行播种了。很多人会选择在早晨起风之前播种。风会把球道上的草种吹到粗草区，或者反过来带到果岭。有两种基本的播种的方法，一种是碎土镇压法，将播种、覆土和密实一次性完成，另一种是用手播种，前者需要干燥的土壤，后者可以在潮湿的土壤表面进行。第三种方法，水力播种，正在变得越来越流行。

不管使用哪一种方法，一定要保证在设计范围内播种。这个在用手播种和水力播种中较难得到保证，但是可以通过严格的监督来达到。播种的深度很可能会成为问题——比如，弯腰草，就很可能被埋得太深。

一定要尽量减少通过新播种区域的交通量，但是保证到达这些区域仍然方便。比如说，如果沙坑边上需要种草，这里的草皮必须人工浇灌。今天因为有先进的灌溉设施，通达的问题已经不像以往那样严重了，但是这是一个综合设计的问题。所以，这个问题必须事先仔细考虑。

草皮的生长，可能是施工者的工作范畴，也可能由业主或者监管人员负责，有时，草皮的生长期指播种到草皮长到一定高度的过程，有时指草皮长到满足比赛需求为止。不管这个时期多长,现在可以同时施用杀虫剂的灌溉系统已经使得培育工作大大减轻。但是,这样的系统并没有在全国普及开来,若全球而言,恐怕更少了。

路径和交叉口

今天很多路径和交叉口为高尔夫的设备提供了入口,还有可能包括了带轮的机械设备。所以它们需要有很好的承重能力,宽度要大于10—12英尺。

因为一般涵洞是不允许的,所以需要建造桥梁,规定一般对于跨度并没有严格限制,只是要求不要在湿地中打桩或者建造根壁。这些桥梁可以是分段的,由起重机吊装或者现场浇筑。

建造者的观察

在施工过程中可以看到场地发生了巨大的变化,原有植被的根系被打乱了,空气流动和太阳辐射角度都变了。需要很多年才能重新获得稳定。

购买肥料、草种和土壤添加剂

理查德·埃利伊发球区第2绿地公司

弗吉尔·迈尔,迪恩·莫斯蒂尔斯科特公司

一个项目要想成功,不仅要选择好草种等,还要在管理方面下功夫。如果仅仅是考虑选择了好的草种,但是疏于管理,那么很可能会受到各种各样的危害,但是反过来如果管理过于密集,用肥用水过多也会有类似问题。

肥料和土壤添加剂本身并不能够创造出一个富含营养的土壤,需要的是各种养分、水、养护措施之间的平衡,以便在土壤深度、种植树木的宽度和过量的排水等方面都有良好的物理环境。当然选择合适的草种以及在其中选择各个不同的小品种是保证长时期状况良哈的条件(这些已经在第十三章中讨论过)。

化学测试和取样

对于土壤和水的化学测试在工程开始前也是需要的。实际上,土壤测试被认为是最直接的测试土壤营养剩余的方法。除了给出土壤现状以外,它还能提醒人们一些在将来可能发生的病虫害之类的问题。

新项目中的土壤取样应该尽量等到开挖和平整都做完以后进行。因为这之前进行的取样不能够确实反映现在的土壤状况。

化学分析的深度应该在0到3或者6英寸的范围内,因为草皮的根系就在这个深度范围之内,但是也不能绝对化,因为总有一些草种的根会相对较深的向下发展。

土壤中根系的分析很多时候是从草种的提供商那里得到的,如果不是这样的购买渠道,那么也一定要再另外进行培育观察。

土壤取样测试有利于决定土壤的酸碱度,看看是否需要施加更多的石灰石或者硫磺,改善土壤的pH值。在施工过程中就应该进行这样的操作,因为等施工完成以后就很少有机会这样进行大规模操作了。

水质量的测试,以及其中的养分测试,推荐使用。如果使用的是排水渠中的水,那么就一定要进行检测了。因为排水渠中的水很可能含碱、盐、钠、重金属比较多。因为它们可能破坏土壤结构,导致植物生病。

完整的肥料和盐类的列表

完整的肥料应该包括有最基本的氮肥、磷肥和钾肥。肥料里含有盐分过多将使得草种容易遭到伤害,同时遇上合适的天气的话,将会导致细菌的过多繁衍。所以有必要注意一下各种肥料的盐分含量。

一般,不管是播种前还是在生长期各种肥料的选择都应该满足以下的标准,虽然有时候一个会比另一个更显重要:

1. 实施容易且经济
2. 最小的毒害
3. 能够方便地施肥
4. 对环境而言可持续

要是为了达到以上的目标,那么肥料就需要有这样的特性:

1. 小包装
2. 最小的密度
3. 容易播撒

4. 同质化

5. 投资回报大

6. 安全可靠

有三种不同类型的肥料，每一种都有不同的优缺点，如下面段落所示。

1. 无机肥。这是一种极易溶于不的化肥，除非外面有防水的胶囊的保护，而且易然。因为无机物都是能够被植物直接吸收的，所以它能够直接地促成植物的生长发育，但会抑制根系生长。它们容易被水冲走，容易挥发，所以经常的小剂量的施用效果会较好。如果是带有胶囊的则可以维持时间较长，这样就采用大剂量、间隔时间长较好。

2. 天然有机肥。这些是动物、植物和垃圾场的副产品，通常的采集渠道是污水井里的污泥，它们一般含有家禽的粪便、水解的羽毛、干的血和骨粉。它们一般含有的养分较少，但是有很多微生物肥，它们在潮湿的土壤环境中在微生物的作用下慢慢变成肥料。

3. 合成有机肥。这是有着上述两种肥料优点的人工制造的肥料，具有快速绿化、较慢沉淀、安全有效的特点。有代表性的是尿素、合成尿素、亚甲基尿素等。它们能够促成植物整体的发育，不会抑制根系生长，所以被认为是一种理想的肥料。

一般地，氮肥、磷肥和钾肥是最基本的三种肥料。其中磷肥容易在土壤中保存，而且促进植物根系生长。

施肥的比例一般是3-4-1（3%氮肥，4%磷肥，1%钾肥），当然这还要结合具体的土壤情况分析方可确定。

草　种

有适应各种不同气候条件的草种可供选择。在第十三章中我们讨论了草种及其选择。值得注意的是现在越来越倾向于选择能够帮助植物抵抗害虫和疾病侵害的内生植物与草种混合。随着基因工程的发展有望在2005年左右能购买到有着广泛抗虫、抗病性能的草种。

现在在工业企业中普遍流行的是"蓝色标签"认证系统。这个认证系统保证了在标签上的不同的名称确实代表了一种不同的草种，而且它满足了能够萌发和生长的最低标准，这个标准往往是其他杂草草种、粮食谷粒往往不能够达到的最大值，所以可以有效地防止它们的并生。这个标准体系会随着地域的不同而有所变化。

草种	取样多少（克）	有害杂草
大叶烟草	1.0	10.0
一年生黑麦草	5.0	50.0
高的牛毛草	5.0	50.0
牛毛草	3.0	30.0
弯腰草	0.25	2.5

有害草种是在各州的有关草种的法律中规定的有关于当地农业生产的草种。所以它在各地是有差别的。下面就是给大叶烟草的一个标准，测试是基于1克的。

	按重量得出的百分比
纯草种	95.00
其他的粮食谷粒，最大量	0.25
惰性物质，最大量	5.00
杂草草种，最大量	0.30
发芽，最小量	85.00
加拿大兰草，最大量	0.25
一年生禾本科	2.00

如果是以10克为标准来进行检测，那么在州的有害草种的列表中的草种，是无疑会通过的。这些标准看上去显得包容量很大，实际上往往误导。

另一个更加全面的检测是"金色标签检测"，它在同一重量级的检测中，对于杂草草种和粮食谷粒，给予了同样的重视。所以在更大规模的检测要求进行时，往往采用这种方法。这时即便仅仅是很小的数据，0.00%，也表示其实不容忽视的含量。

高质量的百慕大草和奥古斯丁草主要是从树枝和草地中培育出来的，虽然它们的草种经常容易得到，往往用在粗草区和中等质量的球道上。现在有一种趋势，就是用高质量的419培育基配合发展出新型的百慕大草，它们在用水量、用肥量、抗碱性、抗虫性能等方面都有所提高，而且能够展现较为细致的纹理，也还能够耐寒。但是只有时间才知道最终效果。

在选择和购买草种的过程中下面的两个表将会给您很大的帮助。

表 14.1
用草种数量的百分比来代替草种重量的百分比来分离混合草种

第一步：用混合草种中草种重量的百分比乘以各自的单位重量的数量，得到各草种的数量。

比例		单位重量的数量		单位重量的混合草中各草种的数量
11.10 牛毛草	×	448640	=	49799
8.50 大叶烟草	×	1390253	=	118172
5.20 高地弯腰草	×	6130270	=	318774
46.50 一年生黑麦草	×	190508	=	88586
26.00 多年生黑麦草	×	240403	=	62506
				637836

第二步，把这些数加起来，得到草种总数，在这个例子里是 637,836。

第三步，用各草种的数量除以总数量，测到草种数量的百分比。

品种	数量		混合草		各草种数量 %
牛毛草	49799	÷	637836	=	7.8%
大叶烟草	118172	÷	637836	=	18.5%
高地弯腰草	318774	÷	637836	=	50.0%
一年生黑麦草	88586	÷	637836	=	13.9%
多年生黑麦草	62505%	÷	637836	=	9.8%
					100.0%

注释：

1. 在这个表中给出的这个混合草的例子也许在实际使用中几乎没有参考价值。
2. 在对于殖民地草比较理想的状态下，很可能得到的结果是接近于100%的高地弯腰草的。
3. 黑麦草能够很快覆盖场地，所以如果比例太高的话，很可能会形成单一草种。
4. 要想对于草种进行更细的划分，可以根据重量对于不同发芽期的草种进行区分。

表 14.2
不同培育基下的草种的密度比较

寒冷季节的草种	每英镑的数量
弯腰草	
弯腰的	6130270
殖民地的	6130270
红顶的	4851200
兰草（禾本科）	
大叶烟草的	1390253
粗草	2091050
一年生的	1195680
牛毛草	
红的	365120
香的	448640
坚硬的	591920
粗的牛毛草	
高的	206383
草皮的	225440
黑麦草	
一年生的	190508
终年生的	240403
牧草	1163458
温暖季节的草种	每英镑的数量
百慕大	
有壳的	2070638
没壳的	1585297
水牛草	
多刺果的	49895
颖果的	335657
木薯草	272154

选择合适的混合土壤

克瑞斯汀
福克纳兄弟建造公司的混合土壤分部

在第十二章中的附录A和附录B中我们已经给出了符合USGA标准的一些配比，这些标准最近在1993年进行过调整。

所有使用的土壤都需要经过USGA给予资格的实验室的检测。在各州都有一些已经获得USGA许可的商业性的混合土壤的供应商。

USGA给出的土壤最低要求含有60%的沙土，5%—20%的黏土。

USGA要求所有的现场混合的土壤都要在将要铺土的场地之外进行混合，所以很多厂家都是提供了将预定好的各种土壤成分运到场地，进行现场操作的服务。它还允许了一定比例的当地土壤成分的存在。

在混合的过程中也要经常检测以保证它在每一步都是符合要求的。

第三部分

高尔夫球场设计的运营

第十五章

高尔夫球场的资金运作

球场应该设计得富有情趣,使得即便是水平一般的球手也有动力去超越以往的技术。

摘自《高尔夫球建筑》,1920年,阿利斯特·麦肯齐(1870—1934年)

高尔夫设计师在整个设计、报批、建造球场的过程中都有重要作用,其中取得资金,不管是贷款还是资助,都是头号的挑战。很多项目没有得到足够的资金,主要是因为没有针对资金获取的风险进行评估,并相应作出设计和调整。

这一章主要涉及了以下问题:

- 一般的贷款还是资助来源
- 获得贷款还是资助的条件概要
- 一揽子计划
- 可行性研究
- 物理分析/场地研究
- 运营方案设计
- 资金来源

一般的贷款还是资助来源

资金资助主要是从业主、投资人和投资公司取得的。贷款一般是来源于银行和其他机构。

取得资金的渠道主要依赖于所建球场的类型。分为三种:每天收费的球场、私人球场、公有球场。当然还有一些其他性质的球场,比如说半公有的球场,但是资金来源上主要是根据上面的三种类型来划分的。

每天收费的球场可以从以下渠道获得资金:

个人储蓄和集团资金(净资金)
有限股份公司(净资金)

房地产投资公司（净资金）
友情租借（净资金）
一般贷款（借贷）
售货者资助（借贷）

私人球场可以像每天收费的球场那样获得资金，还可以从以下渠道获得资金：

所有者的集资
股份
股东的个人借贷

公有球场可以像上面的两种方式获得资金：

政府发行公债
国库券
售后回租
个人捐助
土地租金
土地出让金
一般性贷款

一般地，都会使用几种方式结合来解决资金问题。

获得贷款还是资助的条件概要

现在，每日收费的球场和半公有的球场因为其商业性质而受到投资人的欢迎，当然重要的是找到一些能够说服投资人的亮点。

也许非常奇怪的是，虽然获得资金的渠道非常不同，但是，它们都用几乎一致的标准衡量球场项目。

获得贷款还是资助的条件

1994年，全国高尔夫基金会（NGF）组织了一次有关于球场以及投资人的调查。虽然调查并不能够反映所有的在高尔夫建设中出现的问题和现象，但是它提供了我们看待这个领域的一种视角。

从球场的开发人的角度我们了解到很多。第一，现金是十分重要的。因为贷款的要求是拥有现金量达到工程造价的40%~50%。现金来源很多：有限公司、个人财产是最主要的来源，还有REITs等。

第二，历史纪录很重要，如果开发者有着过去经营的球场的成功案例，那么就会容易很多。

第三，和贷款人的长期联系是必要的。可以理解，经常资金来源于本地的机构。

最后，土地并不是很好的抵押品，借款机构往往希望有个人财产和收入，与土地无关的东西来作抵押品。

从知情人那里我们知道，不管是贷款还是资助，如果从S&L的角度，从银行坏账的角度，从房地产过度开发的角度都是保守为妙。对于新的项目，贷款人有一些顾虑。

- 高尔夫球场自身价值不高，当经营失败后，借款人没有退路。
- 高尔夫是一个服务性行业，所以成功的贷款只能造成一个预期的、不确定的资金流动，而不是潜在的房地产资本。
- 贷款给一个已有的项目比一个新建项目，有着更实在、可看到的资金流动。
- 如果第一年借款没有按照预期取得效果，那么联邦协调员或者银行的管理人就很焦急。
- 高尔夫贷款不是很多，很多时候不足以引起投资机构的注意。
- FDIC没有对于高尔夫球场的信誉作出明确规定。所以很多银行只是把高尔夫项目看作一般的房地产项目，这样就会在考虑了他们的资金情况以后再评价项目。
- 投资人很关注资金回报率，但是高尔夫球场没法让他们看到预期的球场升值。

但是有经验的投资人还是希望投资于高尔夫球场的，因为他们突破了以下的障碍：

- 建立了投资的资金流动结构体系，承认并接受了投资前几年的资金回笼状况。
- 要求有足够的资金回转以备不时之需。
- 尽量多的提供资金，帮助借款人，减少还贷数目。

贷款人和投资人要看的文件

借款要求包括：

项目开发的详细预算
项目建造的详细预算

市场预测
管理者名录
资金流动表
类似项目的概要
借款人的借贷历史
开发商的投资情况
在借款人能够承受范围内的资产盈利率和资产负债率
应对挫折的能力的证明
许可证

贷款人和投资人面对一个复兴球场项目时，需要的文件包括：

详细的开业历史和设备
球场所有权的历史
现有设备的详细描述
缴税情况
类似球场的概况
需要资金的数量
管理者名录
借款人的借贷历史
合理的展望
有特点的市场份额
资金使用计划
工程完工日期
熟练的操作者名录
被许可的业务
以往项目的好的记录
资金情况
对水的了解
对于现有破败球场的整治计划

一揽子计划

这一部分描述了所有要完成的文件情况。

第一件事：组建一支队伍

当问到是什么因素影响着项目的成功与否时，人们都会说：固定的成员和有经验的团队。这并不意味着专家越多越好，因为每一个项目都有它的特点，对于各种专家的需求也不尽相同。无论如何，有两点是要注意的：

1. 只包含真正需要的人。
2. 招揽在业界有良好背景经验的人。

一般，新球场的相关设计和施工队伍都是合意的（见第十六章）。

设计队伍　设计队伍应该是严格以市场为导向的。他们必须确定项目是在经济上可操作的，并且在物质层面上实现这一目标。设计队伍在从前期设计到施工的过渡中，成员应该有所改变。

前期设计　尽管每个项目都有所不同，但是一般前期设计都包含以下成员：

高尔夫球场建筑设计师。他们将基于场地的特别属性、业主对于球场的设想，而为球场的基本设施提出一个合理的成本范围。随后在这个大的预算范围内深入设计。

可行性咨询师。可行性研究是项目中至关重要的一环。这项工作应该由一个和项目利益没有关系的独立的咨询人或公司来进行。其中客观性是必要的，因为这个可行性报告只有做到客观，没有偏袒，才能被将来的贷款人和股东视为可信。

工程师。工程师的任务就是场地的物理形态研究。这是需要以往类似工程的经验的。

环境分析师。他们能够帮助确定工程的可行性，或者将会带来的环境问题（比如湿地、动植物、有害物质等等）。

会计（或金融专家）。这需要一个熟知项目目标，能够熟练应用会计工具的人。随着可行性研究和市场分析的结束，他的任务将会扩展到整个项目的经济核算上。

建设　建设队伍需要包含以下人员：

监管人员。在建设过程中，负责工程进程。

设计师。确保按照设计任务施工。

施工者／建造者。他们负责工程施工，并且监管下一级的施工者。

施工队　一旦设计阶段完成以后，就需要一支施工队伍了，以下人员是需要的：

- 建设管理人员／经理。
- 俱乐部经理（私人俱乐部需要），很可能和建设管理人员是同一个人。
- 市场部。市场问题应该在开工前就有所考虑。
- 监管人员。
- 高尔夫职业选手。
- 后勤人员。

希望所有这些人员都有曾经参加过成功项目的经验。

经营规划的必要性

凡是自己动手改过小屋子的人都有过这样的经历：建造过程中，成本突然飞升。如果没有经营规划，高尔夫球场建设也会如此的。在这里放置一个水池障碍、那里放置一个沙坑好不好？也许不错，但是如果预算是有限额的，那么就要严格遵守了。同样也要对于俱乐部建筑有所要求，我们不能沉湎于想像，而是要真正做一名实际的经纪人。

一揽子计划——什么样的一揽子计划？

高尔夫项目不是房地产投资，而是风险经营。因为虽然土地是保值的，但是一旦对于场地的改造开始，它就注定已经不能它用了。贷款人关心的是高尔夫球场的经营是否能够成功，而不是这块地值多少钱。高尔夫，就像一般的休闲娱乐产业，并不享受"拇指效应"的资本回报率，这样，经营的一揽子计划就十分必要了。

你一定听说过"一揽子计划"，这指的是一整套文件，帮助贷款人或者投资人确定是否在这个建议的或者已建的球场项目中贷款或投资。

在一个项目中，可行性研究是第一步。它从客观的角度告诉我们这个项目是否可行。所以在一个项目贷款或者集资以前，就应该完成了。它指出了项目是否有成功的可能性。

如果答案是"是"，那么下一步就是集中一个经营计划。这个计划将在接下来的整个过程中起指导作用。

当这些信息都搜集齐备以后，加上贷款人或者投资人需要的其他文件，那么就有一个"一揽子计划"了。关键的是，它包括了对于项目的预测，还编辑了专家对于贷款或者投资的意见。

接下来的部分详细描述了每一个需要的文件。虽然重点是新建的球场，但是标准对于收购老球场一样有效。有一些特别的要求，将在本章的后面一部分"对于已建球场"中详述。

可行性研究

可行性研究主要是用于决定项目是否在经济上能足够地支撑下来。如果更专业一点，那么可行性研究是在以下情况下进行的：

- 准备为高尔夫球场购买一块用地。
- 准备购买一个已有的设施。
- 考虑一个特定的市场或者地区是否适合高尔夫球场的发展。

- 考虑对一个现有的球场重整升级，可能改变市场潜在消费者。
- 对于项目、市场或者设施的潜在发展力进行检查，以便得到资助。

使用独立的咨询师

要想知道一个特定项目的市场需求和运作的成功率，可行性研究是非常重要的。其过程中包括了设计人、开发商、市场部门的参与，还要包括一个和项目研究的结果没有利益关系的咨询师。咨询师的独立性是很被看重的，因为只有这样才能做到公正和客观，才能得到潜在的贷款人和合作人的信任。现在有很多家符合条件可以提供合适服务的咨询公司。

对于一个新项目而言，可行性研究是开发者协助设计迈进的第一步。对于一个已建项目，可行性研究的重要性要超过了主要工程变动的实施和购买协议的完成。

可行性研究可能带来任何可能的发展变化。

一个好例子：应用可行性研究确定市场份额

日升公司作为开发商，委托XYZ公司进行它们在俄亥俄州辛辛那提市的一个新建高尔夫球场的可行性研究。研究花费了日升公司18000美元，但是带来了发展上的重大影响。研究表明，当地需要一个新的每天开放的球场，服务场地周边半径为15英里的范围，这样可以举办50000场次的比赛。不幸的是，同时也有两家公司属意于此，所以建议日升公司开办一个规模档次较高的球场。经过当地的民意测验以后，球场建成了，现在运行良好。

可行性研究的步骤

有关这个市场范围内现有的高尔夫比赛的数量情况，应该有确定的数据。要达到这个目的，以下步骤要考虑进行：

- 通观整个社区。这个浏览应该着重于当地房地产发展态势、就业情况、人口变化。这些因素提供了一个关于这个社区的经济力量和发展趋势的信息，而这些对于待建的高尔夫项目影响重大。
- 确定市场。球场面对的市场的范围是由当地的商业和居住密度、道路设施的情况，以及现有的高尔夫球场等综合决定的。一般地，这部分的可行性研究，包括一张图表，表示在3英里、5英里、10英里半径范围内，各项指标的涨落情况，以确定合适的市场范围。
- 竞争性同行的调查。这项调查包括了将来可能成为我们项目的竞争对手的球场项目，不管是已建、在建或将建的项目。所以这是可行性研究的一个重要组成部分。我们将建的球场的结构（每天的开放费用、所有制结构等）都可能给予周围的竞争性对手很大的影响。所以需要细致地了解周围的球场项目。

当地的人口结构　一旦市场范围已经确定，那么当地的人口结构特征就会决定他们对于球场的需求。年龄和收入的分布情况，大致决定了当地的高尔夫成员的分布情况，这样就可以确定可能潜在的高尔夫球手数量，以及需要的比赛次数。

NGF分析方法可以帮助我们预测，但是还是要注意当地的特殊性。

显示年龄和收入状况时，使用表格省时省力。把个人的参与比赛的需求加入到人口数据中就可以得到目标数据了。

注意，虽然人口数据也很重要，但是更有影响的还是竞争性同行的调查。

市场份额　对于当地市场的潜在需求的分析，是建立在对于现有的球场所提供的比赛场次的基础上的。这样的分析可能得到的结果是，供应不足、供应过量或者供需平衡。利用当地的气象数据我们可以得到球场一年中可能进行比赛的最多天数和最多场次。基于球场的设施水平和服务档次，球场开业头五年能够举行的比赛场数就能够得到了，这就被称为当地的最大容量。

建筑分析　在设计队伍中一定要有一名建筑师，他对于场地的地理地形状况比较了解，比如说土壤条件、地形、排水和单位造价等。他的任务就是基于场地条件和预期的设施水平，提供预算的大致范围。这部分报告要包括关于场地及其周边的，关于不同要素和考虑方面的细节。

场地分析需要回答以下问题：

- 是否有足够大面积？
- 土壤是否合适？
- 是否有特殊的环境方面的考虑？
- 场地上是否有要保护的湿地？
- 地形如何？

从这点看，这只是初步研究，还需要更加详细的物理性的分析。

资金方面　基于球场的预期质量、市场范围内现有球场提供的服务和价格水平、新球场的预期市场范围等，可以得到新球场的会员费和使用费的大致情况。其他方面的资金来源也可以大致计算一下，比如高尔夫小车的使用费、食物和饮料提供费等等。从这些预算以及上面谈到的"市场份额"部分提供的比赛场次，就可以大致得到球场的总收入了。基于预期的员工总数和工资水平，预期的球场维护水平等，就可以算出大概的支出。这样两项比较，就是球场的资金方面的平衡情况了。而且还可以得出多少资金可以用来增加设施，用来抵消部分债务。

运作收入
- 果岭费（划分为细致的项目，比如18球洞、工作日的、冬季的）
- 季节性运动
- 会员费（不同类别会员有所区分，如果可行）
- 领域费（如果可行）
- 高尔夫小车费
- 食物和饮料提供费
- 货物费
- 其他（锁、存包等）
- 用品专卖店及其租金

运作支出
- 劳务（包括小费和税）
- 维护费用（设备、化肥、农药、草种等）
- 市政消耗（水、电、气）
- 折旧费，意外事故费（负债、结构维护费、防火、设备折旧）
- 法律咨询费
- 税费和营业执照费
- 管理费用（电话和办公）
- 广告费
- 商品的成本（货品、食品和饮料）

当这些计算都进行过后，就得到了关于项目的重要的资料。

报告的结论和劝戒　报告应该最后包括一项，那就是关于建设与否的意见，以及怎样使得项目更好的建议。

已建球场的可行性研究

一个已建球场的可行性研究，也要包括上面提到的各个项目，不同的是着重点不在建筑设计方面和经济运行方面，而是更多的在对于现有设施的运作管理上。

物理分析／场地浏览

在可行性研究的过程中或者紧随其后，就需要对于场地进行物理分析了（包括环境报告和工程报告）。

经常高尔夫球场项目在进行过程中，会遇到诸如审批、场地设计、水和土壤质量等的问题。往往对于场地进行这方面的评估，要花费很多钱，而且这部分花费要算在整个项目的开支中，但不会在最后的结果中有所展示。无论如何，随着对于水的利用、土壤保护、排水、湿地保护等问题的立法的深入，这方面的开销也是必需的。具体数额从十万美元到百万美元不等，因为每一个场地都是特殊的，需要分别对待。

物理分析的前提是明确将建的球场是哪一种类型的球场。因为场地的因素将会对于设计有很大的影响，所以开发者要有一个明确的概念，关于在多大的限度内可以忍受这些困难。因为要容纳环境问题和工程问题而给设计带来的巨大变化，也将影响到工程的质量，进而使得球场在市场运作上更加成功，或者相反。

时间是另一个需要注意的问题，因为场地的评估和许可是需要时间的，在这期间很可能市场已经发生了很大的变化。开发者很可能发现，当初支撑设计项目的当地的巨大的需求，或者当地经济发展的强劲势头已经由于各种原因消失了。这样就更加强调了环境和工程方面的谨慎的设计是工程成功的关键。

物理分析应该邀请有经验的专家来进行。他们应该对于以下方面进行检测，进而提出影响。

地形。多少场地需要改造整形？

水文方面。有怎样的水源？它们是如何流到场地范围内的？水的质量怎样？需要多少钱？

地质方面。下面的土层怎样？

天气。每年有多少天可以打高尔夫球？每年的不同月份中，每天有多少小时可以打球？

环境因素。待建项目是否对现有的湿地和动植物有破坏性影响？

市政设施。和现有的市政设施是否有方便的接口？

分区规定。规划中的分区对于球场有怎样的影响？

法律许可。需要怎样的许可？容易达到么？要达到不同的法律规定的许可，各自需要多少花费？

运营方案设计

在积极的可行性研究和物理分析以后，开发商或者购买者就需要搜集资料完成一个运营方案的计划了。这个计划是继可行性研究以后，更多基于开发者的投资或者可能得到的资金的考虑，得到的关于项目的潜在经济可能性的详细的描述。它将作为一揽子计划的一部分，而提交给贷款人或者合作者。注意：运营方案设计，一定要区别于相随的房地产项目的经营方案。

运营方案的组成*

运营总揽
- 报告概要
- 回顾项目的历史

工程
- 介绍（概要，组成）
- 可行性研究概要（注意完整的可行性研究报告是可以随时获得的）
- 标志和照片
- 发展总揽
- 操作管理总揽
- 场地设计概要
- 球场设计方案
- 媒体宣传

选址
- 统计数据
- 各州的地图
- 本州的地图
- 县域地图
- 当地地图
- 区域地图
- 市政府
- 镇的描述
- 村的描述

场地
- 航拍图
- 基本数据
- 描述
- 场地调查
- 法律上的描述

---

* 引自本杰明·R·琼斯《休闲娱乐产业的经济分析》（1993年1月/2月）。

- 环境分析

建造
- 介绍
- 成本估算
- 严格的进度表

开业预算
- 开业需要的资金目录
- 宣传
- 培训成本
- 制服成本
- 办公室供给

前景
- 介绍
- 五年计划
- 注意事项和假设
- 债务覆盖率预测
- 资金的来源和使用
- 资金使用的注意事项
- 资本回收计划
- 基本运行需要的资金

管理
- 管理计划
- 详细的管理预算
- 市场拓展
- 个人资格评定
- 履历

开发者
- 照片
- 证明书

人员
- 照片
- 证明书
- 其他有关的主要人员

展示
- 市场分析
- 其他项目（名称、照片、小册子、经济证明书）

一揽子计划

一揽子计划是经营的事情,但是投资者和借款人往往会说"我不需要一揽子计划。您能够寄给我……"所以一揽子计划就成了投资人或者贷款人的事情了。

不同的信息都应该准备好展示。应该从较长时间的展示,到两页纸的报告,都应该有。

已建球场

当计划购买一个已有的球场,或对其进行资产重组,都需要球场的历史记录、改进设计等报告。其中需要对以下项目进行着重说明:

- 核定过的经济状况描述(有可能的话,回溯五年)
- 水质调查
- 信用历史
- 个人担保
- 名目的报告
- 环境研究
- 设计限制
- 项目要求合格
- 既有设施充足

如果您打算改进球场,那么您就要仔细描述球场,以便于:

- 改善场地
- 改进名称
- 消除多余存货
- 增加比赛场数
- 增加收藏品数量
- 增进社团组织
- 增加专卖店收入
- 减少开销

资金来源

很多项目都是使用净资产和贷款的组合。一般地,要想获得贷款也需要一定数量的资产净值,所以获得净资产的策略就变成了项目成功的关键。

获得资产净值

净资产一般是从以下渠道获得的：

使用个人储蓄存款、个人资产或者集体资金
有限股份
个人的俱乐部成员的资产
房地产投资信托公司

在以上这些资金来源中，个人储蓄、有限股份和俱乐部成员资产是最为普遍的形式。自从1993年全国高尔夫协会用房地产投资信托公司这种方法筹集了大笔款项以后，房地产投资信托公司渐渐变成"热点话题"。这个组织在以后的经营中继续筹集资金购买了多个球场，使得它成为了行内的大赢家。但是，房地产投资信托公司这种方式操作起来比较复杂，信用制度的法律也很严格，并不是适合每一个人。

很多较为高端的私人球场俱乐部开始时，建立一个非盈利性的组织，来收集会员费，这些会员费被放进了一个由第三者保存附带条件委付盖印的契约中，这个可以用来建造球场。这类型的球场主要是着眼于较高端的消费群，这些球手们寻求在俱乐部中具有排他性的会员权力，虽然会员费比较高，但是这样的会员费不总是被视为投资。

其他的会员费还包括：

- 给予会员资格或者相关房地产项目的购买者有限的合伙人身份。
- 给予购买者优先会员资格，使得他能够一直持有会员证，最后还可以销售另一个会员证。
- 免去一年或两年的会费或者高尔夫小车费。

传统的借债来源

现在有更多的支持高尔夫球场开发、扩展的借债途径了。

银行和中小金融联合会
高尔夫资金公司（GATX高尔夫资金公司、Textron组织等）
保险机构
抚恤基金
投资银行

在上述资源中，本地银行和高尔夫资金公司是主要来源。

常规贷款

第一步是建设贷款，一般一到三年。借款的机构一般要求在期限结束时低息按时还款的担保。

第二步,这个担保金就需要从其他贷款人那里获得了,或者是同一家机构,可能以较高的利率,为期五年。

第三步是一个从银行或者保险机构拿到的为项目继续下去的长期贷款。很可能这项贷款也是从同一家机构获得。

其他的贷款渠道

虽然我们经常采用的是常规贷款,但是还有其他的方法可以得到贷款。

双舞台贷款:即向两个不同公司分别借两笔不同的贷款。这样做是因为有些贷款人可以资助建设过程,但是有些则不资助,所以这样就拓宽了借款的途径。但是这样双舞台贷款往往比较昂贵。

卖方的资助:如果有人想要购买一个已建的球场,那么卖方就可能会同意给予其中一部分资助。这种情况下,卖方相当于银行的功能。如果买方拖欠付款,那么卖方可以收回球场(购买这段时期内买方已有的份额)。卖方喜欢这样做是因为增加了收入;买方喜欢这样做是因为可以通过协商节约资金。

公共球场的集资　今天有很多种不同的筹资渠道可以用来为新建项目服务。借助着新的筹款办法,比如说国库券,城市和县都可以以较低的利息获得资金,用于不同项目的建设,包括高尔夫球场。而且,还有很多公司应运而生,它们帮助设计、规划、建造公共球场。这样,发行国库券和借助于私人公司,成为了建造公共高尔夫球场的主要资金来源。

一般地,公共性球场总会有很多种发展、筹资和建造的方式可供选择。重要的是,必须确定他们是要自己管理整个球场的建造过程,还是委托一个专业的管理公司来完成这项任务。

项目的资金结构可以有很大的不同,主要决定于社区的股份红利的来源、他们接受债务责任的意愿,以及社区在组织这样大规模项目,如高尔夫球场,这方面的能力。

公共性球场的集资主要有以下途径:

公共预算筹集。在开支超出了预算之外的时候(不是很多项目都允许这样做的)。

发行公债或国库券。公债发行需要投票通过,而且是以所有的公共设施的收入作为支持的。国库券是以城市的客户信贷和指定来源的国库收入为支持的,包括球场本身。国库券不一定要求投票通过。

这样的交易是数额巨大的,只要城市或者县愿意使用这种方法。

合作资格。城市或者郡需要建立一个公共发展机构,它可以就公共项目的设计和实施与私人公司进行协商。其协议保证合同的成交在有保障的固定价格的范围内进行。公共发展机构利用他们的资金权力,出售免税的合作资格(COPs),或者类似的资格。从球场的资金流动中可以获取一定的收益。当资金短缺的时候,公共机构的一般性资金就会弥补短缺。高尔夫球场的管理公司是严格禁止运营球场的。在20到30年以后,当股东的红利偿还完以后,这个球场转交给城市或县。

租借／购买方式筹集资金 租借／购买方式筹集资金，需要在市政方和租借／购买方之间签订一个协议。协议保证一系列合同的成交在有保障的固定价格的范围内进行。但是一般市政方都会在建造合同方面较为主动地定价。

租借／购买方式的其他特征
- 一般市政方面会在高尔夫球场已经还清债务（大约20到22年）以后，考虑租借等事宜。
- 租借的偿还是属于整个高尔夫球场的资金运营里的一部分。政府及其掌握的资金总是任何操作漏洞的最后的保障人。
- 球场的开发，或者有时候兼有管理，是由私人公司来进行的。市政方通过调节租借利息等手段，保持对整个项目资产的控制。
- 在第20到22年底时，高尔夫球场以一美元的价格出售给市政方。
- 这样做的优点是在市政的平衡表上没有负债的记录，城市的控股能力没有受损，当租借期满时，政府将全权拥有球场，并且债务关系消除。

第十六章

组建团队进行管理监督

杰弗里·S，芭芭拉·B·碧文，凯文·J·弗兰克
LA 小组　纽约州萨拉托加温泉疗养地

委员会应该被赋予最多的权利，尤其是他们有一个很好的球场的时候。

摘自《关于高尔夫》，1903 年，约翰·莱恩·洛（1869—1929 年）

不同地点、不同球场都有不一样的打球场地。正是因为球场各自本身的独特性，我们有理由相信项目管理的方式也应该是不一样的。但是，总会有一些以前的项目发展遗留下来的经验和教训，在我们决策的时候会受到影响。

这一章主要阐述了使用一个团队做项目管理的优势，以及具体的运作手段。以一个在全国，特别是纽约州都进行过很多项目的环境问题咨询公司的角度，我们详述了何时以及怎样使用一个团队，保证客户和建筑师的梦想可以实现。

项目启动、程序的发展和问题的细化

项目启动

高尔夫球场的开发项目经常是由一位拥有土地而且想要开发高尔夫运动的人发起的，也有可能是一位开发商，寻找一块合适的土地，用来发展高尔夫球场，或者也许是住宅或者其他的商业用途。在这些情况下，土地所有人或者开发商组建一支队伍开始工作。

比较少的情况是，一个市政机构决定更新、扩建或者新建一个高尔夫球场，发布一个"征求意见书"，在相关的社区中传阅。这种情况下，咨询师起了很大的作用，希望能够促成合同协议的签署。

不管哪一种情况，一个项目的核心团队，在帮助客户决定开发的可行性上，都是必要的。这个衡量可行性的阶段叫做"初步可行性研究"。这个核心团队，由开发商

或者业主、高尔夫球场建筑师还有两三个其他的独立的人员组成。

当球场位于一个对于环境问题有很高限制和要求的地方时,一个环境方面的代理人就是很重要的了,因为他在制定策略和协助完成工作方面可以起到很多作用。当场地在物理或者规范方面有一些特殊性的时候,核心团队应该邀请有着处理环境问题经验的土地利用规划的专家和景观建筑师参加。在开发一个休闲球场,或者有着潜在的市场以及经营方面的考虑的时候,一位市场营销方面的专家将会成为团队的核心。

团队的成员的选择在很大程度上是由和客户的关系决定的。比如说通过一个律师事务所、工程公司,或者由高尔夫产业界推荐的等等。如果业主和环境咨询公司有着工作联系,那么他们就首先会被选择上。建筑师则是由于以往合作项目的经历,或者他们对于业主分发的意见书的反映等渠道,而被选择。

虽然团队的人选都是由可信的人推荐的,但是还是要仔细进行访谈、检查以确定他们会密切合作并合作愉快。

程序的发展

组建团队以后,业主就率先设定目标,而团队就帮助他完善其细节,使得目标越来越明晰,并且评价相关的设施(比如俱乐部、住宅和休闲设施)。

问题的细化

在这个阶段,需要把相关的问题细化,而且一个预算表,包括了完成项目的最少的开发量,都应该确定下来。应该收集的最基本的信息包括:

- 市场调查:关于场地周边地区的经济和人口调查,以及已建球场设施的调查,可以帮助确定提议的项目在经济上是否可行(前一章重点说明了独立的咨询师的职责)。我们认为咨询师应该包括在团队当中。
- 场地评估:有时候仅只于最初的阶段(比如地图、周边情况),而更多的时候则是需要其他的详细资料(比如地形的详细调查)。这可以说明场地条件是否足以支撑项目的建设和开展。需要解决的问题详细地列出来,一些必要的限制也得到了强调。

当这些项目的问题和限制都被细化以后,核心团队就可以确定是否需要其他的专业人员参加。这样工程就向施工阶段迈进了。增加的成员帮助完成初步可行性研究,并且在以后的工作中一起尽力。

组建项目团队

并不是每一个项目都需要更多的咨询师，很多项目仅仅是由一些专家指导的。在一个环境管制不很严格，土壤条件不很敏感，项目得到较多公共支持的地方，项目团队很可能就是有核心团队构成的，只要他们能够完成所需要的必要的设计任务。

但是在更多的情况下，项目团队需要很庞大的一支队伍。当场地限制条件较多（比如说限制项目的规模、环境资源较敏感）、当环境管制比较严格、当公共意见可能成为一个障碍的时候，这个庞大的团队是必要的。

在雇用咨询师、组建合格的项目团队、搜集工程信息等方面，业主的权衡判断是很有决定性的，当业主在做决定时能够很充分地听取团队的意见时，项目就可能较为顺利开展下去。核心团队的成员之间的很开放的交流，能够帮助所有人尽早确定项目的内在价值，明确搜集各种信息对于项目的重要性，思考项目怎样进展顺利。

可能得到的服务

多少年来在美国以及其他各地已经发展建成了许多不同的咨询机构，表16.1列出了这些机构的不同职责：景观建筑师、环境专家、社区规划者、工程师、特殊专家（在农业、考古、灌溉、交通等方面），以及公共关系和市场专家。还包括了俱乐部建筑设计师、球场监管人员等这些为高尔夫球场所专有的一些职位。

表 16.1
项目团队成员的职责

业主／开发商或者代表

负责项目初始阶段的策划、筹集资金，制定和在许可的范围内坚持项目的目标、经济决定。

高尔夫球场设计师

负责建议修正项目的目标，明确场地是否合适使用，设计球场，注意建造中的特殊之处，把设计概念能够和以后的项目因素结合起来实现。

环境或土地利用咨询师

负责和业主及建筑师协调，根据场地的条件研究、设计、帮助实施设计策略，往往在分区及湿地的保护利用方面起到领导作用。

表16.1（续）

会计或者经济专家

负责明察市场条件。对于适合的球场类型给出建议，对于整个项目的成本收益的可能性提出不同的方案。

景观建筑师

负责给出场地的各种细致的数据或者条件，包括坡度和排水、植被、阳光、停车场、道路、步行道、泄洪设施、引进的植栽等。这个专业的人员还可能成为整个项目团队的协调人。

土地利用规划师

负责在可行性研究中提出人口和分区的数据，搜集影响项目的政治因素的信息。可能还会帮助获得建造公共球场的许可。

环境专家

负责提供场地条件的详细资料，分析项目的影响，提出减轻影响的策略。他们和环境咨询师一起协作，完成申请书、整理环境方面的资料，会在许可的过程以及提供建设中的积极的建议方面有所帮助。

工程师

负责市政设施的设计，注重施工中的细节。在方案送交县或州政府审批的时候，工程师的盖章是必需的。

专业专家（在农业、考古、灌溉、交通等方面）

负责搜集数据、评估影响、提出解决办法，负责本专业方面的准备工作和协调工作。

公共关系或市场方面的专家

负责在给定的经济和人口条件下，提供市场研究和分析。协调工作确保提出的展示以及材料能够被公众和相关组织接受。

建筑设计师

负责俱乐部及其他建筑（维修、娱乐之用）的设计，确保它们能够同球场的其他元素取得统一，并符合规范。

表 16.1（续）

灌溉专家

负责设计灌溉设施，包括评估需要的容量、进水装置、泵房、管线和控制设备的设计。他负责设计、建造和施工中的技术支持。

高尔夫球场监管人员

负责项目的启动、整个球场的维护、明确维护设备。因为他们被认为对整个球场的维护工作负责，所以在设计、直到施工阶段，他们的有效参与，将很好地确保工程的顺利完成。这种着眼于长期的维护工作，将给业主和使用者带来保证和好处。

在工程的开始阶段就明确界定各成员的职责范围，是很重要的。可以避免混淆和重复工作。

列出一个类似于表16.2的表格，对于核心团队的组织工作是很有用的。另一方面，还可以确定特殊事务的责权问题，使得所有的问题都能够被解决。

选择咨询师的决定因素

在项目的进展过程中有几个因素影响决定。一个是选择一家对于区域甚至全国都很了解的公司，还是选择一家对球场所在当地的市政等比较了解的本地公司。这个决定依赖于哪一个层次的满意度是最不容易获得的，就选择在哪一个层次最游刃有余的公司，当然最好是选择一家在各个层面都能处理得好的公司。

第二个考虑是选择一家在各个专业方向都能提供咨询的大公司，还是选择众多小公司，各提供几个方面的咨询。虽然一个综合性的大公司会以某一个专业的人员作为核心，不管是建筑设计还是景观设计，但是还会包括很多其他专业的人员。公司的重点所在将会影响到工程所采取的策略和方法。对于在美学方面较为敏感的项目，邀请一家景观设计公司将会提供最好的服务；对于场地条件有很多工程问题的项目，选择一家有着工程经验的公司将会受益无穷。

选择一家综合性公司的好处是，很多专业之间的协作，将在一个固定的地点，在一群曾经合作过的人之间解决。缺点是一个公司掌握了项目的成败的关键，公司的

表 16.2
问题、专家一览表

项目因素	项目团队									
	高尔夫球场设计师	环境咨询师	经济咨询师	景观建筑师	环境专家	工程师	专业专家*	公共关系和市场	建筑设计师	高尔夫咨询师**
高尔夫球场设计	●	○	○	○	○					○
俱乐部	○		○	○				○	●	
总图	○		○	●	○	○		○		
住宅			○	●	○	○	●			
维护设施	○			○	○	○			●	
交通				○	○	●	●			●
灌溉	○			○	○	○				
景观设计	○			●				○		○

第十六章 组建团队进行管理监督

	供水	污水处理	市政	暴风雪	问题		物理限制	地表水	场地生物区	湿地		人口	土地使用分区	交通	美学设计		历史资源

● 负责人员
○ 参与或受影响的人员
* 交通工程师、考古学者、房地产商
** 灌溉设计师、管理者、农业专家

重点和价值观将会影响到项目本身。

对于其他服务的需求，也会影响到咨询师的选择。这些服务包括地理信息系统（GIS），计算机辅助设计（CADD）。一些公司还会提供化学试验模型（关于化肥和杀虫剂），草皮管理等方案，甚至包括一些有着很强的农业知识背景的人。

团队交流的组织管理

这里，交流是有着专业上的普遍的意义的。所以需要一个有组织的图表，用签约的形式、在项目开始阶段，对于正式和非正式的交流（进度备忘、决定的条目、变换工作次序）进行商定。这也包括每一阶段开始时的项目团队的例会。这些例会对于总结上一阶段的经验、确定下一阶段的目标、明确职权和进度安排，都是十分有用的。它保证了每一个成员都是在用心工作着。

项目设计阶段

项目的设计过程是交互进行的，而不是线性的。在建造前，有这样三个阶段：初步可行性研究、详细的场地评估、项目设计及报批。一些土地利用的规划师和建筑师发展了一套关于设计的"必经之路"的理论，指的是在设计中必须经过的步骤。还有一些咨询师有"最好和最坏的准备"，指的是在设计报批过程中的一些不可预料的因素。

在整个设计过程中，尤其是在一些有着环境条件限制的较小的地块上，设计师和咨询师需要合作才能平衡解决球场设计和报批的问题。一般地，咨询师是由客户和球场设计师指导的，后者和业主协同工作，确定球场的性格，而咨询师则提供生发概念所需的背景资料。但是有时候场地的环境条件或者其他的审批的问题，需要咨询师的直接指导。激励团队中的每一个成员积极地参与交流，将促成好的合理的设计。

初步可行性研究

很多关于可行性研究的工作已经在前面详细说明过了，这个阶段的目标是：

- 建立完整的项目团队
- 产生项目的目标和程序
- 在初步已进行的基础上,决定项目的可行性

当成员确定下来以后,就可以明确需要的信息,检查是否需要其他的更多资源。

详细的场地评估

这个阶段的目标是:

- 搜集有关场地条件的完整的信息
- 理解规划上的景观设计
- 设计总图,说明高尔夫球场及相关设施的大致位置
- 生成详细的报批策略
- 从所有的审批单位拿回反馈意见
- 对于项目的可行性,有充分的把握

为了达到这些目标,要完成很多工作。下面列出的并不是一个完整综合的列表,因为随着场地条件和客观情况的不同,将会有修改和增补的需要。

- 场地条件的调研和报告(边界、场地特征、地形——最好在两英尺的间隔、地下水、土壤、湿地、地表水、植物、水生动植物、历史考古遗迹、道路、分区、过去的土地使用、侵蚀记录、景致等)。
- 场地外的调研(邻近土地使用、区域景观、人口、分区规划、交通、市政设施容量)。
- 搜集信息(濒危种群、可饮用和可灌溉用水源、项目对地区可能的影响)。
- 调查有关项目的政治环境和公众态度。和环保组织、邻近的土地所有者、土地出售者、当地政府、经济发展组织等进行会谈。对于报批中可能出现的问题做好准备的回应。
- 设计几个不同的有关球场及设备的方案。由此产生初步的影响分析,确定迁移策略。不同的方案不必完全不同,所有的方案都要很好的保留在案,以备审批中有需要改动之处。
- 在项目团队中就较优方案达成一致,明确各方案的优缺点,决定是否有改进方法可以同时保持方案的完整性。

- 就各个需要的审批过程准备一个综合的策略，包括需要提交的材料、审批程序和时间。策略包括决定哪些审批过程是比较重要的（比如说环境影响评价），以及哪些审批可以同时进行。表 16.3 就列出了纽约州新建球场需要的审批过程（各县的审批规定不一样，还和球场的性质、场地条件有关）。也许还需要其他的审批，比如说水的回收利用、植被的移栽、化学品的使用、设备的清洗。这些一般不是由各州决定的，而是国家环境质量审查法案规定的。
- 事先和各个审批单位开会，决定审批的可行性、需要的材料和时间。

表 16.3
纽约州新建球场项目的审批

	联 邦
美国工程委员会	对湿地和水体的影响评估
	和联邦资源委员会的协调
美国鱼类和野生动植物协会	对联邦濒危种群的保护
	州
环境保护	清水湿地许可
	干扰溪流许可
	401 水质认证
	州污水处理系统
	（SPDES）泄洪和排水许可

项目设计及报批

这个决定的目标是：

- 发展出一套完整的设计方案。
- 在考虑了规定和设计师及甲方的设计风格要求以后，达到一个能够包括施工建造的设计方案。
- 花费最少的时间和精力获得许可。

这个审批过程应该是在先前制定的时间框架内完成的,除非发生意外,需要重新评估。

设计 一些设计师还是习惯于在现场查看地形完成土地的塑形。这种方法,发展早于我们的任何规定的产生,如果在设计师对于土地的整体情况了如指掌的时候,还是很有效的。但是在今天的审批中,一旦需要移栽树木、移动土壤、安装排水装置,或者场地邻近环境敏感地区,需要其他的保护措施,这种方法就不再适用了,而是需要详细的设计。上面所提到的这些情况,可以和施工图一起,在报批过程同时完成,并且交给当地的专业机构审批。

从报批到施工的转换

有时候从报批到施工的转换,对于一些项目还是比较困难的。

进入施工意味着需要组建一支施工队伍,需要一名监管者。关键是如果他们没有参与项目的设计和报批的过程,那么他们就对于项目的背景不甚了解,对于项目本身也没有其他成员那样的感情和专业上的投入。但是从节省成本的角度考虑,业主一定会在前期过程中尽量减少人员的。正是这些施工的人员,把整个项目从图纸决定带入了施工现场。

为了平稳过渡,一定要在项目团队的成员之间保证有充分的交流和相互影响。同样重要的是,业主和项目团队在施工过程中也要积极参与。

设计的图纸和规定不应该被视作施工的障碍,相反地,而是实现设计美学的凭借和机会,而且按照规范施工可以减少不正规操作导致的经济损失。

有很多种方法可以减少施工困难。第一,树立良好的遵守图纸和规范的态度,有利于管理。在签署建造合同之前,对于图纸和规定,双方都已经做了检查,确保无误。

把图纸和规定写入合同、建造档案、商议条款中,确定罚则。这需要召集双方人员开会,交流意见。在施工的开始阶段,设计人员应该协调工作,随时回答问题。

对于场地中的敏感地带重点圈围,并派专人保护。

在启动大型设备之前,在场地的边界上竖起篱笆,并且按照规定做好防止土壤流失的措施。确定保存好现有的边界石,和防流失的设备。

建立施工管理中的正式交流的机制。确保场地上一直有监管者或者业主的代表；建立资源委员会代表的巡查机制。

已建球场的项目

一些项目是改建或扩建现有的球场。这类型的项目需要咨询师一直参与，包括审批、监管和技术方面。比如说，咨询师需要在以下事务中出现：

- 和制定规章的人员进行会谈，尤其是那些有着潜在冲突的方面
- 在湿地或者水体进行的活动
- 为灌溉、游戏或者美观而建造的池塘
- 杀虫剂或者肥料的使用问题，包括化学剂的存放建筑和设施
- 树木移栽
- 动植物保护
- 雨水搜集和排放系统
- 主要的灌溉系统的革新
- 围墙的保留和使用
- 土壤流失严重地区的保护
- 在已有高尔夫球场旁边的住宅项目开发
- 景色变化，包括池塘、洼地和台基
- 建造新建筑

在大的新建项目中的步骤，同样要在小项目中完成。业主和开发商确定问题、项目类型、召集团队，评估土地，阐发出合理的规范和设计策略。

Minisceongo 高尔夫俱乐部：一个案例分析

Minisceongo高尔夫俱乐部坐落在纽约州的罗克兰县，下面描述了这个私人的面向高端市场的18洞球场是怎样设计、报批和建造的。

这个项目开始于1991年，由本各司托公司作为开发商，他们购买了一块先前用作寄宿学校的145英亩（约58.7公顷）的土地。开发商找到了凯斯高尔夫公司的一

名高尔夫球场设计师，名叫R·凯斯，还有一个环境规范公司，即纽约州的怀特曼、奥斯特曼、汉那公司。

这家规范公司曾经和LA组织合作，有着很好的从业经验。LA是一个涵盖了景观建筑学、土木工程、环境科学以及规划的综合咨询公司。这个项目中LA负责场地环境分析、协助完成州和联邦级的湿地保护审批，得到地方政府许可，完成市政系统、场地布置和景观完整性设计。来自宾夕法尼亚州费城的高尔夫俱乐部设计师，阿拉斯科，也参加了项目组。

在环境咨询师参加之前，就已经完成了湿地保护规范所要求的内容。

环境专家采取的第一步骤是和纽约州立环境保护局（NYSDEC）、美国工程委员会（ACOE）进行面谈，确定是否有可能取得湿地许可，或者备选方案是否需要一并进行考虑。图16.1"州属湿地"和图16.2"联邦湿地"，描述了球场的布置和周边环境的关系。

很明显，理想的球场规模要求占用更多土地，保证球场可以报批通过。解决办法是向罗克兰县交换土地，但是交换土地是需要罗克兰县和纽约州议会通过的，这终于在开发商、当地人士的共同努力下完成了。图16.3展示了这个工作的影响范围。

在那个春季和夏季，环境咨询师完成了场地的详细评估。

在同时，雇用了两名考古专家来完成考古和历史评估工作，包括一个18世纪的公墓、一个类似礼拜堂的建筑，列入了国家历史文物登记册，修缮以后用作俱乐部。还邀请了一名交通方面的专家解决交通问题。

图16.4显示了团队的组织工作。LA在整个过程中很好地组织了各个专业的人员，而对于不同成员的了解和推动力量，很可能会影响到项目工作的方法。

1991年秋天，项目团队开始有了早在如马坡镇建造球场的概念性设计。一个扩展的环境评估（EEAF）已经准备好了，但是不久镇要求提交更加详细的环境影响评价（EIS）。EIS的范围是在1991年1月划定的，主要是环境影响总揽，还有公共投入分析，和项目相关的组织的列表，其中还要有一家为项目负责的公司。

预料到镇政府会要求EIS报告，所以项目团队在场地评估的时候就注意同时搜集EIS所需要的信息。其中的问题也都已经解决，这样从EIS的完成到环境影响分析草案（DEIS）的提交，只用了一个月的时间。

在做EIS范围的时候，有四个问题引起了关注：

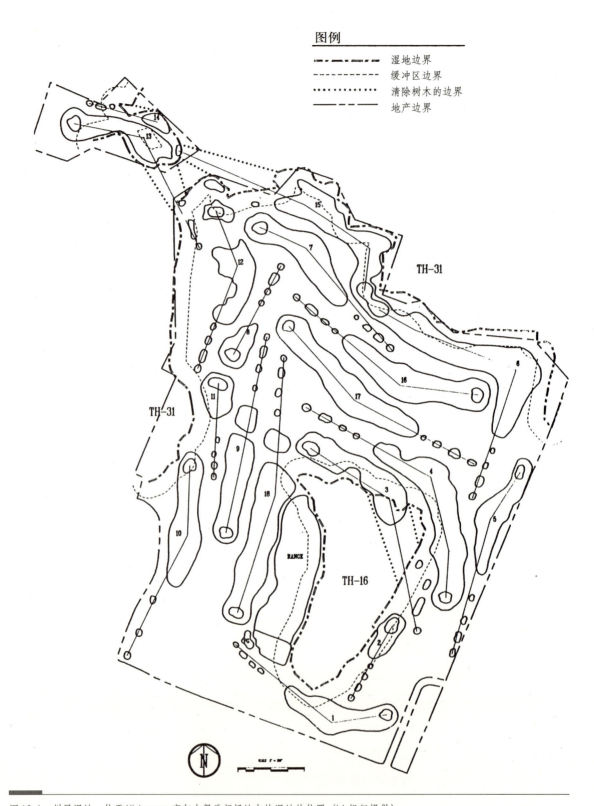

图 16.1 州属湿地：位于 Minisceongo 高尔夫俱乐部场地中的湿地的位置（LA 组织提供）

第十六章 组建团队进行管理监督 341

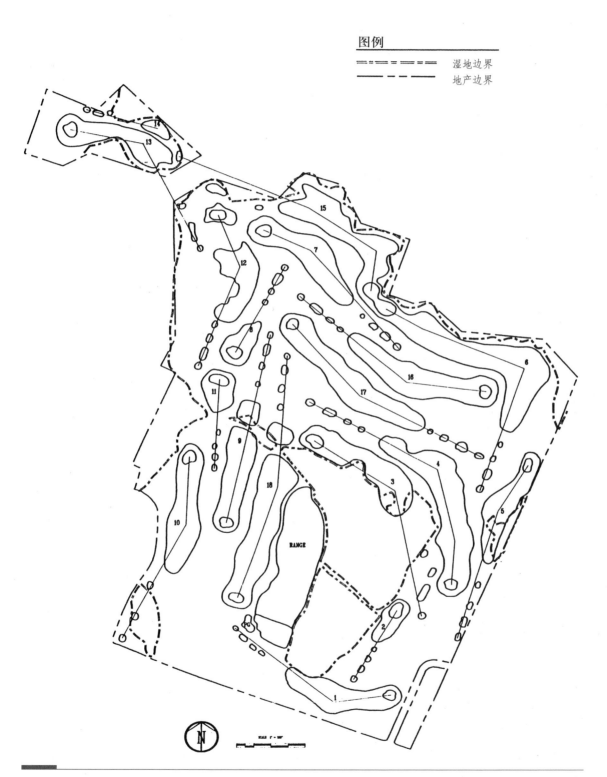

图 16.2 联邦湿地：位于 Minisceongo 高尔夫俱乐部场地中的湿地的位置（LA 组织提供）

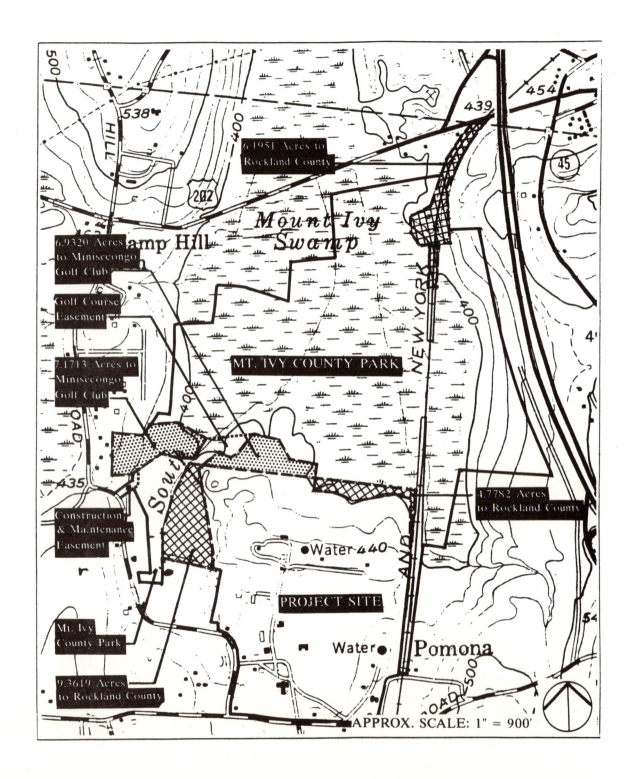

图16.3 在罗克兰县和开发商之间的土地交换。为了得到形状规整而且足够大的球场用地,项目投资者从罗克兰县购买了一些用地。(LA组织提供)

第十六章 组建团队进行管理监督

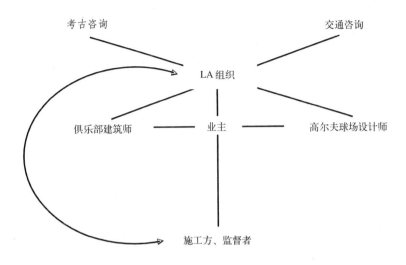

图16.4 Minisceongo 高尔夫俱乐部项目的团队组织表。LA 把团队中的各成员组织起来。对于不同成员的了解和推动力量，很可能会影响到项目工作的方法。

- 建造工期的长度
- 对湿地的潜在影响
- 化学品（包括化肥）的使用对水源的可能的影响
- 对交通的潜在影响

LA小组用尽可能多的材料、尽量详细地把这些问题公布给大家，使大家集中讨论。这样就得到了迅速的反馈，取得一致意见，作为附录收在DEIS中：

    暴雨、暴雪的水的管理
    灌溉池塘研究
    整合的害虫治理方案
    水土流失控制
    美国工程委员会的关于湿地的保护
    交通影响分析
    考古报告

DEIS还对其他的一些问题进行了描述，包括场地的基础和总图设计，虽然在这个初级阶段总图不会很详细，但是至少包括了一些球场自身的信息，如停车、俱乐部建筑等，还是比较细致的。这可以比较图16.5和图16.6，以及图16.7。

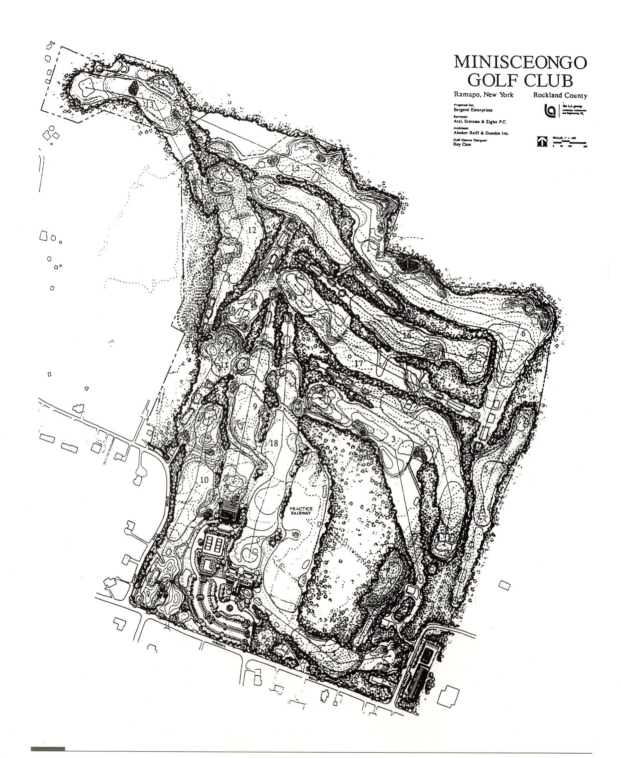

图16.5 Minisceongo 高尔夫俱乐部的总图。在还没有投入很多资金以前,这个概念性的规划设计,可以给资源委员会等审批,看是否和湿地等问题冲突。

第十六章 组建团队进行管理监督

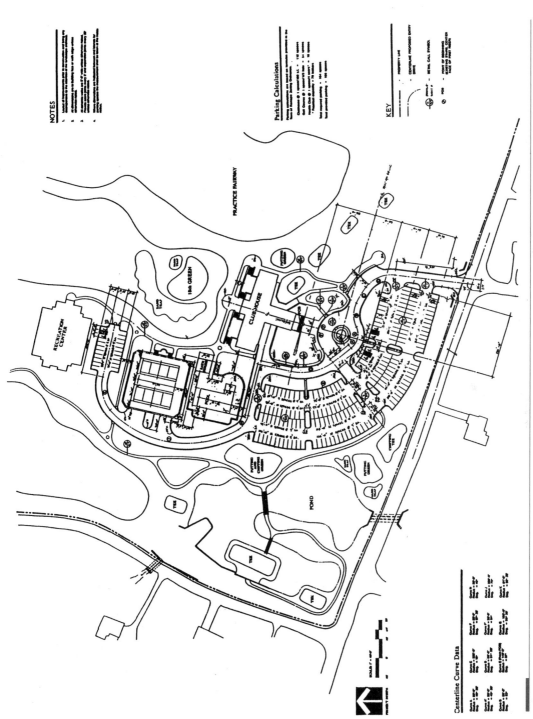

图16.6 Minisceongo高尔夫俱乐部建筑周边的场地布置。和概念性总图不一样，这张图展示了俱乐部建筑周边的比较详细的情况。这样可以使得当地规划局或者类似的的委员会，对于诸如停车、出入口等问题结合总图进行审查。

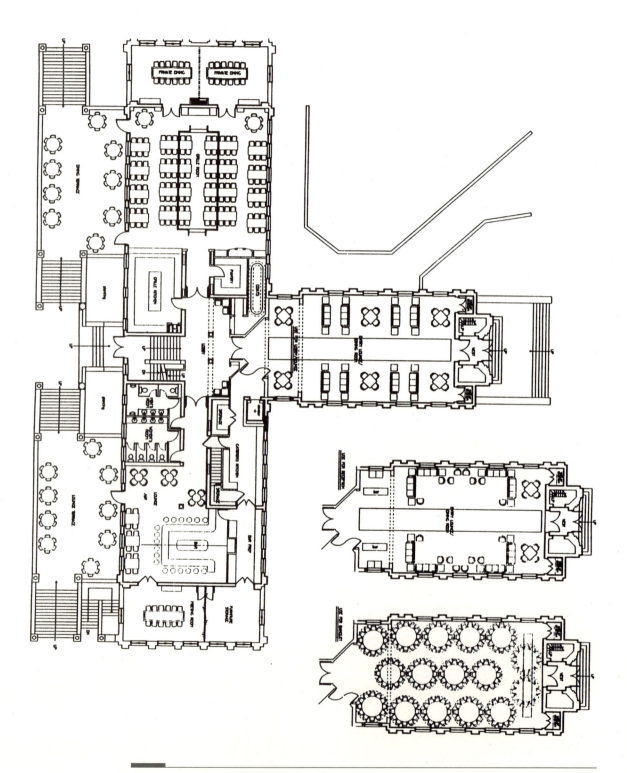

图16.7 Minisceongo 高尔夫俱乐部建筑的第二层平面。这里提供了俱乐部建筑的更加详细的设计,这样建筑、历史、文化问题就可以进行讨论了,因为这个俱乐部建筑是在国家历史文物登记册中列有名目的。

州和联邦的湿地许可是分别进行的,同时镇政府对于总图进行审查,最后在1992年底,审批过程结束,许可文件包括以下部分:

联邦
- 美国工程委员会,26湿地许可决议

州
- 环境保护局
    24州湿地保护许可
    大坝安全许可
    SPDES暴风雨排水许可
    401水质认证
- 纽约州立立法
- 土地交换许可
- 州立公园,休闲和历史保护许可

县
- 土地交换法律许可
- 土地交换在公园和休闲设施方面的许可
- 规划委员会,总图审查
- 排水委员会,防治水土流失许可
- 卫生局,餐饮、游泳池许可

镇
- 州环境质量总揽法案(DEIS,FEIS)
- 总图许可
- 建造许可

场地清理工作在1992—1993年展开,其中有很多拆迁行为。1993年春天开始植被的清理,同年秋天场地清理完成。这主要是由施工队完成的,其中整理坡度的时候,建筑设计师定期到现场指导。移植植物一直到1994年7月球场部分开放时完成。

环境咨询专家每两个月到场地上视察一番,确定没有违反环境许可条例的做法,如果有的话,给予解决。环境咨询专家还陪同州和联邦的相关机构进行巡查。

在建设完成以后环境咨询专家继续参加监督场地旁边的湿地的植物移栽工作,这是湿地保护条例的一部分。

这样从项目策划到开始运营共用三年半的时间完成。如此顺利地进行了设计、报批、施工等各项工作，原因在于：

- 项目团队责权分明，各成员之间合作有效。
- 业主明白资助获取必要的资料，对于项目完成的重要性。
- 在项目的设计、报批和建设阶段，业主和团队成员能够互相尊重对方的意见。在达到规范要求的过程中能够同心协力。
- 环境咨询师较好地预测了各项审批需要的信息，并且排除了很多困难和问题。
- 有很好的施工队，他们不会做"虽快但差"的工程。

第十七章

高尔夫球场建造事务

任何一项瞩目的人为活动都源自竞争的魅力。

摘自《苏格兰的馈赠：高尔夫》，1928年，查尔斯·布莱尔·麦克唐纳（1856—1939年）

第二次世界大战之后，高尔夫球场设计师时常被要求在为一个新的项目中协助筹划、组织并落实资金。现在由专家从事这些早期步骤，国家高尔夫基金会公布年度的高尔夫目录中，将他们列在其中。

尽管如此，高尔夫球场设计师必须精通这些专业知识，因为专家和业主将会寻求他们的建议。实际上，设计师通过略述他们已经工作的其他经验提供有价值的信息，当然，这些信息是秘密的。确实，具有一个长期工作经历而且受人尊敬的设计师的建议有时候是很必要的。

主要途径

创造一个高尔夫球设施的概念一旦确定，沿着"主要途径"有许多相关步骤能够把项目引向成功。灵活性是最重要的，由业主、设计师和专家依照场地周边环境安排工作计划。

第一步：建筑师的初期基地调查

建筑师的初期基地调查是强制性的，用以决定是否场地对高尔夫球合适或不需要过度的货币支出就可能被改造。该调查按照一个纲要性报告，部分基于设计师的对类似的个案项目的经验提出大量相关问题。

- 地段满意度。
- 初期的和一般的估算成本范围。
- 业主可能遇到的问题。
- 收入估算（实际上，这是一个推测）。
- 高尔夫球场作为一个附属设施对胜地、房地产开发或其他商业行为的价值。

在现阶段，其他人的失误细节可以强调沿着主要途径也可能犯代价高昂的错误。这个最初的报告是一个"第一印象"，并且受制于业主和相关专家以后的辛苦研究和评论。

业主为设计师的预期调查和报告发生的费用很可能受限于以后的酬金，除非这时能够同时获得总平面图和其他的数据。

第二步： 可行性研究

可行性研究(在第十五章中描述)可能需要该设计师或另一个设计师到基地再次调查以提供一个第二意见。建筑师也可以协助可行性专家，根据建造期间的资金流准备开发费用。

业主为这一步骤发生的费用可能包括：
1. 设计师的第二次基地调查。
2. 可行性专家的研究。该研究可能包含以下成本：
   a. 获得一个地形图，湿地平面图和其他的底图。
   b. 水文学服务探明是否有可用的灌溉水和饮用水。
   c. 查明是否存在三相电或其他电源以及将它引进基地的成本，这些可以通过和适当的电力公司接触解决。
3. 设计师预备初步的管线方案。
4. 可用筹措资金的初步研究。

第三步： 早期行动

确认对灵活性的需求，这一重要步骤可能包括的费用为：
1. 设置在房地产上的经营权或等效权限。
2. 完成财务安排。
3. 获得许可证。初期平面图有可能完全是为了满足许可证授予者的要求。但此时确定的管线平面图是有帮助的，而且可能在调整方案时有用。有时（幸运地很少地）详细的平面图和说明书也可以是为了满足许可证授予者的要求。

第四步：房地产的最终确定

除了房地产的成本，附加费用包括：
1. 收盘费。
2. 经纪人酬金。
3. 包括环保专家、工程师、土壤科学家和在第十五、十六章描述的团队中的其他成员的支出。

第五步：高尔夫球场建设

高尔夫球场的建设(在第八章中描述) 费用包括：
1. 9、18或更多的球洞，以及练习空地。
2. 高尔夫球场设计师的成果图（平面图和说明书）和周期性的基地调查酬劳。
3. 灌溉计划与安置，包括沿着水泵和泵房的管道、顶点、配线和控制点，用以给基地供电，开发水资源。
4. 建设期间将来的球场主管的出场薪水，建设主管和其他管理服务的薪水。
5. 维护设备和场地设施（长椅、洗球机、球洞杯、球座标记、标记旗和其他设施）。
6. 从播种到开放期间的维护。
7. 设备房建设，分离化学贮藏室和装备清洗工具，燃料储藏室的安置。
8. 高尔夫球场车道建设。
9. 庇护所、桥和其他构筑物的建设。
10. 提供场上饮用水。
11. 在不能租赁的情况下购买高尔夫球车。
12. 大量不可预料的支出应付15%—20%的意外事故。

第六步：俱乐部会所和专卖店建设

俱乐部会所和专卖店建设费用包括：
1. 俱乐部会所建筑师设计费。
2. 建筑物——会所主体，包括专卖店和高尔夫球车车库。
3. 家具设备。
4. 公用：电力，饮用水，电话。
5. 排水设备（重点项目）。

第七步：会所场地

会所场地费用包括：
1. 景观建筑师设计费。
2. 景观美化。
3. 入口道路，包括路边沟渠。
4. 停车场。
5. 游泳池。
6. 其他设备，如网球等。

第八步：其他开销

任何一个高尔夫球场的建设中，都会有附加费用，包括：
1. 围墙。
2. 高速公路标记。
3. 初期广告和公众联系。
4. 许可证获取法定附加费。
5. 开放前的债务。
6. 开放前的房地产税。
7. 业主保险费。

第九步：意外事故

建设一所高尔夫球场将会遇到大量不可预料的花费。建议作出充分准备，大概是上述所有项目确定花费的15%—20%或者更多。这里不考虑通货膨胀，虽然谨慎的开发商会考虑到这一点。高尔夫球场建设中的通货膨胀稍高于国家通货膨胀，因为球场的建设比打高尔夫球的人要求的标准更高。此外，使用新产品将会有更高的价格。然而贷方会对过大的意外估计和过分精致的要求提出异议。

一旦签订工程合同执行，或者工程按照惯例实施而与合同有出入，相关的措施在第八章中有所描述。

附录A（本章末尾）作为球场费用估算的通常标准，同时也作为向签约人分期付款和因增减项目而带来的合同金额变动的依据。附录B是美国高尔夫球场施工协会提供的更简洁版本。

高尔夫球场融资

高尔夫设计师应当熟悉高尔夫球场融资的各个方面（第十五章描述了资金获取）。

虽然安排融资存在困难，20世纪最后20年已经看到足够的为高尔夫球场建设的债务转期，与更早年代资金不足而导致最终质量不能达到初期的设想已经形成对比。

开发高尔夫球场的海外资金有时是一种可行的方式，有的高尔夫设计师知道如果业主和方案对于设计师而言在方方面面都比较合理，某些私人投资者寻找基于公平的机会在美国投资盈利性高尔夫球场。可以理解，一个设计师珍惜这些消息的途径，并把他们推荐给曾经合作过的受信赖的客户。

朝鲜战争以后，有时组建私人自有会员俱乐部，可能的会员购买包括设备公平的会员资格。会员资格销售是主要资金来源，但是接受的会员资格中的一大部分也归功于传统的来源。

一些团体期盼不具有公平会员待遇的盈利性私人俱乐部。这些团体为了获取工程资金努力促使销售会员资格，他们的努力很少带来所需资金，除非赞助人自身提供足够大的资金份额。此外，需要极大量的时间和努力寻找会员。这仍然能够成为一条有效的融资途径。

高尔夫球场开发中的问题

高尔夫球和高尔夫房地产项目通常不由早期风险开发者拥有。这个事实对于高尔夫球场的融资有影响，使得资金更难获得。高尔夫球场和高尔夫房地产开发项目在初期投资者环节失败，而在之后的继承开发者那里繁荣，这里有多方面原因：

1. 没有实施谨慎的财政管理。
2. 业主因为购买过多土地和忽视未来房地产税务而变得用地性贫困。
3. 在环境（比如湿地）的、考古学及其他限制的范围确定和获得经营许可证之前，在没有选择的情况下直接进行房地产买卖。
4. 偿还债务（本金和利息）被忽视。
5. 过于庞大和精细的俱乐部会所建设。
6. 作为一个严格的私人设备开放延迟了盈利性球场开放盈利的时间。需要数年时间才能聚集齐俱乐部成员,但是日常费用和半私密规划布局趋向前期引进更多的税收。
7. 在建设和维护的预算中小的费用被忽略。
8. 住所受挫的指导方针被忽略。
9. 高尔夫房地产市场是伴随着低谷和高峰的事实被忘记，房地产需要经历低谷才能上市场。
10. 业主对于开发成本和税收过于乐观。
11. 业主在第一个地方还未获得足够的融资，贷方未承担足够的义务便开始建设。
12. 贷款机构被迫撤出。

怎样能够在资金滞后的情况下使"工作继续进行"

著名的阿利斯特·麦肯齐在《圣安德鲁斯之精神》一书中说过,"我们曾有多次机会把握后来获得冠军头衔的方法提纲……甚至是在初期，在一年年参与比赛和观看比赛获得进步之外，会员能够获得大量的满足。"但是麦肯齐强调"结局"，指出即使是最初资金不可用也能够最终获得成功。

成功的球场实际上是能够以拥有少量资金逐步建设的个人开发的。

一个成功的高尔夫经历是家族经营的球场,为家人和孩子提供职位,同时房地产的价值也在增长。在高房地产费用的当代，把玩游戏的场地、当代的高尔夫球手盼望完美开放时间，这种方式更难成功。但是朝鲜战争后的数年，当球场建设在一段断代后繁荣时，实践确实很普遍。并且这种可能性很大，特别是在私人拥有的日常消费计划和难度增大的私人俱乐部中。

业主的最后目标一定是建设球场最终完全满足高尔夫爱好者的愿望。为了达到这个目标，最初的妥协是必需的。但每项工作必须依照最高标准执行。

首先设计师准备一个方案,连同说明书和文本,说明项目未来几年内将要达到的布局和质量，而球场将在这段时间内开放。

各项工作可能被中止，如果后面的球座从主球座中分离出来，如果女高尔夫球手同时遇上球座高度的部分球道和乱草区在除草。有可能全部或部分沙坑构筑物被推迟。一个办法可以建造包括表面排水的沙坑垛和坑洞，但是节省了沙和瓷砖直到资金到位。

虽然经常需要大量排水设备，这可以通过安置开放式排水沟作为第一步实现，不需要瓷砖和水管直到资金到位。开放式排水沟会给打球和维护带来问题，但延迟完成将带来大量初期节余。

选择性地清除能够限制球可能到达的乱草区，高尔夫球车路线可以选择石子和碎石配制，以便今后建造块石路面。事实上，一些业主已经发现没有铺沥青的路面更易于铺面材。希望设计师最好按照已有的轮廓线设计线路，这样可以减少土方量。在历史上，这种简易方法能产生非常有趣的平面布局，与令人尊敬的艺术形式大师唐纳德·罗斯的哲学观相通。

场地内及其周边的资源不应该被忽视。本地含沙土壤或者含沙表层土对果岭和发球区更理想。此外，美国高尔夫协会（USGA）果岭部现在允许在果岭建设方式上有所改进，在昂贵的排水垫层细砾中允许用碎石代替粗沙层。这种改进能够带来极大节约，果岭建设的低成本方式包括运用不带沙砾层的平铺底基，不仅能够节约很大成本，同样能建造出精良的果岭。

业主也能安置部分灌溉和抽水系统。在给水设计师的协助下，业主逐年设计方案扩充设备，直到最终达到新的技术体系。

如果在任何环节滞后，通知球手是很重要的，告诉他们工作正在进行中，已经计划好正在实施阶段。尽一切办法让球手看见最后的计划，让他们感到正在为一个惊人的设计而努力，以此激励球手用肯定的目光看待未完成的球场。几项著名设计并不像目前一样。但是如果球手不知道这种状态，业主的、球场的和设计师的名誉将会大打折扣。

根据历史经验看来，一个重大的延期支出，用一个临时建筑或者早年间的拖车，或者只进行基础设施建设的会所，将把问题留到今后的建设中去。

时间选择与日程安排的关键途径

可行性研究能在几周内完成。安排融资和获得执照将耗费数月甚至数年时间。一旦这些变成事实，并且其他安排妥当，我们就已经找到最令人满意的程序是安排投标和签订合同，排除季节因素允许中标者随时启动，除非有法规阻止在某几个月破土。

在马萨诸塞州波士顿地区，例如，最理想的是在冬季结束前清空树木。这样能够让风和阳光达到空地并干燥土壤，再挖除树根、移动大石头，在4月末或者更早开始土方工程，这样才能在9月中下旬完成播种。随着有效的成长，才可能在播种后的八九个月，正值阵亡战士纪念日到7月4日的一段时间内开放球场。在不太理想的时期播种需要更长的成长期——有时要长几个月。

越是南方地区时间安排越宽裕,越是北方地区越紧张。然而,当万事具备土地可以使用时,权宜之计——无论南方北方——是排除季节因素启动。我们看见业主推迟进度到"理想"的月份,仅仅是因为遇上预想不到的坏天气。

合　同

业主和高尔夫球场设计师间的协议　球场设计是综合性的,它受其他专业的影响,因此有必要签订书面协议。

一些球场设计师使用标准的表格——例如,美国建筑师学会(AIA)或者美国高尔夫球场设计师协会(ASGCA)文件。许多自己改良的表格具有法律效力。还有一些协议,是请委托人通过书面信函和口头讨论而形成的最终文件。

因为球场设计是跨专业的,随队工作的设计师相信,除了合同文件,用书面信函来解释一些业主可能错误假定为设计师的服务的条款。这其中设计师的职责包括:

构筑物诸如桥梁和遮蔽物

高尔夫球车通道定线与建设

获得执照

雨水排水系统(包括雨水流入和排出场地),水坝和所有蓄水池

水路污染

标桩定线

承包方保证(许多高尔夫设计师相信业主更有资格决定哪些必需,尽管设计师可以建议多种多样的其他保证)

承包方和业主间的合同　业主和承包方间的合同体系包括:

1. 一份一次支付合同。这类合同适用于整个项目,包括承包方利润在内的价格。因为这种一次支付合同很严格,可能限制设计师的艺术性。此外,设计师不能在图纸中表达自我设想的形态特征,否则需要随着项目进展修改设计。在一定程度上能够克服这个局限,需要长时间以设定速率使用设备,再添加到最终合同金额中,这样对双方都公平。承包方有资格知道这些变动的范围,就像业主和设计师需要知道总造价一样。

2. 转包合同("转包")。转包是业主把整个工程的项目分别签合同的一种方法。例如,可以签订清理场地、运土、准备苗床和播种等单个合同。灌溉和排水设备安置也可以单独立项。最后整形也可以独立实施。转包的时候,业主自己扮演承包方的角色。有时会导致整个项目成本更低,因为除高尔夫球场专家外还允许承包方提供某些方面的建议。实际上,转包通常延长了整个项目完成所需的时间,因为每个后续承包方需要了解先前的承包方是否满意地完成他的任务。当承包方只能猜测先

前承包方的意图，他可能提出更高的议案和标价。

3. 一份成本加价合同。这类合同中，承包方规定的基于实际总成本百分比的附加成本费用，或者预先定下的一次支付估算成本数目。例如，一个200万美元的项目：最终造价加上10%，或者不考虑总成本情况下计算估算成本加上一个预先定下的20万美元。

4. 一份单价合同。承包方完成项目，以协商的单价收取整个项目费用。单价的收取依据长度、面积、立方码数，或者别的度量单位。因为建设一个高尔夫球场有很多未知因素，这种方法有时对于业主和承包方都比较公平，但是并不总是如此。

5. 一份成本减价合同。这种方式，用于二战前英国高尔夫球场设计师周游全球时，有可能今后不再适用。其中包含了设计师（有时是设计与建设公司）规定高尔夫球场建设最高估价。如果项目执行低于这个估价，业主和承包方分担差额。但是如果超出设计师的最高估价，由承包方独立负担差额。

6. 自建项目。这种制度综合运用上述各项，业主有时自己建设球场，自己担任承包方，以小时为基础雇用设备和劳动力，自己购买原料。这种方法很危险，需要严格编制预算。

合同文件

业主和承包方　公立合同不同于私立合同，公立合同包括但不限制积极的举措和其他必要规章制度。此外，法律上除了例外，如果没有投标公立合同中不允许变动，即使是想改良。

一套合同文件包括：

1. 对承包方的公告、招标请柬或者建议邀请。
2. 协议或合同表格。
3. 普通条款：多数地方权限具有标准格式，如很多大公司拥有合同的普通条款。美国建筑师协会和其他专业协会也有他们自己的条款。这些普通条款包括许多本书中未提及的项目，比如合同管理部门、项目中的变动、支付报酬、合同中止等等。
4. 特殊条款：包括合同和保险金。合同必要条件通常包含投标合同和性能演示、劳力和原材料合同。虽然设计师在投标条件中可能包括保险和合同必要条件，但是业主有责任详细说明实际所需必要条件。验收和保证书合同担保项目，或者部分项目，也需要一年或更长时间。
5. 附录包括文件从最初预备好开始的更正、附加部分和删除部分。
6. 承包方的单价（见本章末的附录A和B）。这个价格成为按月支付和变动订单的基础。

7. 图纸：多数时候这些内容单列一页。一些设计师把他们合并成一至二页。
   包括：
   a. 路线平面图
   b. 空地平面图
   c. 坡度断面图
   d. 排水布置图
   e. 给水布置图，通常包括电气平面
   f. 播种平面图，表示不同品种播种的区域
   g. 单体绿化与发球区平面
   h. 表示典型果岭、球座和沙坑，以及坡度和池岸结构的单体图纸
   i. 表示所有草地结构的土壤剖面，包括排水、地基和根部合成
   j. 表示所有环境要求的平面

书面说明书 除了图纸之外，一个详尽描述的说明书必须包括：

1. 合同中包括的项目任务列表。
2. 完成日期和验收要求。
3. 原材料包括但不限制草种、肥料、土壤改良、排水和给水管道、沙坑沙子和根部区域混合的表层土、地基土和通道。
4. 标桩定线。
5. 清理场地说明书：
   a. 砍伐
   b. 选择性清除植树乱草区
   c. 附加工作包括要保留的树
6. 说明，包括球道、果岭、球座、乱草区的坡道和其他特征。
7. 整型说明书。
8. 暗礁移动；通常以预定单价额外收取。
9. 水池说明书。
10. 给水系统说明书。
11. 排水系统说明书。
12. 平整，苗床和种子准备。
13. 长草期间承包方的维护要求。
14. 清洗，沉积物和腐蚀结构的去除。
15. 完成种植、完成合同的实际日期，承包方的设备离开场地的日期。
16. 验收。

验收，上表的第16项，可能会有争议。一些设计师收到项目时候播种已经完成。

有个关于草的难题，用地受到严重腐蚀的影响，和定时的杂质区域的沉积物的影响。设计师因此需要满意生长的草，由业主或者承包方至少维护30日。

一些合同明确指出由承包方维护直到球场能够使用。除非承包方员工包括一个合格的高尔夫球场主管，这能够检验不满意和过分昂贵。

草坪满意程度的定义（不是一个可用的）不确切，下面介绍一种常用的：

基于业主利益的验收将在最后30天内由设计师进行。

指定草种的标准统一制定。一个统一的标准意味着承包方要对草坪维护负责，到球场开放为止。

验收基于以下原则，规定所有项目依据合同文件执行。

1. 果岭、绿茵边缘、球座区没有大于1平方英尺的贫瘠面积。
2. 球道和乱草区没有大于12平方英尺的贫瘠面积。
3. 大于垒球的全部石头、大于高尔夫球的90%的石头以及所有碎片要从运动区域移开。

验收要求也可以包括明确解释个别挑选，或者等同于此，在播种后和验收前的时期内除去所有区域的石头和碎片。

附录 A

数量成本估算表(包含劳动力、设备和原材料)

序号	项目	单位	单价	数量	扩展价
1	动员				
	a. 在地设备	总额			
	b. 保险金	总额			
	c. 除保证书外的合同	总额			
	d. 场地办公室、环卫设备、职工停车场	总额			
2	侵蚀与沉积控制				
	a. 淤泥栅栏	英尺			
	b. 稻草打包	捆			
	c. 滞留池 1	总额			
	2 等	总额			
	d. 澄清池 1	总额			
	2 等	总额			
	e. 其他构造 1	总额			
	2 等	总额			
3	标桩定线	总额			
4	空场地				
	a. 砍伐	英亩			
	b. 选择性				
	（1）种植区（林地）	英亩			
	（2）个别树木（停车场）	棵			
5	树木培植	棵			
6	树木种植				
	a. 品种 1	棵			
	b. 品种 2 等	棵			
7	除根与处置				
	a. 砍伐	英亩			
	b. 选择性清除	英亩			

序号	项目	单位	单价	数量	扩展价
8	剥离并堆放表层土	英亩			
9	果岭、发球区、球道、乱草区、沙坑、护堤和水池的主要坡度	立方码			
10	修整果岭地基 包括边缘沙坑和其他周边环境	果岭			
11	修整发球区地基	发球区			
12	修整球道和乱草区护垛	护垛			
13	修整球道和乱草区沙坑，包括周边环境和排水沟	沙坑			
14	修整水池				
	水池 1	总额			
	水池 2 等	总额			
15	水池内衬	平方英尺			
16	暴雨排水沟				
	a. 1 英尺管	英尺			
	b. 2 英尺管等	英尺			
	c. 虑污器 1 型	总额			
	d. 虑污器 2 型等	总额			
17	内部地下排水系统				
	虑污器 1 型	总额			
	2 型等				
	污水坑	总额			
	检修孔 1 型	总额			
	2 型等	总额			
	瓷砖 4 英寸	英尺			
	6 英寸等	英尺			
18	河流改道				
	土方搬动	英尺			
	堤岸保护				
	a 播种	平方英尺			

序号	项目	单位	单价	数量	扩展价
	b.铺草皮	平方英尺			
	c.木制堤岸	英尺			
	d.石头堤岸	英尺			
	e.乱石堆	英尺			
	f.生物工程	英尺			
19	灌溉				
	泵房	总额			
	水泵	总额			
	管道				
	1英尺	英尺			
	2英尺等	英尺			
	落差与配线1	总额			
	落差与配线2	总额			
	排水沟	排水沟			
20	建造推球区表面，包括底梁、练习推球果岭，但不包括目标果岭				
	适合位置的沙砾层	平方英尺			
	适当的粗沙层	平方英尺			
	顶层混合土	平方英尺			
	苗床准备和栽培	平方英尺			
21	周边环境				
	去掉表层土	总额			
	配制与栽培				
	播种	平方英尺			
	幼苗移植	平方英尺			
	铺草坪	平方英尺			
22	短球切球果岭区	总额			
23	发球区建设，不包括练习发球区				
	沙砾层	立方码			
	顶层混合土	立方码			
	苗床准备与栽培				
	播种				
	幼苗移植				
	铺草坪				

序号	项目	单位	单价	数量	扩展价
24	球座堆				
	去掉表层土	球座			
	苗床准备与栽培				
	播种	平方英尺			
	幼苗移植	平方英尺			
	铺草坪	平方英尺			
25	球道，不包括练习区				
	去掉表层土	立方码			
	苗床准备与栽培				
	播种	英亩			
	幼苗移植	英亩			
	铺草坪	平方英尺			
26	植草障碍区				
	去掉表层土	立方码			
	苗床准备与栽培				
	播种	英亩			
	幼苗移植	英亩			
	铺草坪	平方英尺			
27	植树障碍区				
	去掉表层土	立方码			
	苗床准备与栽培	英亩			
28	a. 附加草坪铺设	平方英尺			
	b. 附加表层土提供	立方码			
29	完成沙坑				
	a. 定线	平方英尺			
	b. 适当的沙子	立方码			
	c. 苗床准备和栽培周边环境	平方英尺			
30	成长总区域	总额			
31	a. 高尔夫球车道	英尺			
	b. 高尔夫球车道路边	英尺			

序号	项目	单位	单价	数量	扩展价
32	发球区饮用水	总额			
33	管路				
	a. 管路尺寸1	英尺			
	b. 管路尺寸2等	英尺			
34	桥梁				
	a. 1型	桥			
	b. 2型等	桥			
35	练习球道				
	a. 清理与除根	英亩			
	b. 平整地基	立方码			
	c. 发球练习区完成	总额			
	d. 发球区练习沙坑	总额			
	e. 除去表面各种状况	平方英尺			
	f. 带沙坑的目标果岭完成	果岭			
	g. 球道完成	总额			
	h. 灌溉系统	总额			
	i. 长草	总额			
36	时常必需的附加项目				
	1. 暗礁石				
	a. 炸毁暗礁石	立方码			
	b. 劈裂暗礁石	立方码			
	c. 大石头是否大于？	立方码			
	d. 炸毁暗礁石	立方码			
	e. 劈裂暗礁石	英尺			
	f. 大石头是否大于？	立方码			
	2. 保证书合同	总额			
37	合同文件完成以来的增减项目				
	a.				
	b.				
38	扩展价总和＝根据设计和说明书完成高尔夫球场建设的总额				

附录 B

数量成本估算表（包含劳动力、设备和原材料）

美国高尔夫球场建设协会列出以下项目作为估算建设成本的简略基础。

序号	项目	单位	单价	数量	扩展价
	动员	总额			
	规划设计与定桩	总额			
	侵蚀控制	总额			
	清理场地	英亩			
	选择性清理	英亩			
	在地表层土	立方码			
	离地表层土	立方码			
	常规性挖掘	立方码			
	最大负荷挖掘	立方码			
	暗礁石挖掘	立方码			
	乱草区整型	总额			
	雨水排放系统	总额			
	高尔夫排水沟	总额			
	灌溉和泵站	总额			
	果岭	平方英尺			
	发球区	平方英尺			
	沙坑	平方英尺			
	桥	英尺			
	放水层	英尺			
	高尔夫球车路径	英尺			
	筛选坡度	总额			
	苗床准备	英亩			
	草皮播种和剪枝	英亩			
	草皮	平方英尺			
	合同	总额			

第十八章

高尔夫球场设计师的培训

> 高尔夫球场,永远不要假装或者有意做成技术的炫耀。机遇的因素是这项游戏的关键,也是乐趣所在。
>
> 摘自《关于高尔夫》,1903 年,约翰·莱恩·洛(1869—1929 年)

米哈伊·J·胡尔赞认为高尔夫球场设计,部分是艺术,部分是技巧,部分是工程。罗伯特·特伦特·琼斯也说高尔夫球场设计师为这项运动提供了基石。

高尔夫球场设计师的最主要的责任就是创造一个激励性的、纪念性的、好用的球场。当然他们的工作也包括初步的调研、报告、评估、报批,提供设计方案,选择监管者,定期到施工现场查看进度、检查质量。

实际中,设计师还会对于球场将来的变化和问题提出建议。往往设计师更像"整条船的船长",不管是新建项目还是已建项目。设计师是创造者。

像建筑设计师和工程师一样,高尔夫球场的设计师也在建造的前后阶段一直忙碌着,经常被要求解释设计图纸或者细则中的各项条目。虽然是为业主服务,但是他们会在任何工作中保持公允。

一位设计师也有时候被要求对一些问题提出建议,或者作为专业的见证人出庭。这些问题包括环境问题、土地占用、安全问题,或者涉及历史文化保护时的最初方案的设计者的确认。有时他们会被要求用客观的态度对场地选址或者球场类型,作出评价。

在一个高尔夫运动快速发展的时代,在无数的新建或者改扩建球场中,设计师的知识和技艺变得越来越显著。随着朝鲜战争的结束,曾经在萧条期和二战中一度衰落的职业,又被赋予了新生。

学院训练

最近几年,高尔夫已经成为一些人的职业方向。由于他们在高尔夫方面的技艺,或者是高尔夫比赛本身的强大吸引力,很多人选择了高尔夫球场设计作为职业。并且这种职业已经成为一个值得去做的、满意的选择。

喜欢这项运动并且玩的技术,成为关键因素。但是这并不够,专业的训练和实际经验,以及对于现有资料的查询学习,也是需要的。我们认为对于一个高尔夫球场设计师比较好的学习方法是，首先获得景观建筑学和环境设计的学位，在学习相关的农业和土木工程方面的知识。

高尔夫球场设计师需要有很广阔的背景知识。罗伯特·特伦特·琼斯，一位高尔夫球场设计方面的导师，早年在大萧条时期，一边读本专业，一边旁听了很多其他课程。他的继承者，儿子小罗伯特主修法律，另一个儿子瑞，主修历史，他们都在成为注册高尔夫设计师之前，先修了景观建筑学。

霍华德·莫勒，则是用另一种方法：先取得园艺艺术的学位，然后在马萨诸塞大学修完草种管理，最后在锡拉库扎大学取得景观建筑学学位。

历史表明，要想在这一行做得出色，必须周游各地，学识渊博。也许这是因为这项运动的场地建造，需要很多职业的共同合作，并在一段时期之内，球场本身能够影响我们的生活方式。

基本的课程包括文学、历史、外语、数学、法律、计算机应用。

为了明确哪些科目确实是对于职业人员有用的，我们调查了一些从业的设计师。按照拼音顺序排列如下：建筑学；美学——它的历史、理解、各个时期的创造性技法、包括素描和水彩；农业——土壤、耕作研究、土层知识；农业机械——特别是排水和灌溉；园艺——植物种类；照相测量法——包括从空间测量中得到的新技术；公共发言和发音；视觉艺术——比如摄影等。

1991年，一项针对美国全国的高尔夫球场设计师的学位情况调查显示：景观建筑学作为最受欢迎的学科，仍然保持着吸引力（图18.1）。

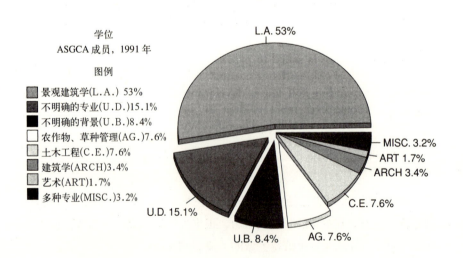

图18.1　虽然在过去几十年里饼图的情况一直在发生改变，但是景观建筑学作为最主要的专业这一情况仍然未变。

实际经验

学徒制。很多人都在开展私人业务之前先跟随一个高尔夫球场设计师做入门知识的学习。这样可以增长专业知识，了解行业机制。所以做学徒或者假期在设计事务所打工都是理想的选择，但是事务所数量有限所以很难找到这样的机会。可能选择在假期或者更长的时间里参加一个球场的建设工作，也很不错。这样，立志做一名高尔夫球场设计师的学生，虽然可能会做一些设备监管或者施工的工作，但是有机会研究图纸，并了解图纸在实践中的实现过程，明确设计师和监管者的关系。

球场维护。一个高尔夫设计师只有在把未来的球场维护都考虑到，并且在图纸中有所表现的时候，他的工作才会功能化。一名学生，在建设现场实习完以后，就可以在一个已建的球场学习实际中的维护及其设备了。

旅行。到处旅行参观著名的球场、著名设计师的作品。最重要的是要到苏格兰去看最古老的球场。

虽然北美的球场比英国的球场更加葱郁和整饬有序，但是据说高尔夫球场设计的最经典的部分还是在苏格兰。当然没有一个设计师经历了高尔夫发展演变的各个过程，正是在苏格兰，高尔夫发展成我们现在看到的样式，正是在那里，高尔夫球场的最初形式得以光彩示人。加拿大的设计师斯坦利·汤普森，研究了很多苏格兰的球场，他说，一个没有认真研究过古老球场的设计师就好比一个没有读过《圣经》的神职人员。我们也希望设计师能够熟悉这些古老的"符号"，在这本书的最后我们包括了约翰·莱恩·洛、查尔斯·布莱尔·麦克唐纳和阿利斯特·麦肯齐的一些训示。

把高尔夫球场真正引入实际运动的，是艺术，是创造力。在《高尔夫杂志》（1994年10月）上戴维·厄尔转引了瑞·琼斯对"怎样成为一名高尔夫设计师"的回答：

> 高尔夫球场设计是一项技艺——你通过看和学习其他的球场获得知识……在美国，公开的比赛对我帮助很大，我学到了古老的球场形式以及它们改变的原因。你需要一些参考。

经验表明，这一职业需要实际经验的积累，这好像医生开处方一样。

是否土木工程能够替代景观建筑学，成为高尔夫球场设计的主修课程呢？设计师马克·蒙吉姆，就是这样成功的。

土木工程作为高尔夫设计的主修课程

马克·蒙吉姆
高尔夫球场设计师
科尼什，西尔万和蒙吉姆公司

"建筑是将艺术应用于工程建设上。"引自丹尼尔·W·米德和J·R·阿克曼的《合同和工程的关系》。

虽然并不总被认同，但是自从20世纪初地景式的美国高尔夫设计出现以来，在球场设计和土木工程之间就有很密切的联系了。几年以来，建筑师总是依靠工程师做工程监管，实现他们的设计概念。

实际中，很多工程师在各个球场的建设中忙碌着，很快就熟知了球场场地的设计。最有名的是赛思·瑞纳，一个普林斯顿的研究生，他在1908年被麦克唐纳邀请参加美国国家高尔夫球场的监管，这个球场作为一个地景式的球场而给高尔夫球场设计带来了革命。瑞纳一直和麦克唐纳协调工作，随后他发展成为一名广受尊重和欢迎的设计师。

另一位工程师/设计师，J·B·麦戈文，是飞足球场（Winged Foot）的监管人。后来还在另一个项目中和唐纳德·罗斯合作类似的角色，后来他协助唐纳德组织了美国高尔夫球场设计协会（ASGCA）。另一位是罗杰·鲁尔维奇，ASGCA的前一任主席，他曾经在罗伯特·特伦特·琼斯的公司中做过30年的主要设计人，被认为是历史上对于高尔夫球设计的发展影响最大的人。

无疑，工程的理性和浪漫的结合将产生最完美的球场。但是有些工程师本身也是浪漫主义的。现在ASGCA中的成员就有这样的例子：布莱恩·T·奥尔特，迈克尔·达舍，杰夫·D·哈丁，加里和罗纳德 L·克恩，汤姆·皮尔逊，杰拉尔德·W·皮克尔，阿尔吉·M·普利。

虽然说人们普遍认为高尔夫设计的主修课程是景观建筑学，但是在各种规范日益严格的今天，伴随着高尔夫的迅速发展，土木工程的学术背景也越来越重要了。

前面提到的 D·W·米德和J·R·阿克曼也在他们的书里说：

> 工程教育的目的与其说是教给他们知识，不如说是使他们能够理解和深入了解问题的条件，决定哪些条件是问题成功解决的主要原则，确定和分析影响和决定这些解决办法的因素，设计工作的合理结构，并且使之成功完成工作。

对于高尔夫设计有直接作用的土木工程的训练有以下这些：

- 对于当代信息技术的熟练应用

- 环境规划
- 水力学，包括灌溉
- 规划和资源管理，包括图绘土壤、植被、坡度、野生动植物、冲积平原、地块边界和其他的场地建设情况
- 调研
- 土壤机械
- 结构设计
- 合同法
- 设计、细则和合同文件的发展
- 建设管理

实践中土木工程师往往是球场设计、报批和建设中的重要成员之一，因为他们对于设计的可行性有着最有力的发言权，所以早在场地的选择过程中他们就已经参加工作了。土木工程师的其他职责是：

1. 检查设计师的坡度设计、土方平衡以及土壤流失控制等
2. 池塘建设、溪流的改道、暴雨排水
3. 咨询灌溉系统
4. 检查设计师的设计
5. 在报批过程中起重要作用
6. 协助建设监管，尤其是工程师自己设计的部分

显然，高尔夫球场设计师和土木工程师的工作是相互交织的。无疑的是后者的专业学习提供了很好的工科背景。然而作为高尔夫球场设计师，我虽然深知工程背景的重要性，但是我还是不主张将工科置于景观建筑学之上。土木工程还是对于球场建设很有贡献的，值得将要从事这一职业的人仔细研究。

高尔夫球场设计方面的著作

现在市面上可以买到五本由高尔夫设计师撰写的、1920年代在英国或美国出版的专著。它们包括H·S·科尔特和C·H·艾莉森，阿利斯特·麦肯齐，罗伯特·亨特，乔治·C·托马斯，以及汤姆·辛普森和H·N·韦瑟德的作品。所有这些都包括在本书的参考书目中，它们也都是本专业的学生的必读书目。

1981年，在将近半个世纪的间歇后，杰弗里·S·科尼什和罗纳德·E·惠滕合写的《高尔夫球场》面世了。这是第一本有关高尔夫发展历史的确定的教材，在它

之后又有基本高尔夫方面的出色的著作问世，它们的作者是弗雷德·W·霍特里，罗伯特·特伦特·琼斯和拉里·丹尼斯，约翰·斯特朗，汤姆·多克，罗伯特·特伦特·小琼斯，德斯蒙德·缪尔黑得，和G·L·兰多，是他将瑞·L·琼斯和帕特里克·菲利普斯的零散的工作整理完毕。随后又有皮特·戴伊的自传，和米哈伊·胡尔赞的著作出版。与此同时，两位建筑师，阿利斯特·麦肯齐和唐纳德·罗斯，他们的手稿也与世人见面了。

在很多其他的相关书籍中也有很多有关球场设计的章节。比如小威利·帕克，霍勒斯·G·哈钦森等等。1903年约翰·莱恩·洛的《关于高尔夫》出版，1928年查尔斯·布莱尔·麦克唐纳的《苏格兰的馈赠：高尔夫》出版。这些书都对于高尔夫的发展有着重要的影响。

近些年来，高尔夫相关期刊越来越多地涉及球场设计了。比如《实施的高尔夫》就德斯蒙德·缪尔黑得的设计与再设计经历连载发表文章，《高尔夫杂志》也连载了设计师汤姆·多克的文章，他还被该杂志邀请评定高尔夫球场的设计。

然而延续这一传统的还要算是《高尔夫浏览》的撰稿人，罗纳德·E·惠滕了。他继承了《纽约人》的撰稿人赫伯特·沃伦·温德，以及英国著名作家伯纳德·达尔文和唐纳德·斯蒂尔的遗风。

1980年代晚期，惠滕被公认为是高尔夫球场设计师和建筑师的发言人。汤姆·多克称他为"最合格的非设计的设计师"。在继续为《高尔夫浏览》和《高尔夫世界》撰稿的同时，他还担当了很多球场设计排行榜的评选工作。虽然这些设计的评选，并没有真正被人们评价过，但是显然对于设计师还是有很大影响的。

惠滕还开办了"椅子扶手的设计师"竞赛，这是针对非设计专业人士而举行的，这项竞赛吸引了成千上万的竞争者，很多未来的设计师从中脱颖而出，比如阿利斯特·麦肯齐。惠滕还负责编辑了唐纳德·罗斯的手稿"高尔夫从来没有让我气馁"。

相关学科的文献

高尔夫球场设计专业的学生必须阅读一定量的相关学科的文献。其中最重要的是草种的管理。本书的参考书目中有10本这方面的专著。

作为设计的基本出发点之一，和环境相关的出版物也很重要，也在参考书目中列出。

其他资源

建筑设计协会

- 美国高尔夫球场设计协会（ASGCA），芝加哥北拉萨雷街221号，IL6060

组建于1947年，这是北美的第一个也是惟一一个自己创建球场的组织。在主席、董事会以及第一个也是至今的惟一一位秘书，保罗·富尔默的指导下，这个组织在高尔夫界影响越来越大。它的很多贡献都是在富尔默指导的动态委员会的努力下完成的。委员会主要是由经验丰富的成员组成。

老一代的成员发现新成员热切希望能够对于本职业以及艺术形式和环境等多做贡献。但是准入条件是很严格的。

对于这样的问题，"什么是高尔夫球场设计？"和"ASGCA是怎样的组织？"，协会有自己的回答：

> 美国高尔夫球场设计协会是由美国和加拿大的顶尖高尔夫设计师组成的。这些球场设计师，参加过很多新建或者改扩建的球场项目，把他们的经验带到每一个项目中去。
>
> 美国高尔夫球场设计协会的成员，凭借他们的知识、培训、经历、视野和能力，一定能够做好球场设计，满足功能和美学方面的要求。
>
> ASGCA的成员能够进一步执行和统筹整个设计的实现过程，创造对不同能力的球手都有所挑战的充满乐趣的球场，并且作为高尔夫球场最高水平和传统的典范。ASGCA成员将在工作的每一个阶段仔细协商，确保客户的利益得到最大程度的满足。
>
> 美国高尔夫球场设计协会的每一个成员都参加过高尔夫球场设计建造的实践，他们的表现已经在各个方面都取得了ASGCA董事会的认可。

- 英国高尔夫球场设计师协会（BIGCA），英国沃普里斯顿，快乐森林小屋，GU3 3PE

这个组织，和美国的组织有相似的目标和宗旨。一个主要的目标是深化职业教育和明确在社会中的职业角色和地位。直到最近几年，它还一直被称作英国高尔夫球场设计联合会，因为它成立于美国协会之后，但是和国际高尔夫设计协会相关，那是一个在二战之前存在的总部在伦敦的不结盟组织，现在已经不存在了。

澳大利亚、法国、日本和几个其他国家现在都有自己的组织，而在欧洲大陆活跃的是欧洲高尔夫球场设计协会。英国、法国和欧洲的协会共同成立了设计理事会，在教育、生态、环境和安全方面加强合作。

讲座和其他正式学习

- 哈佛大学设计研究院，对外关系发展办公室，剑桥48街，MA02138

这个学院全年开设高尔夫设计课程。课程安排是这样的,既可以参加一个两天的设计方面的讲座,也可以参加一天或两天的环境、高尔夫发展和房地产的课程。整个课程时间超过了一周。

- 美国高尔夫球场监管协会(GCSAA)。劳伦斯1421研究公园,KS66049

这个组织在不同地区周期性的开设球场设计、建造和环境课程。GCSAA在这些学科的教育方面相当领先,并且一直注意在这个职业中的影响和地位。

- 美国职业高尔夫协会,橡树海滩花园,冠军大街100号,邮编109601,FL33410

这个组织提供的课程覆盖面相当广泛,其中的设计课是由著名设计师授课的。除了上述的非营利性的课程以外,还有一些营利性质的课程可供选择。

很多,或者说大多数的景观建筑学学院都开设高尔夫球场设计的讲座或者绘画训练。加拿大的戈乌尔夫大学就提供这方面的综合课程。它有一门选修课是《高尔夫设计和建造》。这堂课上学生使用的是罗伯特·凯斯编撰的经典书作为教科书,信息量很大,充满图画,散页装。

设计师的责任

谁是高尔夫球场的设计者?

这是一个人们一直并且永远要争论的问题。当很多人都参与建造了球场的时候,这个问题就更加复杂了,球场设计师、工程师、监管人、土地平整者、建设监督人、业主或开发商等,都在一定程度上参加了设计。

至于说真正的设计,在球场建成之前,有很多工作都要完成。我们可以用它们对于球场的性格、整体性和可用性的影响,来评价这些工作责任。

高尔夫球场设计者的职责
1. 初步设计,包括
   a. 深入分析和项目相关的所有数据
   b. 完成每一个球洞和整体路线的设计
   c. 决定每一个球洞的特性
   d. 为俱乐部建筑、高尔夫小店和辅助设施选址,决定出发者的位置
   e. 为维护中心选址

  f. 估计初始建造成本
  g. 为报批程序咨询和设计
2. 设计发展阶段，包括
  a. 深化每一个球洞的细部确定其特征
  b. 准备一个更加详细的建造预算
  c. 制定建设时间表
3. 准备建设文件
  a. 设计文件，包括立桩标界、清理场地、粗略地做坡、排水、灌溉、植树
  b. 详细设计，包括球场特色的建造、排水、灌溉、植树、车行路径、水景等
  c. 施工说明文件，包括一般条件、特殊条件、一般规定（也许还包括在谈判、协商或者签协议时需要的文件）
4. 施工队和材料供应商的选择，包括
  a. 准备报价表和条件
  b. 演习会议
  c. 在谈判中的咨询
  d. 分析和选择
5. 定期视察施工状况，包括
  a. 开工前例会
  b. 施工中定期参观视察
  c. 准备参观报告
  d. 对施工中遇到问题或机会给予咨询或再设计
  e. 对于施工方或者供应商的支付要求进行分析和评价
  f. 确定工程的实际结束
  g. 在球场开始运营之前的咨询

我们认为一般地高尔夫球场的设计者用以下两种方式参与设计：

1. 传统的设计师/项目的关系

工程责任	平均时间分配
初步设计	20%
设计发展阶段	15%
准备建设文件	35%
施工队和材料供应商的选择	3%
定期视察施工状况	27%
合计	100%

2. 设计／施工关系

工程责任	平均时间分配
初步设计	12%
设计发展阶段	8%
准备建设文件	20%
施工队和材料供应商的选择	2%
定期视察施工状况	58%
合计	100%

虽然基于学习、研究和以往的经验，但是上面这个表还是很武断的。没有任何理由拒绝任何一个人、一个设计办公室、一个出版社或者其他的机构发展自己的标准。

当回到那个问题的时候，我们可以看到每一个人在每一项职责中所付出的时间。将各项相加，就可以看出谁应该拿到奖赏了。有些州要求至少在每一个建设项目中要提出"设计师"。我们并不是要建立一个制度，而是想尽量客观而公正地回答谁是球场设计师的问题。

在这个时代，由信封背面的大师草图决定一个球场设计，已经不大可能了，而是有很多其他人员参与工程，而关键人物所起的作用比较重要而已。

注意：如果设计的一部分工作实际中没有完成（比如施工图纸没有准备好，或者树木移栽的图纸不全），那么这部分工作就不能计入。

因为立桩标界、清理场地、做坡、排水设计可以由土木工程师完成，灌溉由灌溉设计者或者承包商负责，树木和草皮可以由景观建筑师完成，所以显然这些工作都不计入将来的设计者的名下，除非他在其中作出了实质性的设计工作或者整理文件。

很多例子表明，61%的工作是对于设计工作有着实质性的贡献的。这个数据只是一个参考。在实际工作中，高尔夫球场设计师是一个很好地组织18个不同专业的人员并且保证他的概念真正实施的人。

附录 A

设计准则

1994年，唐纳德·诺特在担任美国高尔夫球场建筑师协会主席期间曾说："建筑师应在普遍接受的设计标准上有所发挥。精彩的球场设计需要勇气，手法，策略，自我控制，反复调整，所有这些是一个整体。"

作为高尔夫球撰稿者，偶尔也从事设计工作的约翰·兰恩·洛，早在1903年就开始筹划球场规划设计导则。1920年，阿利斯特·麦肯齐编写了设计要点，查尔斯·布莱尔·麦克唐纳也在1928年完成此项工作。这些曾被称为"准则"的设计导则，在球场设计中仍然作为重要参考。由于它们至今仍具有时效性，因此在完成附录B中的练习之前，应该有所了解。

摘自《关于高尔夫》，1903年
作者　约翰·兰恩·洛（1869—1929年）

1. "高尔夫球场应该为差点较高和居中的选手带来乐趣，同时，为高水平选手创造困难和挑战。"
2. "球具制造者以减少技巧的使用为目标，而球场建筑师必须和他们针锋相对，通过球场设计来强调球技，而不是依赖于设备。"
3. "通往球洞的最直接路径，即使沿着球道的中心线，也应该由设计师布满危险。"
4. "建筑师必须让场地来引导游戏本身。高水平选手对每一击的思考都带有特别的乐趣，就像台球选手把下一击或几击都谋划好一样。而建筑师必须深谙这一点。"
5. "球道应该同时引向球座和球洞区，因此，开球的位置很重要，应该设在开球后可安全到达球洞区的地方。"
6. "建筑师应该慎重地设置障碍。除非临近单击的球洞，否则障碍不应该设在球座周围200码的范围内。控制到达球洞区的最好的障碍是山脊和低地。球场里最理想的障碍在距离球座200—235码的球道上，这个位置与高水平选手到达球洞区时最希望的路线只有5到10码的距离。"
7. "设为球洞区的地方应该地势略高而且平坦，不应把倾斜的部分朝向击球者。球洞区的后部不高于前部，这样会使击球者更为自信。在击球者开始打接近球时，所在的位置应该只能看到一半标志旗。"

8. "球场决不是永远客观公正的审判席，技巧不应成为惟一的决定条件。在游戏中，机会的成分是非常重要的因素，也是游戏的趣味所在。"
9. "所有设计精妙的球洞都包含了才智和运气的竞争。球洞的设计不能复制，因为每个球洞所处的环境千差万别，而且，几公里以外的环境特点都会影响到一个球洞的击球方法和设计原则。如果地形条件适合，一些设计手法可以相互借鉴。"
10. "轻击区的坡度不应该做得过分，从前至后或从左到右有斜坡就足够了。在有赛事等重要的时间里，标志旗应该设在特别的位置。"
11. "会所建筑应该放在足够远的位置，尤其是球场设计得很理想的时候。"

摘自《高尔夫建筑》，1920年
作者　阿利斯特·麦肯齐（1870—1934年）

1. "如果可能，应该在球场上设计两个环，每个环由9个球洞组成。"
2. "在设置球洞时，应该有相当多的两击球洞，两击或三击中包括击旋转球的球洞，以及至少4个单击球洞。"
3. "球洞区和球座区之间的步行距离应该很短，这样在游戏最开始时，从球洞区到下一个球座只需走上几步。而且，今后球场需要扩建改建时，球洞的位置有足够的弹性空间。"
4. "球洞区和球道应该设有很多起伏，但不应该使选手被迫爬山。"
5. "每个球洞应该有不同的个性。"
6. "在打接近球时，应该让盲区减至最少。"
7. "球场周围应该风景如画，所有人造景观看起来都应该像天然的，不熟悉的人不能把这些人造景观从自然环境中区分出来。"
8. "球场上应该有足够多的击球路线可供选择，但设计时应该对水平不高的选手有所考虑，避免他们在每次击球失误后都可能换一种路线。"
9. "在不同的球洞所需要的击球方式应该有无限多种——例如使用铜头球杆，铁杆，击旋转球，跳起球等。"
10. "永远不需要为寻找丢失的球而烦躁恼怒。"
11. "球场的设计非常有趣，就连那些获得让分的选手，都常常受到尚未尝试的球洞的吸引。"
12. "对那些差点较高的选手甚至初学者，球场让他们在积累了很高的分数以后，仍能享受游戏的乐趣。"
13. "无论冬夏，球场都应保持良好的使用状态。球洞区和球道的场地应该很完美，接近区也应该和球洞区的状态保持一致。"

改编自《天赐苏格兰——高尔夫》，1928年
作者　查尔斯·布莱尔·麦克唐纳（1856—1939年）

1. "如果没有天然良好的条件，就无法建造出真正一流的球场。最好的材质是含沙的肥沃土地，局部有小丘。有了这样的场地，整个设计就成功了一大半。在这样的条件中工作，理想的球场设计就变成设计经验、造园艺术和数学的问题了。"
2. "英国的一些球场被奉为经典，有的球洞设计久负盛名，设计师总要学习借鉴它们的特点。但是，就在它们最好的球洞中，也有可以改进的地方。"
3. "没有比精彩的球洞区和轻击区更能增添游戏的吸引力了。这些区域应该面积较大，但大多数面积中等大小；局部平坦，局部起伏；局部有角度，更多的地方是自然的曲线轮廓，也有平直的地方。关键的是草坪必需生长维护得很好，便于球的滚动。"
4. "据我所知，障碍设置得好坏常常引起最激烈（不包括宗教领域）的争论。但是，其他人认为，如果障碍公平与否引起了长达几年的热烈讨论，那么这就是人们所需要的障碍，具有真正的优点。如果人们对障碍毫无异议，那么它就是平淡无奇的。我所知道的经典球洞都有其批评者存在。"
5. "我认为，理想的球场至少应该有6个需要冒险的球洞，位于两击球洞的末尾或者远离球座的位置。而且，我相信如果把球洞区的一边设为开放式，让胆小或水平有限的选手有机会绕开障碍，对这种冒险球洞会更有利。当然绕开应该以适当的距离损失作为处罚。除了这些需要冒险的障碍球洞以外，不应该让障碍直接延长越过球洞。"
6. "选手希望一击、两击、三击球洞都有所变化，因此从球座的位置开始，就需要球的位置很精确。在设计时，应将第一击和第二击联系起来，还应考虑到风速和地面摩擦。这样设计的球洞已经为击球者将重力的影响计算在内。"
7. "球座的设计应该和前面的球洞区有密切的关系，否则，从球洞区步行50—150码到下一个球座，会踩坏球场，又耽误游戏时间。在球洞和下一球座之间，人们有时候会忘记了前面的游戏，甚至开始一个新的游戏。"
8. "球场上的山丘是有害的。登山是一种体育运动，但不应该出现在高尔夫球场上。球场上的树木也有较大的影响，有时甚至成为一种破坏因素。"
9. "球场上一切醒目的矫揉造作之物都会减少运动的魅力。"

关于附录B给读者的说明

附录B中的球场设计有AutoCAD格式的文件,可以从John Wiley & Sons出版公司的文件传送服务器下载。如果您想要下载该文件,请根据以下说明:

1. 启动因特网浏览器或者文件传送软件。
2. 连接如下文件传送地址:ftp.wiley.com
3. 如果需要用户名/身份标识,键入:anonymous
4. 如果需要用户密码,键入:[您的电子邮箱地址]
5. 选择如下路径:public/products/subject/architecture/graves
6. 选择您想下载的文件。
7. 下载并阅读README.TXT文件获取更多信息。

如果您对于文件下载有任何问题,请拨打电话(212) 850-6753询问出版社技术部门,或者发邮件到techhelp@wiley.com。

如果您对于文件有任何问题或需要设计进展的信息,请通过电话(925)939-6300或邮件teeitup@netvista.net联系作者。

给消费者的说明

在下载和使用电子文件之前,请阅读以下条款。

  该软件包含的文件将帮助您使用附带文本中所描述的模型。在下载文件之前,您需要同意遵守以下协议:

  该软件产品的版权受到保护,所有权力属于作者John Wiley & Sons出版公司或者该公司的授权者。您只可在一台电脑上使用该软件。在同一台电脑上将该软件复制为其他格式不违反美国的版权法。为了其他任何用途复制该软件都是违法行为。

  该软件产品不能以任何理由,包括公开或不公开的理由出售,但是不包括非公开的特殊理由。对于软件在使用中出现的问题,出版公司和零售商及发行商均不承担任何指控。(有的州不允许排除非公开的理由,所以这种排除对您也不适用。)

附录 B

设计实践

　　La Purisma高尔夫球场位于加利福尼亚州圣巴巴拉市，设计者是本书的作者之一罗伯特·缪尔·格雷夫斯。下文将介绍该球场的背景信息和基本规划，具体位置和范围也将提及。在阅读了第三章并回顾了设计准则之后，请完成练习一。

地段

　　该地段包括300英亩的牧场，既有平地也有起伏的旷野，还有陡峭的斜坡。土质肥沃，含沙量较高。根据航空勘测显示，虽然水已经被充分地储蓄起来，但是仍然缺少湿地。气候温暖，雨量适中。主导风向是西南到西北。所有的条件对于球场会所和场地维护中心的建设都是适宜的。地段内有七处考古研究地点，说明这里可能埋藏着国家的重要遗址。地段内允许场地建设，但是挖掘的深度不能超过2英尺。

项目

　　该球场有18个球洞（两个9洞环路），总标准杆72杆，从男选手的常规球座算起，至少应有6500码。球场应该适合各种水平的选手锻炼和娱乐，同时，也应该能组织全国的巡回比赛。应该有能够进行整体练习的场地，也应该有进行各种小型练习的场地。

练习1

　　在阅读了第三章之后，请用平面A，即场地总平面，进行如下练习
　　a. 了解等高线和其他地形条件
　　b. 定出18个球洞和练习球道的大概位置：画出球道中心线，用矩形表示球座位置，用圆形表示球洞区。
　　c. b项完成之后，把您的设计图和平面B种的实际设计相比较。每个球场设计者都有他自己的设计思路，这一点请您牢记。

　　注意：球场建筑师把整片土地都当成是设计的空间，而不仅仅是地段范围。因此，在他或者她对地段和周围环境进行了详细调研之前，几天甚至几星期之内，都不会轻易动笔画图。这样的调研是非常重要的，能够"感知获得了怎样的自然条件"，发现更大范围内的景观，风力的影响，还能揭示出图纸上无法表达的地形的细微起伏。

　　但是，现在的这个"图纸练习"，我们只要求您研究了总平面图之后即可下笔。实际上，完成草图只是迈出了一小步。

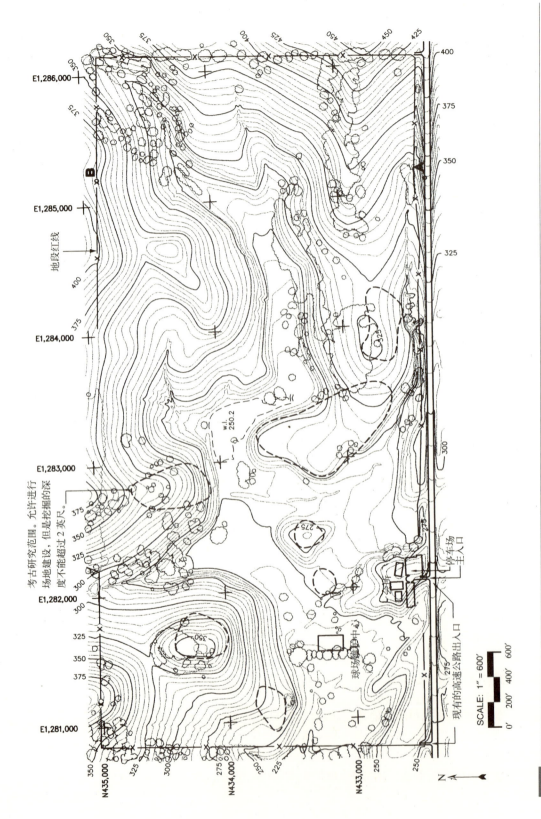

平面 A 地段总平面图，也是地形图。等高线距离 5 英尺。会所和入口道路位置准确，接近实际比例。（见第 378 页下载 AutoCAD 文件的说明）

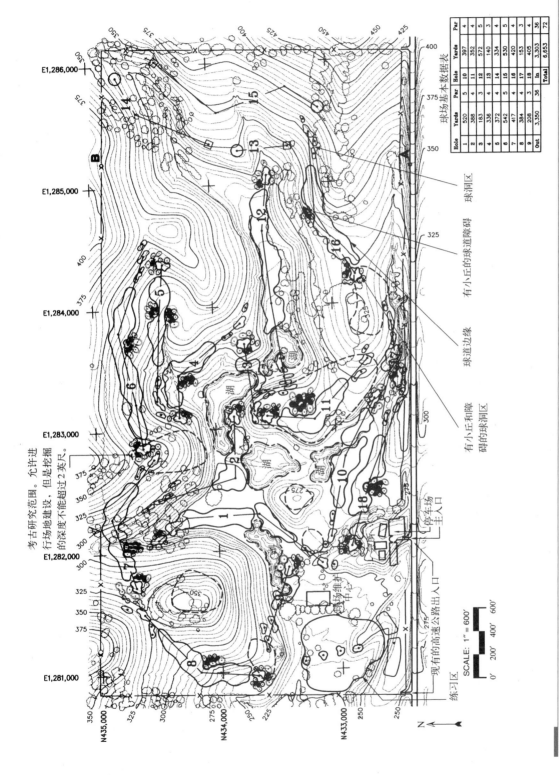

平面 B 本平面图有 18 个球洞，练习球道等其他设施。不过，标准杆为 3 杆、4 杆、5 杆的球洞，即依次为第 13、14、15 号球洞的障碍等特征没有表示出来。(见第 378 页下载 AutoCAD 文件的说明)

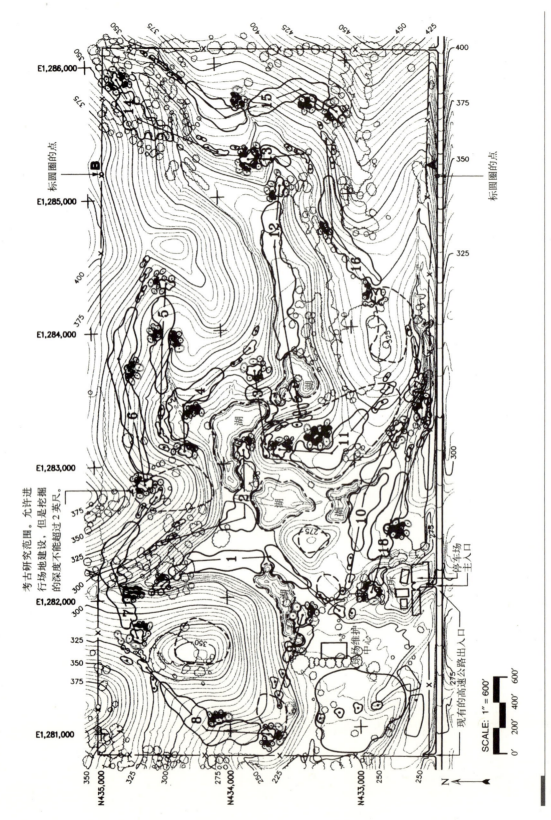

平面 C 本图表示了平面 B 中提到的三个球洞的情况。（见第 378 页下载 AutoCAD 文件的说明）

练习 2

完成练习 1 并阅读了第 4 章以后，请完成如下练习：

a. 利用球洞的中心线，分别为平面 B 种提到的球洞（即球洞 13，14，15）用尺规画出球洞区、球座区、球道、障碍区、小丘等。

您可以利用后面的附录 C 中提示的符号来更清楚地表示球洞的特征，例如球洞区和障碍区。您也可以用彩色笔或者画阴影，使图纸更鲜明。

b. 把您设计的平面和平面 C 中实际应用的设计加以比较。不要忘记您的设计会和实际完成的设计有所不同。

练习 3

练习 2 完成之后，利用练习 1 中所作的中心线，完成所有球洞的设计，并设计一条通往球洞区的连续的球车专用道。应表示出球车暂停的位置、停车场以及车棚位置（这属于道路规划的一部分）。

把您的设计和平面 C 中的设计作一比较。请注意，在 300 英亩的土地上，几乎所有土地都能使用的情况下，没有上百种也有数十种不同的球洞位置的可能性。

练习 4

在征用土地的过程中，平面 C 中的 13，14，15 号球洞和 16 号球座被取消了。请注意平面 C 中的两处标圆圈的点："A"标在高速公路上，"B"标在北边的红线上。给 A、B 画连线，连线以东的所有土地不再属于球场。表示出怎样把留下的球洞重新组织，弥补土地的损失。目标是尽可能少地改变现有球洞，不改变球场总面积或者球洞的标准杆数。达到这个目标也有很多种可能，甚至可以不改变前面的 9 个球洞。把您的设计和作者的设计相比较，作者的设计在平面 D1，D2，D3 中。

球场基本数据表

OLD Hole	Yards	Par	NEW Hole	Yards	Par
10	397	4	10	520	5
11	352	4	11	430	4
12	572	5	12	295	4
13	140	3	13	570	5
14	334	4	14	190	3
15	530	5	15	370	4
18	420	4	18	410	4
Total	2,745	29		2,785	29

SCALE: 1" = 600'
0' 200' 400' 600'

考古研究范围。允许进行场地建设，但是挖掘的深度不能超过2英尺。

现有的高速公路出入口

停车场主入口

球场维护中心

平面 D1　平面 D1、D2、D3 是作者针对土地减少给出的设计方案。球场基本数据表只包括有所改动的球洞，用于比较。（见第378页下载 AutoCAD 文件的说明）

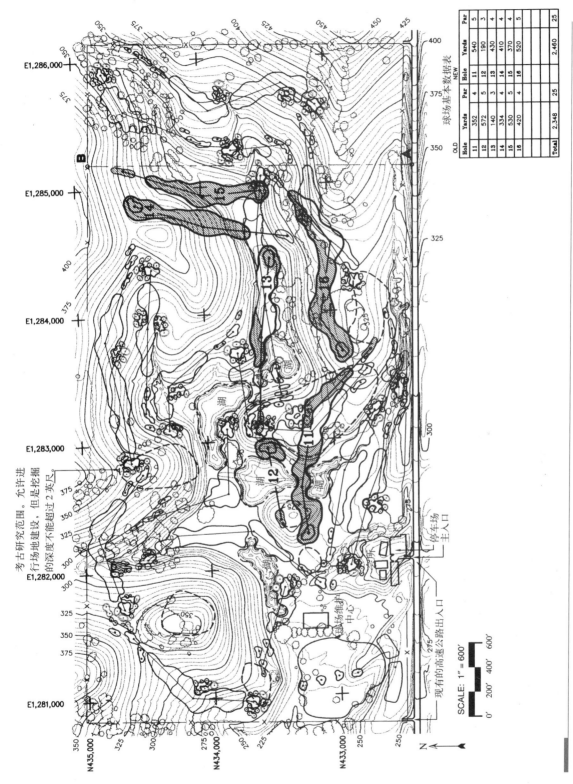

平面 D2　平面 D1、D2、D3 是作者针对土地减少给出的设计方案。球场基本数据表只包括有所改动的球洞，用于比较。（见第 378 页下载 AutoCAD 文件的说明）

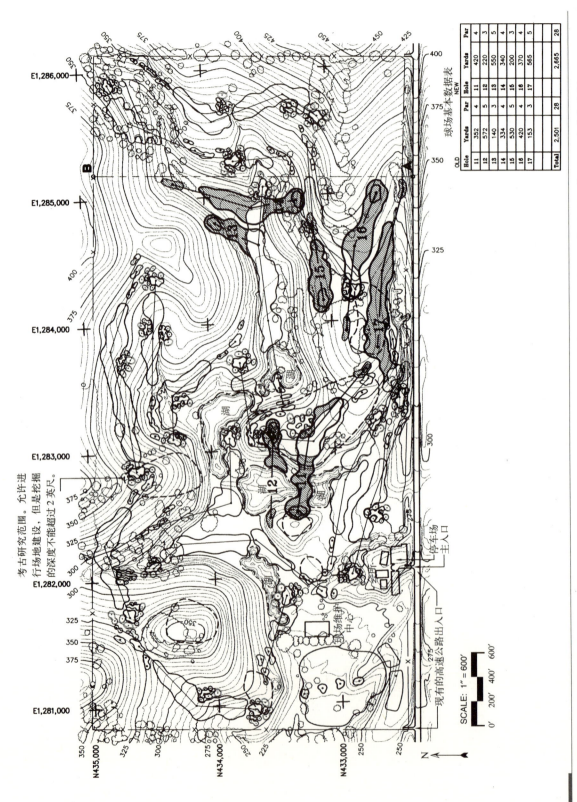

平面 D3　平面 D1、D2、D3 是作者针对土地减少给出的设计方案。球场基本数据表只包括有所改动的球洞，用于比较。（见第 378 页下载 AutoCAD 文件的说明）

练习 5

在约为原图十分之一大小的方形纸上画施工图：用 1∶40 或者更大的比例，尽可能小地画出练习 4 中增加的 3 个球洞区（施工图是承建者施工时遵循的图纸）。比较您的设计和本书作者给出的实际设计。

下图所示，是在 La Purisma 球场实施的 13，14，15 号球洞区的坡度设计。如果您的球洞位置就不同，那么，球洞区的设计也相应地会有区别。

图上的方格面积为 40 平方英尺。

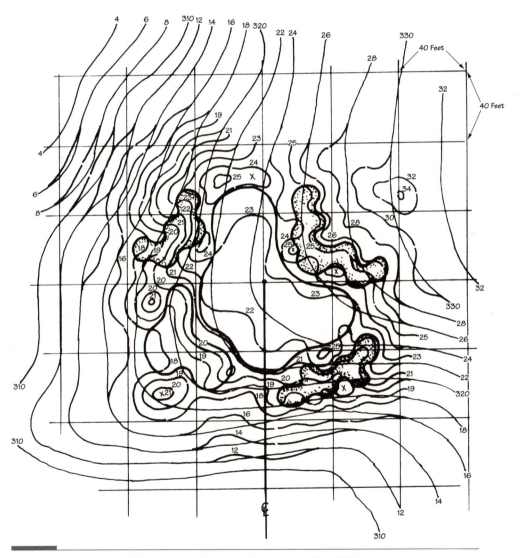

La Purisma：13 号球洞区的坡度设计。（见第 378 页下载 AutoCAD 文件的说明）

La Purisma：14号球洞区的坡度设计。（见第378页下载AutoCAD文件的说明）

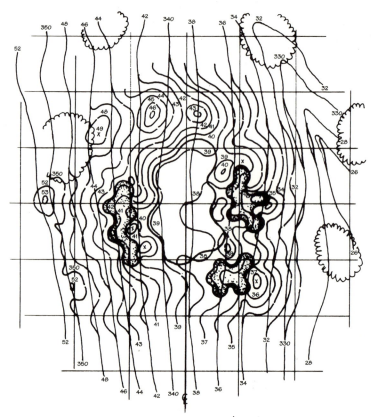

La Purisma：15号球洞区的坡度设计。（见第378页下载AutoCAD文件的说明）

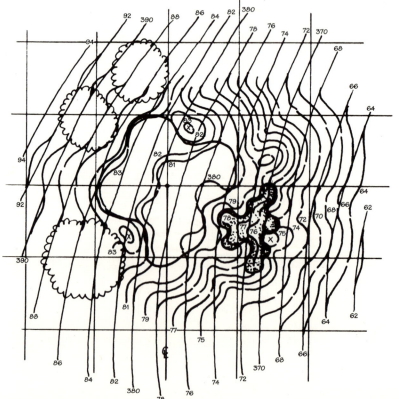

附录 C

球场设计专用符号

很多设计公司和设计师有自己偏爱的设计符号。下文列出的设计符号,仅作为参考。希望在您的设计最初阶段,能有所帮助。在编写与建设相关的文件时,设计师会根据项目需要进行详细描述,这些符号也有可能用到。

相关因素的名称 符号

(图例仅表示所代表事物的物理特征。)

I. 高尔夫球场的特殊因素

    A. 中心线带有折点

    B. 球座

    C. 球道(或者练习区域)边缘

    D. 沙地障碍

    E. 草地障碍

    F. 湖/水塘

    G. 小溪/河流

    H. 球洞区

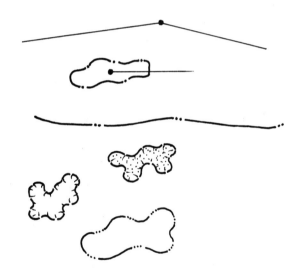

    I. 球洞区边缘地带/轻击区洼地

    J. 小丘

    K. 凹地

相关因素的名称 符号

Ⅱ. 植物
   A. 草地
      1. 球洞区

      2. 球座区

      3. 球道

      4. 稀疏的深草区

      5. 茂密的深草区

   B. 树木
      1. 常绿树
         a. 稀疏的树叶
           （例如：金丝雀蔓草）

         b. 茂密的树叶
           （例如：金钟柏）

      2. 落叶树
         a. 稀疏的树叶
           （例如：皂荚）

         b. 茂密的树叶
           （例如：Ulmus americana）

      3. 常绿阔叶树
         a. 稀疏的树叶
           （例如：桉树）

         b. 茂密的树叶
           （例如：Quercus agrifolia）

   C. 地面材质
      1. 茂密的材质
         （例如：常春藤属金丝雀蔓草）

      2. 稀疏的材质
         （例如：fragaria chiloensis）

| 相关因素的名称 | 符号 |

III. 带铺装的道路
    A. 球车专用道路

    B. 服务／维护专用道路

    C. 路缘

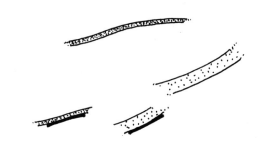

    D. 保留围墙
       （垂直或者倾斜）

       1. 石砌

       2. 混凝土

       3. 金属

       4. 木质

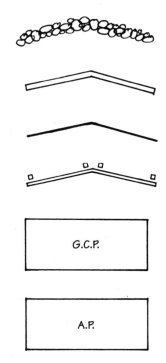

    E. 球车停车场

    F. 汽车停车场

IV. 排水装置
    A. 地下排水管
       1. 不透水

       2. 带孔洞

    B. 排水管入口／出口
       1. 石砌

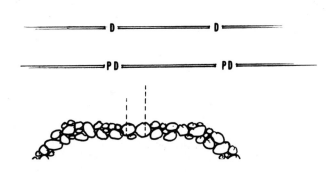

相关因素的名称   符号

    2. 混凝土

    3. 金属

    4. 木质

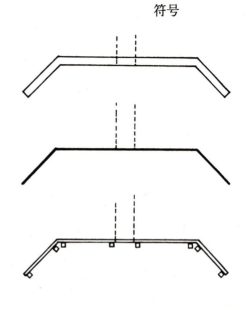

  C. 滤污器

  D. 排水洼地

  E. 路肩，堤岸

V. 灌溉设施

  A. 水管

    1. 支线

    2. 干线

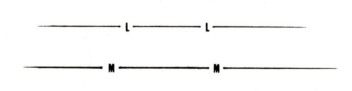

  B. 灌溉喷头

    1. 全角度

    2. 部分角度

  C. 阀门

    1. 快捷接头

    2. 远距离控制

    3. 零件／单独构件

相关因素的名称　　　　　　　　　　　　　　　符号

  4. 减压装置

  5. 节流装置

  6. 气体控制

 D. 电路

  1. 网络

  2. 接地开关

  3. 低电压控制

  4. 转接／分线盒

 E. 控制设备

  1. 电脑

  2. 控制器

  3. 卫星控制器

  4. 气象站

Ⅵ. 球场建筑

 A. 会所

 B. 专用商店

 C. 出发位置

  1. 在专用商店中

  2. 在较远处

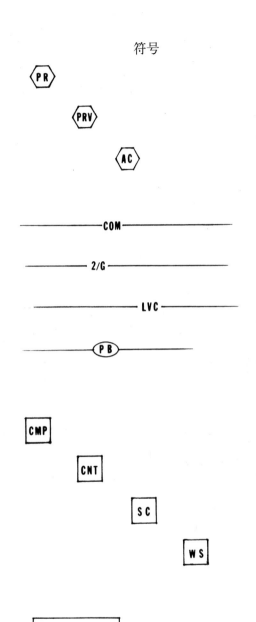
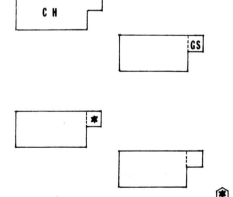

394 附录 C 球场设计专用符号

相关因素的名称 符号

 D．球车停放处

 E．球场维护中心

 F．娱乐设施
  1．游泳池

  2．网球场

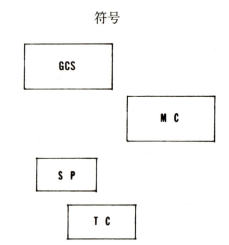

资料来源

难以查找的书籍资料

Facsimiles of several out-of-print books on course design are available from the following:

    Classics of Golf, P. O. Box 10285, Stamford, CT 06923-0001

    Grant Books, Victoria Square, Droitwich, Worcestershire, England WR9 8DC

    George Lewis/Golfiana, P. O. Box 291, Mamaroneck, N.Y. 10543

    The Old Golf Shop, Inc., 325 West Fifth Street, Cincinnati, OH 45202

    USGA Rare Book Collection, Golf House, P. O. Box 3000, Far Hills, NJ 07931-3000

草种科学教材

Beard, James B. *Turfgrass Management for Golf Courses*. 2d ed. Chelsea, Mich.: Sleeping Bear Press, 1997.

———. *Turfgrass Science and Culture*. Englewood Cliffs, N.J.: Prentice-Hall, 1973.

———. *Turf Management for Golf Courses*. Minneapolis: Burgess Publishing, 1982.

Daniel, W. H., and R. P. Freeborg. *Turf Managers Handbook*. Cleveland, OH: Harvest Publishing, 1979.

Emmons, R. D. *Turfgrass Science and Management*. Albany, N.Y.: Delmar Publishers, 1984.

Hanson, A. A., and F. W. Juska, eds. *Turfgrass Science*. Madison, Wis.: American Society of Agronomy, 1969.

Karnok, Keith. *Turfgrass Management Information Directory*. Chelsea, Mich.: Ann Arbor Press, 1997. Brings together sources of turfgrass information.

Madison, John H. *Practical Turfgrass Management*. New York: Van Nostrand-Reinhold, 1971.

———. *Principles of Turfgrass Culture*. New York: Van Nostrand-Reinhold, 1971.

Musser, Burton H. *Turf Management*. 2d ed. New York: McGraw-Hill, 1962.

Piper, C. V., and R. A. Oakley. *Turf for Golf Courses*. 2d ed. New York: Macmillan, 1929.

Soil Science Society of America. *Glossary of Soil Science Terms*. Madison, WI, 1997.

Turgeon, A. J. *Turfgrass Management*. Englewood Cliffs, N.J.: Prentice-Hall Regents, 1991.

社团组织和图书馆

For a complete list of organizations and libraries, refer to the *1998 NGF International Directory of Golf.*

American Society of Golf Course Architects (ASGCA), Paul Fullmer, Executive Secretary, 221 North LaSalle Street, Chicago, IL 60601. *Entry standards are rigid. Yet involved in creating the playing fields of golf, it serves the interests of all in the profession, the game of golf, and the environment.*

Audubon Society of New York State, 45 Rarick Road, Selkirk, NY 12158. *Ronald G. Dodson, President, maintains that everyone is responsible for taking care of the earth. The Society's cooperative sanctuary system includes a program directed to golf courses.*

Club Managers Association of America, 1733 King Street, Alexandria, VA 22314.

Donald Ross Society, P. O. Box 403, Bloomfield, CT 06002 (For historic data, contact W. P. Jones, P. O. Box 9774, 5315 Collingwood Road, Raleigh, NC 27624).

Givens Memorial Library, Pinehurst, NC 28374.

Golf Course Builders Association of America (GCBAA), Phillip Arnold, Executive Vice President, 920 Airport Road, Suite 210, Chapel Hill, NC 27514. *The organization includes golf course construction contractors and two categories of associate memberships: one for manufacturers, dealers and others connected to course products; the other for members of the allied associations of golf.*

Golf Course Superintendents Association of America (GCSAA), 1421 Research Park Drive, Lawrence, KS 66049. *Since 1926 this organization of professional course superintendents, now numbering more than 16,000, who manage and maintain golf facilities in the United States and worldwide, has been widely recognized for its vitality, along with the depth and variety of its shows, educational programs, and publications. Its membership has made a profound contribution to the perfection of contemporary golf courses and the joy of playing the game and has had a beneficial impact on the environment and society.*

Ladies Professional Golf Association (LPGA), 2570 W. International Speedway Boulevard, Suite B, Daytona Beach, FL 32114-1118

National Club Association, 3050 K Street N.W., Suite 330, Washington, DC 20007

National Golf Course Owners Association (NGCOA), 14 Exchange Street, P. O. Box 1061, Charleston, SC 29402. *A professional society of course owners dedicated to communicating knowledge to its membership.*

National Golf Foundation (NGF), 1150 South U.S. Highway 1, Jupiter, FL 33477. *This organization serves as a clearinghouse for golf data and publishes the most complete set of studies and other literature related to the business of golf. It has prepared and researched many subjects of collateral value to the course architect, including organizing, promoting, financing, and operating golf courses. Under direction of President and CEO Joseph F. Beditz, the Foundation plays an enormous role in the business of golf. A catalog of publications is available.*

Professional Golfers Association of America (PGA), Palm Beach Gardens, FL 33418-9601. *One of the most influential organizations in golf. It provides a catalog of its publications.*

PGA Tour, Sawgrass, 112 TPC Boulevard, Ponte Vedra Beach, FL 32082.

PGA World Golf Hall of Fame, 100 TPC Boulevard, Ponte Vedra Beach, FL 32082.

Ralph W. Miller Golf Library One Industry Hills Parkway City of Industry, CA 91744.

The Royal Canadian Golf Association, Golf House, 1333 Dorval Drive R.R.#2, Oakville, Ontario, Canada L6J423. *This is the ruling body of golf in Canada. It maintains an extensive museum of Canadian golf history and the Canadian Golf Hall of Fame.*

Tufts Archives, Pinehurst, NC 28374.

United States Golf Association (USGA), Golf House, P. O. Box 2000, Far Hills, NJ 07931. *This is the governing body of golf in the United States. It owns the world's largest golf library and distributes golf books, facsimiles, and its own magazine,* Golf Journal, *nine times annually. The Green Section of the USGA is also active in sponsoring books related to turfgrass science, the environment, and the management of golf courses. It sponsors research and maintains regional offices throughout the United States to provide the most extensive technical turfgrass services offered in the history of golf. The* Green Section Record *is published six times annually. Catalogs of USGA and Green Section publications are available.*

小册子和录像带

Cornish, G. S., and W. G. Robinson. *Golf Course Design: An Introduction.* Reprinted by GCSAA, 1989.

Golf Course Superintendents Association of America. *Golf and Environment Series* (Videotape).

Hurdzan, Michael. *Evolution of the Modern Green.* ASGCA, reprinted 1990.

Robert, E., and B. Roberts. *Lawn and Sports Turf Benefits.* Pleasant Hill, Tenn.: The Lawn Institute, 1990.

USGA Recommendations for Putting Green Construction. Published by the *USGA Green Section Record,* March-April 1993.

电子资源

电视

"Par for the Course." A 30-minute TV program produced by the Golf Course Superintendents Association of America is aired Sunday mornings on ESPN. A variety of episodes includes design, the benefits of a golf course to the community, environmental profiles, and others. The role of the key person, namely the golf course superintendent, in maintaining and enhancing the playing fields of the game is paramount.

录像带和光盘

Golf Course Superintendents Association of America. This organization provides videos and disks on golf course subjects together with tapes of "Par for the Course" episodes.

National Golf Foundation. This organization has indexed over 1,500 golf industry related topics on disk and describes this service as "the largest directory to literature about the business of golf...."

The Golf Course Superintendents Association of America. The Center for Resource Management. This organization has created a video called "Environmental Principles for Golf Courses in the U.S."—a joint effort by environmental groups and the golf industry.

网站

The American Society of Golf Course Architects. This organization provides "The Architect's Corner" weekly on the Web Site: http://www.golfdesign.org. It describes favorite holes of members and the extensive knowledge of the behind-the-scene planning and processes linking the hole from tee to green.

Other Web Sites that describe golf courses include but are by no means limited to—

golf.com URL: http://golf.com
Golf Course Database URL: http://www.traveller.com/golf
GolfData Web URL: htpp:www.gdol.com
Golf Online URL: http://www.golfonline.com/
Golf World URL: http://golf.com/golfworld/
GolfWeb URL: http://www.golfweb.com/cgi-bin/disp3.cgi?.

社团组织网站

www.gcsaa.org
National Golf Foundation URL: http://www.gate.net/-ngf/ngf.html
Professional Golfers' Association of America: www.pga.com
Royal Canadian Golf Association URL: www.rcga.org
United States Golf Association URL: www.usga.org
PGA TOUR URL: www.pgatour.com
IGOLF URL: www.igolf.com

Note: There are new web sites coming online every day using a search engine such as Yahoo. Lycos, Infoseek, and so on will get the user the latest and greatest golf related web sites.

参考文献

Adams, John. *The Parks of Musselburgh*. Droitwich, Worcestershire, England: Grant Books, 1991.

Bahto, George. *The National School of Design*. Chelsea, Mich.: Sleeping Bear Press, 1997. *The definitive work on Charles Blair Macdonald and his associates Seth Raynor and Charles Banks.*

Balogh, James C., and William J. Walker. *Golf Course Management: Environmental Issues*. Chelsea, Mich.: Lewis Publishers, 1993. *An informative book on environmental issues.*

Barclay, James A. *Golf in Canada: A History*. Toronto: McLelland and Stewart, 1992. *A reference book of intense interest, including passages on Canadian designers, with golf architect Stanley Thompson, a giant in the profession, featured.*

Bartlett, Michael, and Tony Roberts. *The Golf Book*. New York: Arbor House, 1980.

Bauer, Alek. *Hazards: Those Essential Elements in a Golf Course Without Which the Game Would Be Tame and Uninteresting*. Chicago: Tony Rubovitis, 1913, and Droitwich, Worcestershire, England: Grant Books, 1993.

Beall, Barbara B. "Bringing in the Hired Guns, How to Choose an Environmental Consultant." *USGA Green Section Record*. United States Golf Association (March/April 1995).

Braid, James. *Advanced Golf*. London: Metheun, 1908.

Browning, Robert. *A History of Golf*. New York: E. P. Dutton, 1955, and Classics of Golf, 1985.

Choate, Richard S. *Turf Irrigation Manual*, 5th ed. Dallas, Texas: Telasco Industries, 1994. (Available through the Irrigation Association, Fairfax, Virginia)

Clark, Robert. *Golf: A Royal and Ancient Game*. London: Macmillan, 1899.

Colt, H. S., and C. H. Alison. *Some Essays on Golf Course Architecture*. New York: Charles Scribners Sons, 1920, and Droitwich, Worcestershire, England: Grant Books, 1993.

Colville, George M. *Five Open Champions and the Musselburgh Golf Story*. Musselburgh, Scotland: Colville Books, 1980.

Cornish, Geoffrey, and Ronald E. Whitten. *The Golf Course*. New York: Rutledge Press, 1981, 1982, 1984, 1987, and Stamford, CT: Classics of Golf, 1989. *The seminal text on course designers, this book includes profiles of those who have practiced the art form since its inception, as well as lists of their courses.*

———. *The Architects of Golf*. New York: Harper Collins, 1993. *A complete update of* The Golf Course *with photographs of each profiled architect. Additional illustrations are arranged chronologically to outline the history of the profession.*

Cousins, Geoffrey. *Golf in Britain.* London: Routledge and Kegan Paul, 1975. *A historical, societal, and economic background of golf in Great Britain, much of which is applicable to golf in North America.*

Darwin, Bernard. *The Golf Courses of the British Isles.* London: Duckworth & Co., 1910, and Stamford, CT: Classics of Golf, 1988. *Illustrated by Harry Rowntree with evocative watercolors, this is said to be golf's first "coffee table book."*

Darwin, Bernard. *James Braid.* London: Hodder and Stoughton, 1952.

Darwin, Bernard, Sir Guy Campbell, et al. *A History of Golf in Britain.* London: Cassel and Co., 1952. *A chapter on golf architecture in Britain by Sir Guy Campbell is "required" reading for golf architects.*

Davis, William H. *The World's Best Golf.* Trumbull, Conn.: Golf Digest, 1991. *This illustrated work followed a series by Davis and the editors of* Golf Digest *starting in 1974. Great golf courses worldwide are described. Apparently, Bill Davis and his researcher Topsy Siderowf did not believe that a course had to be an extravaganza to make a contribution, although they admired outstanding layouts.*

Doak, Thomas. *The Confidential Guide to Golf Courses.* Chelsea, Mich.: Sleeping Bear Press, 1996. *One golf architect's opinions of nearly a thousand links and courses he visited around the globe. Interesting for all golfers; it is even more interesting for designers who like to know what others think of their work.*

———. *The Anatomy of a Golf Course.* New York: Lyons and Burford, 1992. *Written by a youthful golf architect belonging to a generation of newcomers to the profession, with diagrams by Gilbert Hanse, another young architect, this book should be read by all in design or involved in master planning of projects that include golf.*

Dobereiner, Peter. *The Glorious World of Golf.* New York: McGraw Hill, 1973.

Dye, Pete, with Mark Shaw. *Bury Me in a Pot Bunker.* New York: Addison-Wesley, 1995. *A remarkable autobiography of a remarkable person and his remarkable wife, golf architect Alice Dye.*

Gimmy, A. E., and M. E. Benson. *Golf Courses and Country Clubs: A Guide to Appraisal, Market Analysis, Development and Financing.* Chicago: Appraisal Institute, 1992. *An important text for the golf architect's library.*

Gordon, John. *The Great Golf Courses of Canada.* Willowdale, Ontario, Canada: Firefly Books, 1993. With photography by Michael French. *This work portrays the greatness of golf architecture in Canada.*

Graffis, Herb. *The PGA.* New York: Thomas Y. Crowell, 1975.

Grant, Donald. *Donald Ross of Pinehurst and Royal Dornoch.* Golspie, Scotland: The Sutherland Press, 1973.

Grant, H. R. J., and J. F. Moreton. *Aspects of Collecting Golf Books.* Droitwich, Worcestershire, England: Grant Books, 1996.

Grimsley, Will. *Golf: Its History, People, and Events.* Englewood Cliffs, N.J.: Prentice-Hall, 1966.

Harker, D., S. Evans, M. Evans, and K. Harker. *Landscape Restoration Handbook.* Boca Raton, Fla.: Lewis Publishers, not dated. *Described as an ecological call to arms, this is an impressive reference work.*

Hawtree, Fred W. *Triple Bauge*, Woodstock, Oxford, England: Cambuc Archive, 1996. *An account of the evolution of medieval games into golf.*

———. *The Golf Course: Planning, Design, Construction and Maintenance.* London: E. and F. S. Spon, 1983; reprinted 1985, 1989, 1990, 1992, and completely revised in 1996 in collaboration with golf architect Martin Hawtree. *This work is by a renowned course architect whose father was, and son is, also distinguished in the profession.*

———. *Colt & Co. Golf Course Architects.* Woodstock, Oxford, England: Cambuc Archive, 1991. *A biographical study of H. S. Colt, one of the most influential course designers in history, and his partners C. H. Alison, J. S. F. Morrison, and A. Mackenzie—a foursome whose work is found in many countries and is pervasive to our art form.*

Henderson, J. T., and D. I. Stirk. *Golf in the Making.* London: Henderson and Stirk, 1979. *A comprehensive illustrated history of playing equipment and golf ball technology.*

Hunter, Robert. *The Links.* New York: Charles Scribners Sons, 1926, and USGA Rare Book Collection, Far Hills, N.J. 1994. *The first known American book on course design, its contents remain timely. Author John Strawn edited the facsimile edition.*

Hurdzan, Michael J. *Golf Course Architecture: Design, Construction and Restoration.* Chelsea, Mich.: Sleeping Bear Press, 1996. *Magnificent and educational are two words appropriate to a description of this work.*

Hurdzan, Michael J. "Minimizing Environmental Impact by Golf Course Development: A Method and Some Case Studies." In *Handbook of Integrated Pest Management for Turf and Ornamentals*, edited by Anne R. Leslie. Chelsea, Mich.: CRS Press, 1994.

Irrigation Systems Design Manual. Fresno, Calif.: Buckner, 1988.

Jenkins, Dan. *The Best 18 Holes in America.* New York: Delacorte Press, 1966.

Jones, Rees L., and Guy L. Rando. *Golf Course Developments.* Technical Bulletin 70. Washington D.C.: Urban Land Institute, 1974. *This seminal and influential work on integration of golf and residences was later updated by others. See Muirhead and Rando (1994) and Phillips (1986).*

Jones, Robert Trent, with Larry Dennis. *Golf's Magnificent Challenge.* New York: McGraw-Hill, 1989. *A spectacularly illustrated autobiography by the architect who has influenced his art form probably more than any other designer in history.*

Jones, Robert Trent, Jr. *Golf by Design.* Boston: Little Brown, 1993. *Written to assist the player in comprehending course design and how doing so may save him or her a stroke., this book adds another dimension to golf and is instructive for the course architect as well.*

Jones, Robert Tyre. *Golf Is My Game.* Garden City, N.Y.: Doubleday, 1960.

Kains, Robert. *Golf Course Design and Construction.* Guelph, Ont.: University of Guelph, 1993. *This study, with abundant illustrations, is the text for a correspondence course provided by the University of Guelph.*

Klein, Bradley S. *Rough Meditations.* Chelsea, Mich.: Sleeping Bear Press, 1997. *Essays on the principles of course architecture that explore tensions between classical style and modern aspects of business, technology, and public perceptions. As a respected student of golf, Klein does not hold back on judgments that are both sharp and entertaining.*

Klemme, Mike. *A View from the Rough.* Chelsea, Mich.: Sleeping Bear Press, 1995. *This work and its outstanding photography are a tribute to golf architects, contractors, superintendents, and environmentalists who strive for favorable environments for many species.*

Kroeger, Robert. *The Golf Courses of Old Tom Morris.* Cincinnati, Ohio: Heritage Communications, 1995. *Abundant data of immense interest concerning "Old Tom" and his layouts are included.*

Love, William R. *An Environmental Approach to Golf Course Architecture.* Chicago: The American Society of Golf Course Architects, 1992. *Aspects of course design and their significance to the environment are put forward in text and convenient checklist form by an accomplished architect.*

Low, John L. *Concerning Golf.* London: Hodder and Stoughton, 1903, and Far Hills, NJ: USGA Rare Book Collection, 1987.

Macdonald, Charles Blair. *Scotland's Gift GOLF.* New York: Charles Scribners Sons, 1928, and Stamford, CT: Classics of Golf, 1985.

Mackenzie, Alister. *The Spirit of St. Andrews.* Chelsea, Mich.: Sleeping Bear Press, 1995. *Written in 1933 but not published, this manuscript was brought to light in 1995 by the author's stepgrandson, Raymond A. Haddock. It soon became a classic.*

———. *Golf Architecture.* London: Simpkin, Marshall, Hamilton, Kent & Co., 1920, and Stamford, CT: Classics of Golf, 1988 and Droitwich, Worcestershire, England: Grant Books, 1982. *This little book holds a mighty message for golf architects.*

Mahoney, Jack. *The Golf History of New England.* Weston, Mass.: New England Golf, 1995.

Martin, H. B. *Fifty Years of American Golf.* New York: Dodd, Mead & Co., 1936.

Mead, Daniel W., and Joseph Reid Akerman. *Contract Specifications and Engineering Relations.* New York: McGraw Hill, 1956.

Muirhead, Desmond, and Guy L. Rando. *Golf Course Development and Real Estate.* Washington, D.C.: Urban Land Institute, 1994. *Prepared in the tradition of Rees Jones and Guy Rando's first ULI book on the subject, this is a valuable reference for all involved in the integration of golf and residences.*

Mulvoy, Mark, and Art Spander. *Golf: The Passion and the Challenge.* New York: Rutledge Books, 1977.

National Golf Foundation. "Golf Course Design and Construction." Jupiter, Fla.: National Golf Foundation, 1990.

Park, Willie, Jr. *The Game of Golf.* London: Longmans Green and Co., 1896. *This work contains a chapter on course design, one of the first ever written. Park is considered to be the doyen of contemporary golf architecture.*

Peper, George. *Golf Courses of the PGA Tour.* New York: Harry F. Abrams, 1986.

Phillips, Patrick L. *Developing with Recreational Amenities: Golf, Tennis, Skiing, Marinas.* Washington D.C.: Urban Land Institute, 1986.

Pira, Edward. *A Guide to Golf Course Irrigation System Design and Drainage.* Chelsea, Mich.: Ann Arbor Press, 1997.

Price, Charles. *The American Golfer.* New York: Random House, 1964, and Stamford, CT: Classics of Golf, 1987.

———. *The World of Golf.* New York: Random House, 1962.

Price, Robert. *Scotland's Golf Courses.* Aberdeen, Scotland: Aberdeen University Press, 1989. *Addressing the geology of their landforms, this book describes courses in the homeland of golf. With the playing fields of the game occupying expanding acreage worldwide, along with our increasing ability to modify land forms by moving earth, this book is "required reading."*

Robertson, James K. *St. Andrews—Home of Golf.* St. Andrews, Fife, Scotland: J & G Innes, 1967.

Rochester, Eugene W. *Landscape Irrigation Design.* St. Joseph, Mich.: American Society of Agricultural Engineers (ASAE), 1995.

Ross, Donald A. *Golf Has Never Failed Me.* Chelsea, Mich.: Sleeping Bear Press, 1996. *Written long ago by one who hailed from the Scottish links to become the preeminent course architect in the United States, the manuscript was located by golf architect David Gordon, who gave it to the ASGCA, which in turn undertook to sponsor its publication with Ronald E. Whitten as editor.*

Ryde, Peter, D. M. A. Steele, and H. W. Wind. *Encyclopedia of Golf.* New York: Viking Press, 1975.

Shackelford, Geoff. *The Captain.* Chelsea, Mich.: Sleeping Bear Press, 1997. *The definitive work concerning George C. Thomas, golf course architect, rose breeder, and author of* Golf Architecture in America. *It is another of those valuable books that outline careers of distinguished golf architects.*

———. *Masters of the Links.* Chelsea, Mich.: Sleeping Bear Press, 1997. *Essays by golf architects Mackenzie, Tillinghast, Hunter, Macdonald, Crenshaw, Dye, and Doak.*

Sheehan, Lawrence. *A Passion for Golf.* New York: Clarkson Potter, 1994.

Steel, Donald. *Classic Golf Links of England, Scotland, Wales and Ireland.* Gretna, La: Pelican Publishing, 1993. *Written by a prominent golf architect and writer, this work is significant to the art form.*

Strawn, John. *Driving the Green.* New York: Harper Collins, 1991. *A descriptive nonfiction work detailing the trials and tribulations of an owner and his architect, the celebrated Arthur Hills, in bringing the development of Iron Horse Golf and Country Club in Florida to a successful conclusion. Having spent months on the project before and during construction, Strawn, a historian and former Reed College professor, produced a realistic, stranger-than-fiction account of what is involved in course planning, permit acquisition, and construction.*

Sutton, Martin H. F. (ed.). *Golf Course Design, Construction and Upkeep.* Reading, England: Sutton & Sons, 1950.

Sutton, Martin H. F., ed. *The Book of the Links.* London: W. H. Smith & Sons, 1912.

Taylor, Dawson. *St. Andrews, Cradle of Golf.* London: A. S. Barnes & Co., 1976.

Tillinghast, A. W. *The Course Beautiful.* Warren, N.J.: Treewolf Productions, 1995. Compiled, designed, and edited by R. C. Wolffe, Jr., and R. S. Treebus, with a foreword by Rees Jones and research by A. F. Wolffe, *this informative book includes Tillinghast's articles and letters together with photography of his golf holes and plans.*

Thomas, George C. *Golf Architecture in America.* Chelsea, Mich.: Sleeping Bear Press, 1997. *A beautiful reprint of the original work.*

———. *Golf Architecture in America: Its Strategy and Construction.* Los Angeles: Times-Mirror Press, 1927, and Far Hills, N.J.: USGA Rare Book Collection, 1990. *Regarded as the American classic on course design, this book has inspired generations of designers and writers.*

Tufts, Richard S. *The Scottish Invasion.* Pinehurst, N.C.: Pinehurst Publishers, 1962.

Tulloch, W. W. *The Life of Old Tom Morris.* London: Werner, Laurie, 1908, and Far Hills, N.J.: USGA Rare Book Collection, 1992.

United States Golf Association. *Golf: The Greatest Game.* New York: Harper Collins, 1994. *An anthology by persons widely known in the world of golf, this book celebrates the first 100 years of the game in the United States. "The Architects Vision," by Tom Doak, must rank among the most visionary works on design. Another chapter, by John Strawn, outlines the history of the USGA, an important subject for those practicing course architecture.*

Ward-Thomas, Pat, Herbert Warren Wind, Charles Price, and Peter Thomson. *The World Atlas of Golf.* New York: Random House, 1976. *With a foreword by Alistair Cooke, written by a team of acclaimed golf writers, and superbly illustrated, this book ranks among the most beautiful and informative writings related to course design.*

Wethered, H. N., and T. Simpson. *The Architectural Side of Golf.* London: Longmans Green & Co., 1929; second edition, titled *Design for Golf,* London, 1952, and Grant Books, Droitwich, Worcestershire, England: 1995. *Regarded by some as the British classic on the subject, this work is now available as a handsome facsimile with an introduction by renowned American designer Arthur Hills. The facsimile includes several of Simpson's famous ink sketches with color washes, and some black-and-white sketches of individual greens, so detailed that a golfer might say "I can read that green."*

Wind, Herbert Warren. *Following Through.* New York: Tickner & Fields, 1985.

———. *The Story of American Golf,* 3d ed. New York: Alfred A. Knopf, 1975.

———. *Herbert Warren Wind's Golf Book.* New York: Simon and Schuster, 1971.

Wind, Herbert Warren, ed. *The Complete Golfer.* New York: Simon and Schuster, 1954.

术语表

由于高尔夫涉及领域较多，关于球场设计、开发和建设的词汇也在不断扩展。本术语表包括开发商、设计师、施工者等相关人员可能遇到的单词、惯用语、专业用语。所提及的出版物在参考文献中列出。

A

Abutment 桥墩。桥或桥拱的支撑部分。

Accessibility rate 可到达率。一定区域之内，用于表达每个18洞球场所覆盖人口的总数。（Authority：Gimmy and Benson，1992）

Acid fertilizers 酸性肥料。带有酸性残渣的废料，可加剧土壤酸性程度。

Acid soil 酸性土壤。表层呈酸性的土壤。严格来说，指pH值小于7的土壤。在专业用语里，指pH值小于等于6的土壤。

Acre foot 英亩英尺。底面积为1英亩，高为1英尺的体积单位。1英亩英尺等于27225加仑。

Aeration of soil 土壤通风。（1）土壤和大气的气体交换，或土壤中二氧化碳含量减少，氧气含量增加的过程；（2）在草地上打孔以促进气体交换。

Aerial golf 空中高尔夫。在空气中打高尔夫球，这与在草地上进行的高尔夫运动相比较，后者受地形条件影响较大，需要着意控制球的方向。

Aggregate 聚合。筛选或分离沙、砾石、土壤或者岩石，使颗粒达到所需要的大小。

Aggregate（soil） 聚合（土壤）。使土壤颗粒达到一定细腻程度。

Agronomy 农学。关于土壤管理和作物生产的科学。草地学是其中一个分支。

Agrostologist 禾本植物学家。专门研究草地的植物学家。直到二战时期，"草地学"还常被称为草本学。

Alkali soil 碱性土壤。土壤中含有足量的供植物生长的钠（或类似元素）。碱性土壤的pH值为8.5或者更高。

Alps 阿尔卑斯。苏格兰普雷斯蒂克高尔夫俱乐部的第17号洞，被奉为经典而广为流传。有类似美誉的还有美国国家高尔夫球场的第3号洞。

Amendment（soil） 改良（土壤）。在土壤中加入有机物等物质，以改变其物理性质，与施肥以改变土壤的化学性质相对应。

Angle of repose 休止角。土壤经过向下和向外的沉降，达到静止状态时，水平面和斜坡之间的角度。

Anion 阴离子。土壤微粒中带负电的离子。

Approach 接近区。在该区域，中距离击球转向以球洞区为目标的近距离击球。

Approach courses 接近区球场。标准杆为3杆，没有球座的球场，允许球员自己选择发球位置。

Apron (or collar) 围裙带（或衣领区）。该区域有割草机的宽度或更宽，围绕在轻击区草地的周围。

Aquascaping 水环境设计。选用水生植物进行岸线的景观设计，或在湿地中引入水生植物。目的是提高水质和提高环境美感，同时促进区域物种数量的增加。

Artificial turf 人造草地。用人造材料仿造的草地。

B

Backfill 回填。用土壤等物质填回挖空的区域。

Background plan 资料地图。见"Base map"。

Bail-out area 接球备用区。当球员不准备把球击向目标，该地区即用于接住来球。

Balance 均衡。依照趣味性或者难度大小，把球洞划分为9个1组。

Ball (golf) 球（高尔夫球）。起初，人们广泛使用羽毛制球，后来在1850年代，古塔胶球取代了羽毛制球。到了1900年代，哈斯克尔球或者橡胶核心的球取代了古塔胶球。从那时起，计分方法也发生了改变。

Bank run gravel or sand 岸砂。堤岸上砾石、粗砂、细沙的混合物

Bank yardage 堤岸的码数。堤岸或深坑处于原状时的体积或容积，与开挖或填充后，松散材料的体积或容积相对应。

Base exchange capacity 基本交换能力。见"Cation exchange capacity (CEC)"。

Base map 底图。反应现状条件的地形图或者资料图。

Basin or cavity 凹地或洞穴。储存砾石、砂子以及植物根部所需的混合土层的凹陷地带，用于达到USGA的分类标准，适于植物的生长。

Bay and cape 湾和岬。见"Bunker"。

Bench mark (B.M.) 水准点。地理上的特定点，通常用坐标系统或者GPS（全球定位系统）来确定，例如高程。

Bench terrace 台地。山坡上或山腰间的平地。

Bend (or pivot) 转弯处（或中枢）。路线向左或向右改变方向的点。

Bents 硬草地。Agostis属的细密草地，广泛用于高尔夫球场。苏格兰球童指包含不同种类的硬质草地。

Bentonite 膨润土。一种有弹性的黏土，潮湿的时候膨胀；用于筑池塘。

Berm 窄路。土地上的脊，与小丘相对应。

Bid 投标价。投标人提出的固定价格，不可议。见"Proposal"。

Bioengineering 生物工程学。将工程概念结合到生物学中。例如，用植被和构筑物保护溪流堤岸。

Bite-off hole 难度球洞。见"Heroic design"。

Black layer 黑色层。轻击区表面，几英寸厚的黑色表层，由厌氧微生物生成。

Blade 刀锋。(1) 挖掘机，例如推土机的一部分，用于挖掘和推动泥土。(2) 割草机的刀锋。(3) 草的叶片部分。

Blend (seed) 混合（播种）。两种或更多的同种植物混合培育，与两种或更多不同种植物混合培育相对应。

Blender 搅拌机。用于混合土壤、沙石和有机物的机器。

Blind hole or shot　盲洞或盲击。如果球员击球的位置无法看到球着地点或者球洞区，这样的球洞成为盲洞。如果只有旗子可见，成为部分盲洞或部分盲击。

Borrow area or pit　取料地带或深坑。土壤或填充物用于其他位置或用途的区域。

Boulder　巨石。单人无法轻易搬运的大岩石。用其他方法搬运巨石的时候，这些方法是可以度量的。

(The) Box　击球区。工程人员词汇，指球洞周围清理过的部分，而走廊和外围指的是整个球洞区，包括清理过和未清理过的。

Breaking the back　阻止后退。为了使泥炭土稳定，在泥炭土不再压缩时，在其上面加一定厚度的填充物。

Breather　喘息的机会。较容易的球洞，用以减少球员的压力。

Broom (Scotch)　灌木（苏格兰）。见"Links plants"。

Bulk Density　密度。大量的干燥土壤，与其体积相关的指标。有研究发现，该指标能反映底层混合物的组成。

Bulkhead　堵壁。用木头、混凝土或石头构筑，加固堤岸或防水用的部分。

Bump and run　跳和滚。见"Aerial golf"。

Bunker　障碍。根据高尔夫球运动的规则，障碍是在某些地段设置的冒险设施，通常在有沙子或草的凹地上。（陷阱这个词不够正式。）以下词汇与障碍相关：

　　Bay　湾。障碍洞的壁上或表面的草形成了岬，岬之间的沙子就是湾。

　　Cape　岬。湾之间的草的尖端。

　　Face　面。障碍洞附近的沙子形成的湾。

　　Fan wall or fan-faced bunker　扇面或扇面障碍。带有铁路枕木墙或类似情况的障碍。

　　Flash　闪。向前伸出的狭窄的湾或面。

　　Grass wall or grass-faced bunker　草墙或草面障碍。带有草墙的障碍。

　　Sand wall or sand-faced bunker　沙墙或沙面障碍。带有沙墙的障碍。

Burn　溪流。苏格兰词汇，指小溪。

Butts　地界。见"Land tile"。

C

Calcarious soil　石灰土。含有大量碳酸钙的土壤，可用盐酸检测（冒气泡）。

Calcined clays and aggregates　煅烧黏土和混凝料。高温下性能稳定的粒状矿物质，作为土壤的改良材料。

Capacity (course)　容量（球场）。球场一天之内适宜容纳的运动回合数。

Capacity utilization of a course　球场的容量使用。在使用计划之下，球场实际进行的回合数。私人俱乐部用希望使用数字和实际使用数字来表示。

Cape Hole　岬洞。标准杆为4~5杆的球洞，开球击具有一定难度，且球洞区附近的接近球也带有危险性。例如派伯海岸球场的第18洞，或海中央的第5洞。

Cape and bays　岬和湾。见"Bunker"。

Capillary water　毛细管水。土壤缝隙间带有张力的水。在毛细作用下，这种水可以向上移动。

Carbon-nitrogen ratio　碳—氮比例。碳的质量与所有氮的比值。碳—氮比高的材料降低了氮的有效性。

"Cardiac" hole　"考验心脏"的球洞。位于险峻处的球洞，须费力攀爬。

Carry　球程。球在空中运动的距离。可用作名词或动词。

Casual water　临时积水。高尔夫球规则将其规定为"球员运动之前和之后，球场上所有可见的临时性的积水，不包括水池障碍。"

Catch basin　贮水池。收集地表水和地下水的构筑物，并通过管道排走。带有过滤设备，阻挡住大块的物质。

Cations　阳离子。带正电的土壤微粒，包括钙离子、镁离子、钠离子、钾离子、铵离子和氢离子。

Cation exchange capacity（CEC）　阳离子交换能力（CEC）。土壤能吸收的阳离子总数，或用每 100 克土壤所能吸收的阳离子数量表示。

Cavity　凹地。见"Basin"。

CC&Rs　在正式协议中达成的契约、规定和约束条件的简称。

Channels　水渠。排水沟、洼地和其他汇聚地表水的凹陷处。

Check dam　限制闸。溪流上的小水坝，用以限制流速，增加沉积物。

Chemigation　化学灌溉。在灌溉系统中应用化学制品。

Chip　切削球。短距离跳起或飞行的球。

Chipping or fringe swale　切削区或边缘低地。与轻击区毗邻的地区，通常在凹地中。与衣领区的草等高，允许轻击或切削。

Chiseling　松土。用犁将表面或表面以下的土壤翻松，但不搅乱。

Chocolate drop　巧克力滴。形状类似于巧克力滴的小丘。

Choker layer　阻塞层。美国高尔夫球协会规定的术语，指砂砾和植物根系混合层之间的粗沙层。

Classic golf hole　经典高尔夫球洞。用于描述著名的球洞，指设计巧妙、被广为效仿的范例。如 Redan、阿尔卑斯、Cape 和 Eden。

Clay　黏土。颗粒直径小于 0.002 毫米的土壤。

Clear Cutting　彻底清除。将全部或大部分树木清除；与选择性清除相对应，后者指留下大部分树木。

Clerk of the works　书记员。在工程现场负责记录的人员。也用来指工程负责人。

Clubs　球杆。传统意义上的球杆与现代球杆有所不同。注解：吉格（10 号铁杆或 11 号铁杆）不是精确的中—铁头短杆，可与现代的 3 号铁杆对应。伯非（4 号木杆，未列出）是古塔胶时代所使用的木杆，击球时会把草地弄平。

1 Wood	1号木杆	宽头杆或凸面木杆
2 Wood	2号木杆	铜盘底板和木质头部的球杆
3 Wood	3号木杆	匙状球杆
4 Wood	4号木杆	铁头钩状球杆
1 Iron	1号铁杆	开球铁杆
2 Iron	2号铁杆	中—铁杆
3 Iron	3号铁杆	中—铁头短杆或吉格
4 Iron	4号铁杆	铁头短铁杆

5 Iron	5号铁杆	铁头短杆
6 Iron	6号铁杆	铲形铁头短杆
7 Iron	7号铁杆	铁头短杆，带有大角度斜面
8 Iron	8号铁杆	向上高打用的铁杆
9 Iron	9号铁杆	带有大角度斜面的铁杆
Putter	轻击杆	轻击杆

Coffer dam　围堰。多水区域周围临时堆筑的墙，防止施工中水向外溢。
Collar　衣领区。见"Apron"。
Con Docs　工程文件的缩写。
Conform line　一致线。逐级操作时不同级别的边缘。
Constructor　建设方。承包商或者其他负责球场建设的人。
Contour interval　等高线间隔。相邻等高线之间的间隔，表示高度差。
Contour line　等高线。相同高度的多个点的集合，根据给定数据、水准点或高度确定。
Contour mowing　等高线式修剪。深草区和球道之间的波浪线，与直线相对应。
Cool-season grasses　冷季草。适于在凉爽地区生长的草。球场常用种类包括蓝草，剪股颖，羊茅和黑麦草。
Corduroy　排木。将圆木垫在下面防止塌陷。现在多用 geotextiles。
Coring　去心。(1) 将已长成的草地土壤去掉中心部分，以利其通风。(2) 移走球洞区 12 至 18 英寸的土壤，用美国高尔夫球协会规定的土层或其他土壤代替。
Corride or envelope　走廊或外围。安排球洞的区域的总称。与"击球区"不同的是，它还包括栽种树木的深草区以及缓冲地带。
Cost plus　成本加价。一种合同，承包商依据该合同，获得其工作的报偿，并加上一定比例的酬金。
Country club　乡村俱乐部。在高尔夫球之外，提供一定设施，包括游泳池、网球场的俱乐部，而高尔夫俱乐部只限于高尔夫球。
Course rating（USGA）　球场级别（美国高尔夫球协会）。指一个球场，在球场和天气状况正常时，对多位条件平等的球手而言的难度评价。它以球场大小和障碍难度为基础，这些因素会影响球手们的得分能力。
Cover crop　遮盖作物。在永久性植被栽种之前，临时栽种的植被，用来保护土壤不被侵蚀。见"绿肥作物"。
Critical path　关键路径。整个工程的顺序。通常在动工之前已确定。
Cross bunker　穿越障碍。几乎以直角通过球洞的障碍沙坑。
Crowned green or tee　王冠球洞区或球座。球洞区或者球座位置较高，且同时面对至少2个方向。
Cultivar（variety）　培育植物（种类）。用种子等方式进行繁殖时，不同种植物保持其特征。
Culvert　水管。排水的管道。
Cup or hole　球洞或球洞中的金属容器。根据高尔夫运动规则，球洞直径为 $4\frac{1}{4}$ 英寸（108 毫米），至少 4 英寸（100 毫米）深。如果打平直球，球与洞中心连线至少应低于轻击区表面 1 英寸（25 毫米），外径不大于 $4\frac{1}{4}$ 英寸（108 毫米）。

Curtain drain　帘幕排水沟。开敞或地下排水沟，用于截取地表或地下水，防止其下渗。

Cut and fill　挖掘和填充。削平山丘，用挖下来的土壤填充附近的低地。也指取一个地方的材料用于填充远距离以外的另一地。

D

Daily fee course　日付费球场。私人设施，向公众开放时收取草地费。如果是会员制，这些设施是半私人的。如果球场为公共实体所有，设施则为地方所有，但是仍然是日付费的。

Datum　资料。记录某地点高程数据的文献。

Dead-air green　不通气草地。被树木或山丘包围的草地，空气不能流通。

Desalinization　脱盐。去掉土壤或水中的盐分。

Desiccation　干燥。植物彻底失水而萎蔫。

Detention pond　拦洪池塘。根据需要蓄水并在控制之下排水的池塘，与蓄水池塘不同，后者是在一定时期内储水，储满后排水。

Dewatering　去水。用泵、渠或蒸发等方式除去某区域内的水。

Divot　草皮断片。击高尔夫球时球杆削起的一块草皮。

Dogleg　拐形击球区。有明显弯曲的击球路线。

Dormant seeding　休眠播种。秋后再播种，目的是直到来年春季种子才会发芽。

Double green　双球洞区。从两条不同路线到达的球洞区。

Double penalty　双处罚。通常指球手刚通过了一个障碍，又面临一棵树拦路。

Dragline　牵引式挖掘机。一种挖掘机，用缆绳连接一个铲斗，使铲斗跟着挖掘机拖动。

Draw　左曲球。一种击球法，使球先向右再向左偏；与曲线球或牵引球不同，因为左曲球是故意制造的效果。

Dredge　挖掘机。用于挖掘或加深池塘的设备。

Driving range　击球范围。泛光照明的商业性区域，有发球时使用的草皮。见"Practice fairway"。

Dugout pond（dug pond）　掩体池塘。人工挖掘而成的池塘，与用作水库的池塘相对应。

E

Eagle　鹰。某一球洞，低于标准杆两杆的成绩。

Eden Hole　伊登球洞。

"Eighteen stakes on a Sunday afternoon"　"星期天下午的18个赌注"。早期北美的一种幽默的用法，表示设计高尔夫球场。

Electrical conductivity　导电率。用于衡量水或土壤含盐量的指标。

Elephant's nose or mound　象鼻或小山。Raynor、Banks、Thompson设计的形状独特的球场山丘。

Endopitic fungi Endophitic　真菌。某些特定种类的真菌，能控制昆虫和其他真菌。

"English parks"　"英国花园"。培育草木并精心修剪，营造特殊视觉效果的英式庭园。

Entrance　入口。障碍区、山丘、水洼或深草区之间的区域，使球手可以将球击向轻击区。

Envelope　外围。见"Corridor"。

Ephemeral stream 季节性河流。地下水水位以上的河流，由地面降水产生，与以泉水为源、常年奔流的河流相对应。

Equity or nonequity club 业主或非业主俱乐部。一种私人俱乐部，其成员具有或不具有设施的所有权。也用"设施所有权"表示。

Erosion 侵蚀。水、风或重力作用造成的土壤移动。

Esker 蛇形丘。由砾石或砂淤积起来的脊状物，由冰川河流冲积而成。

Eutrophication 富营养化。池塘和湖泊的衰老过程，指由于水生植物大量繁殖使水中氧气含量减少。氮和磷的流失也会加速这一过程。

Evapotranspiration (ET) rate 蒸散率。衡量土壤和植物中水分蒸发量的指标。见"Transpiration"。

Executive or precision course 执行或精确球场。一种略小的球场，通常比标准的长度少5000码，有很多标准杆为3杆的球洞，总标准杆很少超过60杆。

F

Face bunker 面障碍。见"Bunker"。

Facility 设施。根据国家高尔夫球基金会的规定，是一个复杂的联合体，包含一个或多个球场。

Fade 右曲球。从左向右有控制的一击；意图明确因而与切削或推球不同。

Fairgreen 平坦区。指球道和接近区；现在已很少使用。

Fairway 球道。球座和球洞区之间的限定区域。

Fallowing 休耕制。出于某些目的，如减少杂草而使土地中止耕种。由于休耕会加剧侵蚀，因此在球场建设中，休耕不被采用。

Feather or featherie 羽毛。见"Balls (golf)"。

Fertigation 灌溉施肥。通过灌溉系统施肥的方式。

Fertilizer ratios 肥料含量比率。肥料包装上标注的氮、磷酸（五氧化二磷）以及水溶性钾盐（氧化钾）的含量百分比。在三种物质之比为10∶6∶4的100磅肥料中，含有10磅氮，6磅磷酸和4磅钾盐。

Field capacity 土壤容水量。用百分数表示土壤的含水程度，经雨水或灌溉而湿透，在48小时之内的土壤；或者经烘干的土壤。

Fines 细沙。微粒直径小于0.01毫米的沙子。

Finish grade 完成坡度。规划规定以及在特定要求下的最终坡度。

Finish surface 完成表面。最终的土壤表面，没有石块、垃圾、尖锐突起和凹坑。

Flagstick 旗棍。根据高尔夫规则，用可移动的直棍插在球洞处来表示位置，旗棍上有无旗帜均可。

Flash 闪。见"Bunker"。

Floodplain 漫滩。周期性泛滥的平地。

Flow 流动。球手的运动，骑马或步行。

Fluffing 抖松。将苗床翻松，使其更适于种子萌芽。

Flume 水道。用木头、沥青或混凝土构筑的水沟。

Flusher 冲洗器。排水瓦沟上端的一种装置，使水在压力下通过瓦沟排走。

Focal spots　　焦点。房地产词汇，指由于景观良好或观看比赛便利而使地价更高的区域。
Focus group interview　　焦点访问。一种市场调查的方式，对一组潜在消费者就特定主题进行提问（Gimmy and Bensoon，1992）。
Force account　　计工。一种建造方法，业主直接支付劳力、材料和设备的费用。
"Form follow function"　　"形式追随功能"。影响深远的建筑原则。例如，一杆短小的接近球只要求很小的具有等高线轮廓的轻击区，就是这一原则的具体应用。
Fragipan　　脆盘。一层密实的土壤层，防止水和植物根系的穿过。
Freeboard　　出水高度。从池塘的最高水位线到堤坝上表面的垂直距离。
Freeze road　　冻结路。冬季将道路积雪扫除，且在表面结一定厚度的冰，用于拖曳重型设备。
French drain　　暗沟。不用挖沟的地下排水系统，而使用沙、石等易渗透的材料构筑深沟。不同地区此词汇所指有所不同。在魁北克地区，将扁平的石头立起，筑成地下管道用于排水。
Frequency of cut　　切割频率。割草机的螺旋上刀刃的数量。
Fresno scraper　　弗雷斯诺铲土机。见"Hand scraper"。
Fringe swale　　边缘低地。见"Chipping swale"。
Front-end loader　　前端载重。载货设备在前端的拖拉机。
Furze　　荆豆属植物。见"Links plants"。

G

Gabions　　石笼。镀锌钢丝筐，装满石块。
Georgia bushel　　乔治亚蒲式耳。见"Industry Standard Bale (ISB)"。
Geotextiles (geosynthetics)　　地质纺织品（地质合成材料）。广泛使用的聚合物产品，在球场建设中日趋重要。
Golf car and golf cart　　高尔夫汽车和高尔夫推车。高尔夫汽车是两座带动力的交通工具，高尔夫推车仅有一个载货的袋子，用手推或者带有动力。
Golf and country club (G&CC)　　高尔夫和乡村俱乐部。加拿大用词汇；在美国有一定影响，指提供高尔夫球和其他设施的乡村俱乐部。
Golf club　　高尔夫俱乐部。只提供高尔夫的俱乐部。
Golf club　　高尔夫球杆。（设备）见"Clubs"。
Golf Course Superintendents Association of America (GCSAA)　　美国高尔夫球场负责人协会。负责维护和促进球场建设的专业人士的组织。
Golfing grounds　　高尔夫场地。在较短的历史时期里用来指高尔夫球场，随着"果岭"一词而产生，从1890年代起不再使用。
Golf participation　　高尔夫参与度。国家高尔夫球基金会用词，在每年的调查中，5岁以上人口至少参加一次高尔夫球运动所占的比例。
Golf revenue multiplier (GRM)　　高尔夫收入增值。从球洞区费用、车辆租费和球道练习费用等获得的直接由高尔夫球产生的收入（Gimmy and Benson，1992）。
Golf value　　高尔夫价值。高尔夫吸引人参与的诸多方面，例如运动的趣味、环境优美、调节身心的作用以及该运动悠久的传统。

Grade stake　坡度桩。用于指示预期坡度的木桩。
Gradient, grade, or slope　坡度。坡度线和水平线之间的关系，用百分数或者比值来表示。4%等于垂直方向1英尺比水平方向25英尺的坡度。坡度也用水平线和坡度线之间的夹角表示。
Grain　纹理。轻击区表面的草叶显示的方向。
Grass bunker　草障碍。地势较低的长草区域。在指明的情况下才需经历的风险。
Grassed waterway　覆草排水沟。两侧和底部种草的排水沟，防止土壤被水侵蚀。
Grass-faced bunker　草面障碍。见"Bunker"。
Gravel　砂砾。粒径在2毫米以上。
Gravel layer　砂砾层。位于美国高尔夫球协会所规定的表层之下。
Gravitational water　重力水。在重力影响下进入、经过和流出土壤的水。
Green　果岭。直到19世纪的最后10年整个球场都被叫做"果岭"。因此，球场管理人、球场主席以及果岭费等词汇都没有。见"Putting green"。
Green chairman　球场主席。从俱乐部成员中选出或任命的球场负责人。
Green fee　果岭费。打一个轮次球的费用。直到二战时还允许球手打一整天。
Green fee multiplier (GFM)　果岭费用增值。与接近区的收入相对应。Gimmy和Benson（1992）指出，果岭费用增值等于每年球场费用总收入除以每年球场使用总轮次数。
Greenkeeper　球场管理人。指维护球场的负责人，本词汇使用已久。现在通常叫做球场负责人或球场经理。不过，本词汇在美国以外的高尔夫界使用较多，称为球场首要负责人。
Green manure crop　球场肥料作物。如冬黑麦、荞麦或豆类等用于改进土壤的作物。在种草之前播种这种肥料作物已经很少见，但是在种草之前播种防止侵蚀用的作物的方法，还广泛使用着。
Green speed　果岭速度。球从果岭测速器滚出，到停止所经过的距离，用英尺表示。
Greensward or sward　草皮。被草覆盖的土地。
Ground covers　地被植物。覆盖球场不用于打球的区域的植被，不必是草皮。
Ground under repair　待修复之地。明确划定的区域，球手可以拾起或掉下球而不必被罚。
Grout　水泥浆。水和水泥的混合填充物，用于加固泥土构筑的堤坝。
Grow-in　生长期。从播种到球场可以使用的时期。
Grubbing　去根。在推土机上连接一个耙子，去除挖出的根系和石块。
Guesstimate　估计。预测的专业说法，包含臆断，主要用于球场开发的早期阶段。比"大致正确"的数字要精确。
Gutta percha ball　古塔胶球。19世纪中期发展起来的一种球，一直使用到19世纪末，比起它之前出现的羽毛高尔夫球，它更耐用、更经济，而且飞行距离更远，因而对高尔夫球人口的增加有重要影响。见"Ball (golf)"。

H

Halfway house　中途点。一间棚屋或者装修精美的所在，提供茶点和休息设施。
Hand level　手握式水准仪。测量坡度的水准仪，握在手中使用。

Hand scraper 手扶铲土机。钢铁制成的机器，最初用畜力或其他动力驱动。机器上安有手柄供人操纵，可以装满或倾倒。弗雷斯诺和滑动铲土机都是手扶铲土机。

Hands-on 手动。专业词汇，指依靠人来控制操作的工作。

Hardpan 硬质地层。坚硬而且通常不透水的下层土。

Hard water 硬水。溶有较多矿物质的水。

Harrow 耙。一种农具，用于翻松土块，备好苗床。

Haskell or hard-cored ball 哈斯克尔球或实心球。古塔胶球之后出现的球，飞行距离更远，用于较远的球洞。见"Ball (golf)"。

Haul road 拖曳路。球场建设中临时修建，用于拖曳材料用的道路。

Head 液压。在一定水位之上，水的高度，用英尺计。这个高度可以换算成每平方英寸水的压力，用磅计算，换算时用高度乘以0.4335。用磅计算的水的压力也可以乘以2.30，从而换算成水的高度。

Heather 石南。见"Links plants"。

Heaving 起伏。通过不断交替地冻结和融化土壤，破坏植物根系。

Heavy metals 重金属。密度较大的金属，例如镉、钴、铬、铜、锌等。在某些情况下对草皮有毒，不过仍是植物所需的元素。

Heroic design 风险设计。为球手提供冒险机会的设计，允许球手选择。风险越大，下一击的优势越大。设计者认为这种设计实际上混合了战略运用和惩罚措施。

Highest and best use 最高和最好的使用。指能获得最大收益的土地使用方式。

Hogback 豚脊丘。球洞区或球道上的拱起的脊，会使球向左或向右偏。

Holding qualities 着地质量。球洞区或球着地点的范围。

Hole 球洞。(1) 建筑师所指的包括球座、深草区、球道、障碍和球洞区的综合体；(2) 球的目标，直径 $4\frac{1}{4}$ 英寸，位于球洞区。

Hook 左曲球。开始时击到右侧，完成时弯到左侧。

Horizons (soil) 地层（土壤）。土壤形成过程中出现的平行的层次。通常如果有三个地层，分别称为A，B，C。

Humic acid and humus 腐殖酸或腐殖质。有机物的最终产品。

Hydraulic fill 水力填充。利用水压进行填充。

Hydro mulching 水力覆盖。利用水力播种机加覆盖层。

Hydroseeding 水力播种。利用水压进行播种。

Hydrosprigging 水力散枝。利用水压散播植物的小枝或小芽。

I

Impervious soil 不渗透土壤。植物根系、空气和水都不能穿过的土壤。

In 入。见"Out and in"。

Industry Standard Bale (ISB) 工业标准捆（ISB）。1蒲式耳包含1.24立方英尺百慕大草枝。ISB 为0.4立方英尺，或是1/3美国容量单位。ISB 也称为佐治亚蒲式耳。得克萨斯蒲式耳和美国蒲式耳相同。

Infiltration 渗入。流入土壤或沙子的液体，与过滤相对应，后者指液体流出。

Integrated Pest Management (IPM) 有害物综合管理。计划管理使用杀虫剂的措施。

综合管理应用甚广,如与草皮质量相关的费用收益、公共健康和环境质量等(Balogh and Walker, 1993)。

Intercepting drain 截水沟。见"Curtain drain"。

Intermediate layer 中间层。根据美国高尔夫球协会的规定,砂砾层和植物根系层之间的粗砂层。

Internal Drainage 内部排水。(1)在土壤中利用重力排水;(2)球场内部排水,与水向上或向下排出球场的方式相对应。

Invert 内侧点。水管内侧的最低点,它决定了池塘的水位。

Iron Byron 铁拜伦。一种检测高尔夫球场设备有效性的装置。它坐落于新泽西远山镇的高尔夫俱乐部,可以用来检测是否高尔夫球能够达到规定的要求。托马斯·W·弗兰克是这个设备的操作者。

K

Kame 小沙丘。岩石上因冰山运动侵蚀而留下的痕迹。

L

Landform 地貌。大地的自然风貌,比如包括湖泊、平地或者山脉。

Landing area 发球区。发球台坐落的区域,每5个标准杆需要2个发球区。

Land poor 条件较差的土地。有些土地因为市场的原因,或者被划定为湿地或文物用地,或者其他的原因,而无法出售,但同时需要交纳土地税,拥有这样的多余土地导致财政困难状况。有多余的无法使用的建筑的用地,叫做建筑障碍用地。

Land tile 陶管。在纵向上中间开孔的陶土管。

Layering in the soil 土层。在建设和工程维护过程中遇到的不合适土壤层。

Lay-up 错击。击球手偏离目标较多的打击。

Leaching 分离。将溶液或者悬浮液中的植物营养元素或者其他物质从土壤里分离。

Length of a course 球场长度。18洞的总长度。

Length of a hole 洞长。从发球座的中心点到果岭中央的水平距离,包括设计的弯草区。

Lie 球位。比赛中球的固定位置,用场地性质来描述。

Light soil 一片质地混杂的土壤。

Links 高尔夫球场。(1)被英国海岸边常见的各种植被覆盖着的起伏的土地;(2)乡村中常见的高尔夫球场,一般树很少而且旁边有一片较大的水体。这个词被Donald ross和其他的一些人推广使用,也用来指内陆的高尔夫球场。

Links plants 高尔夫球场的粗草。在英国海岸比较有代表性的各种粗草。它们包括以下这些品种,其中很多已经被用在高尔夫球场上和其他远离苏格兰的球场上。

Lip 边缘。(1)水坑边的垂直边界;(2)果岭上的球洞的边界。

Loader, front- or rear-end 装货机。在前面或者后面挖掘或者顷卸的机器。

Long-range plan 长期规划。为延续几年的已建成球场的扩建改建工程而做的主要工程的计划。

Lysimeter 溶度计,测渗计。一种用来检测土壤沥出液的数量和质量的仪器。

M

Macroclimate 大气候。主宰一个较大范围区域的天气条件，见"microcliamte"。
Manhole 一个大工作间。可以容纳一个人在里面工作。
Master plan 总体设计。为新建或者改建球场而做的设计方案。
Matched set of clubs 匹配编号的俱乐部。用编号来命名的一组俱乐部，这种命名体系是在1920年开始使用的，取代了以往的实名制命名方式。
Maxwell rolls 麦克斯韦圈。由麦克斯韦在大萧条时期设计的、用在已经开始使用的果岭上的严格的等高线。
Mechanical rake 机械耙。由拖拉机牵引的大耙子用来去除石头、垃圾等并平整土地。
Macroclimate 微气候。在农业上指的是邻近土壤表层的空气层，在高尔夫球场它指的是在温度、光照和湿度方面不同于球场的普遍气候条件的局部地区。
Micronutrients 见"nutrients"。
Minimalism 最低要求。为了塑造高尔夫球场的地形而需要移动的最少土石方量。
Minor elements 见"nutrients"。
Mitigation 缓解。（1）在干燥土地上创造湿地以弥补场地上其他地方湿地的减少；（2）减少对使用湿地的需求；（3）限制使用湿地，比如说限制高尔夫球手打球时穿越湿地。
Mixing 见"off-site and on-site mixing"。
Mobilization 动员。集中场地上的工作人员和设备进行建设，也包括获得股份和保险，建设工程指挥部、医疗设施和停车设施。
Mole 莫尔式弯管。深耕铲或者其他设备0后部的弹头形或者鸡蛋形的钢球，用来开挖土层下方的临时排水管。
Mound 土墩。小山丘，或者小沙丘。
Movement 移动。由于对土丘和沙丘等的艺术性雕刻而进行的移动。
Muck 见"peats"。
Mulch 覆盖物。覆盖种子或者幼苗防止风雨侵蚀、保存水分和减少蒸发的物质。
Municipal facility 公共设施。由公共组织或者团体所有的设施，比如市政府、镇政府或者州政府。

N

Nap 见"grain"。
National resources conservation service (NRCS) 从1995年开始继承UCDA土壤保护组织的团体，他们为土地耕作者提供土壤的技术性服务。
Ninety degree rule 90°规则。一个不成文的规定，要求高尔夫球手在离开高尔夫小车穿越球道时必须选择正确的角度。
Nutrients 营养物。氮、磷、钾是植物必需大量摄取的营养物质，而微量元素则是植物必需的少量的营养物质，比如铁、硫、镁、钙、硼、铜、锌、钼等等。

O

Off-site and on-site mixing 在场内或者场外的混合,在果岭或者正在建设的场地上进行草种的混合。在场内的混合使用大犁，在场外的混合使用混合器。

(The) old course 老球场。在高尔夫范畴中，特指位于苏格兰安德鲁的老球场。

Organic matter 有机物。土壤中不同腐蚀程度的动植物残骸。

Out and in 1890年以前，球场往往向外扩展9个洞，叫做out；然后在场地内增加9个洞，叫做in或者home。现在out和in分别指最初的9个洞和其后的9个洞。

Outfalls 排水口的另一种说法。

Overseeding 再铺草。(1) 在暖季草上面播种冷季草以在冬天保持绿色；(2) 在现有的草皮上播种其他草种，改变其类型；(3) 在草皮较薄的地方铺草，不改变其他地方的草皮。

P

Pan (equipment) (1) 运送土壤的铲土机；(2) 土壤中密实的一层。

Parkland 公用场地。(1) 在场地内散落的有树木和草皮的小块场地；(2) 划定为高尔夫球场的用地。见"English parks"。

Particle size 颗粒尺寸。土壤、砂土或者细砂石的颗粒直径。

Pea gravel or pea stone 颗粒直径在1/4~3/8英寸之间的细砂石。

Peats 下面几种物质部分降解形成的有机物：

沉积物质——作为土壤调节物质，很少或者几乎没有价值。

粪类物质——可降解的物质和矿石的混合，作为土壤调节物质作用有限。

草类物质——降解的芦苇，可以提供一些土壤调节作用。

腐殖质——从腐烂的芦苇中提取的已经腐烂的物质。

藓类腐殖质，或者叫做泥炭藓——一种很有价值的土壤调节物质。

Penal design 固定设计。因为避免灾害而使设计方案受到限制，没有其他的球路可以选择。

Perched water table 承压水。在地下水位以上的一层水，它的存在对于国际标准高尔夫球场的果岭建设至关重要。地表下渗的水遇到这一层时停止，由众多的草根形成了一层水体保护膜。当地表水压力加大时，这一层的界面向下移动，多余的水分通过排水管被排走。

Percolation 过滤。水分在土壤中向下的流动。

Permeability 渗透性。土壤在输送水分、养分、空气等方面的能力。

pH 酸性。pH值为7时表示中性，低于7为酸性，高于7为碱性。其值为溶液中氢离子浓度的对数值。见"reaction"。

Pitch and run 在空中短暂的飞行以后落地滚过一阵。

Pivot point 轴心。见"bend"。

Plant protection material 植物保护物质。杀虫剂的另一种说法。

Plant succession 连续种植。指一块地上不间断地种植各种不同的植被。这样的连续种植是由管理实践所决定的。

Plateau green 高地上的果岭。在小块的高地（人工的或者自然的）上坐落的果岭。

Plowsole 一个紧密的层。因为在土壤深层长期连续使用酥松剂而形成的。

Plugging (1) 被嵌在土壤或者砂土中的高尔夫球；(2) 一种木塞。

Point drainage 点排水。将地表或者地下的水搜集到一个位置中心的点,并用瓦管或者水管将水排走。

Pore space 毛细空间。土壤颗粒之间的空间。

Porosity 空隙率。在所有土壤总量中毛细空间的比例。

Postage stamp 非常小的入洞空间。最典型的是苏格兰Troon高尔夫球场的第八洞。

Practice fairway; practice area 练习球道、练习空间。因为driving range在司法程序中不允许使用,所以在高尔夫运动中,使用练习球道或者练习空间更合适。见"driving range"。

Practice green 练习果岭。一个为练习而设定的果岭。

Prebid or precontract meeting 预定价或者预承包会议。在承包人递交拍卖文件或者协议之前召开的大会。

Precision course 见"executive course"。

Pregermination of seed 草种的预处理。在水里或者液体营养液里浸泡种子、用来促进草种发芽的方法,往往将草种放在粗棉布口袋里浸泡一整夜。用喷灌的水流播种草籽的方法也可以促进草种发芽。

Primary rough 主要的粗草区。不包括间隔的草皮或者树下的草皮。

Principles of art (design) 艺术原则。包括和谐、比例、均衡、韵律和重心等。

Private facility 私人设施。只对会员开放的设施。

Professional Golfers association of American (PGA) 美国职业高尔夫球手协会,一个有着巨大影响力和活力的职业高尔夫球手的协会。

Profile (soil) 在底层岩石D层之上的垂直层面A、B、C层。

Profile grade 轮廓线。与开挖和填充土壤有关的、地面上或者图纸上的线。

Proposal 协议。和不可商议的拍卖相对的,为工作提供定价或者方法的一个协商的数据或者结果。

Proprietary facility 见"equity 或者 nonequity club"。

Pull 一个朝向目标点偏左的击球,但是不像曲线球那样偏。

Punch bowl 四面被小土丘或者堤岸包围的果岭。

Punch list 在工程接近结束时,建筑设计师列出的未完成的工程清单,或者和专项设计不符合的工程清单。

Pure live seed (PLS) 按重量计,可用的纯净的种子的比例。

Push 一个朝向目标点偏右的击球,但是不像曲线球那样偏。

Push-up greens 在建设果岭中使用的行话,指将原来的表层土回填到果岭表面。

Putting course 只使用一个发球座的高尔夫球场。它可能只有一个大的发球区,或者用一条弯道连接9个或18个小的发球区。

Putting green 目标球洞的果岭。(1)根据高尔夫规则,目标球洞的果岭的全部场地都可以用来做高尔夫球洞,或者是委员会规定的;(2)与练习果岭形成对照。

Q

Quicksand 因为上层水压而形成的不稳定的地下土层。

R

Reaction（soil） 用pH值表示土壤的酸碱度。比如：
　　pH值低于5.5，强酸性
　　pH值在5.6~6.0，中度酸性
　　pH值在6.1~6.5，弱酸性
　　pH值在6.6~7.3，中性
　　pH值在7.4~8.4，中度碱性
　　pH值在8.5~9，强碱性

Rebuilding or reconstructing 在一个已建成球场上的改造工程。

Reclamation 复垦。在非耕地用的上进行的高尔夫球场建设工程。比如废弃地的复垦、岩石地区的改造，或者将盐碱地中的多余可溶性盐分去除使其可以长草。

Redan 位于苏格兰北贝里克郡的经典的第十五洞，也许在高尔夫球场上是适应性最好的球洞。

Redesign 重新设计。在一个已有球场上进行重大变化的设计，经常包括在球路选线上的变化。

Regulation eighteen 标准18洞，足长的18洞球场，往往6000码长或者更长，大多数球洞间距为标准4杆的距离。但是，没有其他明确的规定了。

Relief (landforms) 土地的升高或者下沉。

Relief map 高程图。用曲线、颜色或者阴影反映高度变化的地图。

Remodeling 对一个已有球场的轻微的或者巨大的改动。

Remote rough 在主要粗草区之外的草皮，见"rough"。

Renovation 更新。（1）包括在日常维护之外的重建工作，但是不包括重新建设，一个例子是为一个已有的果岭重新铺草；（2）恢复一个球场为原来的状态。见"restoration"。

Replanting 重新换掉表层土的术语。

Restoration 按照最初设计想法重建一个球洞。

Retention pond 见"detention pond"。

Reversible course 可逆向使用的球场，果岭在两个方向上都能够开放，使得球场也可以逆向使用。在圣安德鲁的老球场就是可逆的。

Revetment 铺面。退成阶梯状的土坡，或者在苏格兰球场常见的草皮墙。

Rhizome 根状茎。长在地面以下的根，和匍匐枝相对，匍匐枝长在地面以上，和地下的根相连。

Riparian rights 河岸权。土地的所有者在他的地界内使用河水的权利。

Riprap 石堤。在池塘或者小溪边上堆砌，用来防止河水侵蚀的石头堆。

Road hole 安德鲁高尔夫老球场的第十七洞。

Rock picker 当石块已经被移动以后，将石块从草地上捡出来的机械设备。

Root pruning (trees) 修剪可能侵蚀草地的树根。

Root zone or topmix 用特殊的沙子、有机物质和其他土壤成分等配置的土壤。

Rough 在高尔夫球场上除了果岭、球道、发球区和障碍物以外的其他部分，包括各种粗草区河树林。

Route plan　路线图。展示18个球洞布置方式的图纸。

(The) Royal and Ancient Golf Club of St. Andrews, Scotland(R&A)　苏格兰安德鲁皇家传统高尔夫俱乐部，作为安德鲁高尔夫爱好者协会，俱乐部的核心组织和USGA合作，共同努力维持高尔夫运动的规则简单、统一，尽量减少变化。

Rub of the green　果岭的摩擦。高尔夫运动的规则中将其定义为"运动中的高尔夫小球，由于外界的力量而偏转或者停止。"

Runoff　径流量。流淌过土壤表面的降水总量。

S

Saline-alkaline soil　盐碱地。因为含有过量的钠或者其他可溶性盐类而严重影响植物生长的土壤。

Saline soil　偏碱性土壤。虽然不是盐碱地，但是含有足以影响草类质量的可溶性盐分的土壤。

Sand　砂子。颗粒直径在0.05毫米至2毫米之间的矿物颗粒。

Sand-faced bunker　见"Bunker"。

Sand trap　用来替代 Sand bunker 的说法。

Schedule-rated pipe　见"Standard Dimension Ratio"。

Scotch broom　见"Links plants"。

Scraper　铲土机。用来挖掘、平整和堆放土壤的机器。

Scraper, slip or Fresno　在第二次世界大战前，在运输和平整土壤中被广泛使用的一种轻型铲土机。它往往包括一个由驴、马或者拖拉机拖拽的平车，并且由一两个工人手动操作，在合适的地方卸下土壤。见"Hand scraper"。

Sediment ponds and basins　沉淀池和沉淀塘。用来沉积水里的沉淀物。沉淀池周年蓄水，沉淀塘有时枯水。

Seeders　播种机。最常用的是水压播种机，利用水力进行播种；撒播的方法是在空中播种；碎土镇压器将耕土、播种和碾砸一并完成；滴种，是将种子滴落在土里。

Seed mixture　种子混合器。将两种或者多种种子混合在一起。参见blend。

Seed purity　种子纯度。在混合物中某一种种子所占的百分比。

Semiprivate facility　半私密设施。不是由所有俱乐部成员共同享用的设施。见："Daily fee course"。

Shale　页岩。泥浆和黏土硬化以后分层形成的岩石。

Shank　以杆击球。用棒的根部击高尔夫球，致使其转向错误方向。

Sheet erosion　见"Erosion"。

Short game　小块场地。在果岭旁边的用来铺草、修剪草地、击球和修复砂坑等。

Shotgun mixture　由几种适合于球道和粗草区的草种混合构成的草种，尤其在轻型割草机和节水滴灌技术等这些提供可控制环境的技术被发明之前，被广泛使用。因为混合的草种最适合在不可控制的环境中生长。

Shot value　命中机率。这是一个比较武断的说法。很多高尔夫球场设计师认为这个词"反映了球洞所需要的击球，以及它对好的或者坏的击球的奖励或者惩罚"，这是高尔夫球场设计师肯尼思·凯廉和理查德·纳哥的说法。

Signature course　著名的球场。由知名设计师设计的球场或者使其设计者成名的球场。

(The) Signature hole　著名的球洞，在设计中被广泛认同的球洞，或者在积分卡上印制的球洞。无论对于业主还是设计师而言，它的公共关系方面的作用是强大的。

Silt　淤泥。颗粒直径在0.02至0.5毫米之间的矿物土壤。

Sixty (60) hertz power　60Hz 电力。在形容电力需求时用来说60圈的专业术语。

Slice　一个向左的击球，但是落在了目标点的右侧。

Slip scraper　见"scraper"。

Slope　见"gradient"。

Slope rating (USGA)　倾斜率。暗示了对于普通球手而言，一个球场在打球方面的难易程度。最低的倾斜率是55，最高的是155，USGA规定了一个标准难易度的球场的倾斜率为113。

Snag　小树枝。(1)从树干上突出来的、死的或者活的尖利的树枝；(2)死的直立的树干。

Soil conditioner　土壤调节器。加入土壤改善其物理性质、对抗杀虫剂的物质，一般多提供矿物质。

(The) Soil Conservation Service (SCS)　见"National Resource Conservation Service (NRCS)"。

Soil horizon　水平土壤层。在生物、化学和物理属性方面不同于上下其他层的肉眼可见的水平土壤层。

Soil map　土壤图。展示土壤类别和边界的图纸。

Soil profile　见"Profile"。

Soil series　土壤系列。NRCS将土壤系列定义为一组在外形和水平高度上类似的土壤。

Soils, heavy　黏土、淤泥和很细的砂子等构成比例很高的无机土。

Soils, light　砂子和碎石构成比例很高的无机土。

Soil structure　土壤结构。土壤颗粒集结成块的组织方式。

Soil texture　土壤机理。砂子、淤泥、黏土等不同颗粒的大小不同决定了不同的土壤机理。

Sole　见"Plowsole"。

Specifications　说明书。描述材料、比例和工程建造方法的书写文件。

Specimen trees　样板树。在美化环境和增加乐趣方面有突出作用的数目。

Spillway　泄洪道。用来排出池塘中过剩水分的河道，包括开敞和封闭的，有闸门的和没有闸门的。

Split fairways　被分割的球道。被长条形的粗草区纵向或者交叉分割的球道。

Spoil　被挪动了位置、用作其他用途的土壤或者岩石。

Sprig　见"Stolon"。

Sprigging　通过扦插或者根植的方法种植植物。见"Stolonizing"。

Stadium course　有看台的球场。有足够的观众席的球场，由彼得·戴和PGA旅游委员会蒂娜·比蒙合作创作。

Standard Dimension Ratio (SDR)　一套用来计算PVC管道压力比率的方法，对于不同规格的管道由同样的压力等级；不像定流管，对于不同规格的管道没有统一的压力等级计算方法。

Starter fertilizer 起始肥料。由多孔物质组成的肥料,一般在种植之前或者种子发芽之后不久施用。

Step cut 位于球道和粗草区之间的几英尺宽的草区,其中的草被修剪地比球道的草稍高,比粗草区的草稍低,但是在比赛时还是作为粗草区使用。

Stimpmeter 一种用来测量果岭速度的仪器。将高尔夫球放在果岭顶端一个固定高度的木钵上,让其自由滚下,测量其滚动的长度,单位是英尺。这个仪器发明于1939年,发明者是爱德华 S·斯廷森,1978年在技术指导员弗兰克 W·汤姆森的领导下,被 USGA 组织重新校准。

Stockpile 储存堆。为将来使用而成堆堆放的土石方或者表层土。

Stolon or sprig 地表上方的茎。具有繁衍再生的能力。

Stolonizing 在18世纪50年代之前,这种利用地上茎再生的方法一直是寒冷潮湿的地区很常用的建造果岭的方法。今天,这种方法很少在冷季草的种植中使用,但是在暖季草的种植中仍然被广泛使用,通常称其为蔓生。它包括在地面上的小洞里种植蔓生植物,在一个区域内大面积地种植,然后在上面覆上表层土。

Storm drainage 暴雨排水系统。在暴雨过后,将球场中多余的降水排走的排水系统。

Strategic design 在发球座到果岭设计有可供选择的不同的路线,球手可以根据需要自由选择。

Stripping 把即将被推平、填充或者开挖建设的地区的表层土挪走。

Strip sodding 条带形草皮。在坡地上的呈条带形的草皮。

Subgrade 土壤下垫面。在碎石、砂土或者表层土下面的土层。

Subirrigation 地表下灌溉。在地平面以下进行的土壤灌溉。

Subsoiling 下层土的碎化。用比较深的犁或者凿子,打破下层土的密实的结构。

Sump 污水坑。在土壤中向下开挖出的坑,用来蓄水,并将蓄满的水从其中导出或者泵出。

Superintendent 负责人。(1)曾经一度被称为果岭保护人,负责维护和保养高尔夫球场。这些负责人的组织叫做美国高尔夫球场负责人协会(GCSAA);(2)在建设过程中负责项目的人员。

Surrounds 附近小块地带。在果岭周边的区域,包括但不局限于水池、洼地、土丘或者下陷的土地。

Sustainable land management 可持续的土地管理。(1)增强土壤肥力、使其持久有效的土壤管理;(2)伴随着挑选使用较少杀虫剂和肥料的草种而进行的建设和维护工作。

Swale 水洼。大约一到两英尺深的浅水池,可以使表层的水在此汇集,再流到排水口。

Sward 见"Greensward"。

Swale 洼地。1或者2英尺深、引导表层水至出水口的浅水渠。

Sward 草皮。见"greenward"。

T

Tackifiers 黏结物:在表面固定附着物时使用的材料,如汽油提纯物、乳胶、橡胶、胶状黏土、焦油等。

Tanbark　鞣制革。皮革产业的副产品。在球场中，这种材料暂时被用作高尔夫小车或者步行路。

Target golf　高尔夫目标。在分离的球道上的球洞附近的参照物。

Tee　置球座。（1）放置发球区标志杆的区域。以前被称作置球箱；（2）放置高尔夫小球的桩，从那里球被击打出去。

Teeing ground　发球区。根据高尔夫规则，这是发球的区域，由发球区标志杆所界定的、以两个高尔夫球杆长度做进深的区域。

Tee markers　发球区标志杆。木制的或者类似的杆状物，界定发球区外边界。

Tender　标书、估价单。一个在美国很少使用，但是在其他国家被广泛使用的词语。

Texas Bushel　见"Industry Standard Bale（ISB）"。

Thatch　茅草。在土壤表层或者接近土壤表层的、活的或者死的、腐烂的或者没有腐烂的有机残留物。

Through the green　除去发球区、入洞区和障碍物以外的整个球场区域。

Tiller　在草本植物的叶片鞘外面向上生长的茎。

Tilth　耕过的土地。和结构相关的描述土壤结构的术语。

Top dressing　表层覆土。在草坡等多处覆盖特殊的土壤或者砂土。

Top-load　吊顶卸载。形容用大的电铲来装卸卡车的装卸用语。

Topographical plan（or topo）　地形图。一张展示等高线分布的地图。见"Base map"。

Total Revenue Multiplier（TRM）　总资产乘数。在销售中用来评估高尔夫球场价值的一个指标，即用销售价格除以所有固定资产成本。

Total soluble salts　所有可溶盐分。通过电传导试验确定的所有可以被水溶解的盐分。

Trace elements　见"Nutrients"。

Track　球道。和course用作同义词。

Transit　经纬仪。用来测量距离的测量仪器。

Transpiration　呼吸作用。植物释放水分到空气中的过程。见"Evapotranspiration rate"。

Trench rock　壕沟岩石。在挖掘壕沟的过程中遇到的、比一般岩石个头更大的岩石或者卵石。

Trickle drain or tube　滴水管。池塘中垂直的溢水管。水管顶部的高度决定了池塘的水面高度。但是，可以通过打开池塘底部的阀门给池塘排水。

Truck yardage　见"Bank yardage"。

Turf and tree nursery　草皮和树木养护区域。另辟一块区域修护草皮和培育树木，以备后期使用。

Turnkey project　全承包的项目。由设计师或者工程监管者，承担负责并提供一个完整可用的球场。

U

United States Golf Association　（USGA）美国高尔夫协会。美国高尔夫运动的管理组织。

United States Golf Association Green Section　美国高尔夫协会绿色委员会。美国高尔夫协会的负责草皮的部分。

Unlimited budget　无限制预算。不受资金限制的预算。在设计圈中，往往说设计者可以超过预算进行设计。

Untouchable or unreachable　无法触及的。高尔夫设计师汤姆杜克用来形容很长的第五杆设计，即使是最长的击打也很难能够在两击内达到。

USGA green　按照 USGA 绿色委员会的规定进行设计并建造的果岭，能够快速排水，还包含一个位于高处的水池，能够在枯水季节当作蓄水池用。

V

Valuation Approaches　评估方法。吉米和本生（1992）提出的三个标准：成本、销售比较和收入资本化程度。

Variety　多样化。见"Cultivar"。

W

Warm-season grasses　暖季草。在温暖的地区繁殖生长的草种。

Washed sod　被冲刷的草皮。由于冲刷的作用，表面的土壤和沙石颗粒都已经不存在的草皮。

Water bars　水栅栏。缓缓的堤岸、犁沟、洼地或者类似的地貌，出现在陡峭的斜坡上，可以改变陡坡上水流的方向。

Water hazard　水体障碍。根据高尔夫规则，水体障碍包括任何开场水面或者水道，不管是否充满了水。

Watershed　分水岭。水排向池塘或者小溪的地面，统称为分水岭。

Water or moisture retention　地下水量。在土壤中存留的水分的多少，等于降雨量，人工的或者自然的，减去径流量，包括渗透水。

Water table　地下水位线。在这条线以下，土壤中的水分是饱和的。

Wetlands　湿地。根据保勒和沃克（1993）的说法，湿地包括各种沼泽、泥潭、池塘、壶穴等类似区域。需要综合应用水文学、植物学和土壤学的知识来识别湿地。

Wilting (wet and dry)　枯萎（干湿）。植物的枯萎源于缺水，相反，当饱和的土壤因为缺氧而无法吸收更多的水分时，"湿"枯萎由此发生。

Windows　（1）提供整个球场的视野的区域；（2）在树木和构筑物之间，清除出必要的空间，以便看到远处的景观或者邻近的球洞；（3）高尔夫球的观众视线不被遮挡的区域。

Windrow　狭长列。把土、石头、树桩或者其他材料堆成一列，便于装卸和运输。

Wood ash　木炭灰。根据植物生理学家的看法，灰是由木头被彻底燃烧后留下的不挥发的氧化物和金属盐（比如钠、钙、磷、镁、铁或者非金属原子，比如硅）组成的。木炭灰是磷肥的重要来源，它有时被用来提高土壤的 pH 值。

Working drawings　施工图。设计者绘制的、为施工者开始工作而准备的图纸。

译后记

书稿即将付梓，这是一件让人兴奋的事情，因为在我们看来，翻译本书是一项既有乐趣又充满挑战的工作。高尔夫球运动在我国开展的时间不长，设计经验的积累才刚刚开始，更不必说历史地、客观地看待该项运动的演变、正确理解其发展阶段并以此指导实际设计工作。而在所有这些方面，本书都给我们很多帮助。

作者凝聚多年设计经验于本书，详细地描述了高尔夫球场设计师在工作中涉及到的各个环节，着重指出了一些容易出现的技术漏洞并阐明其解决方法，对于设计师的实践有很强的参考价值。

设计工作的各方面是紧密相连的。例如高尔夫球场的总体布局形式和选择的草种类型有关，进而和球场场地的土质有关等等。如何创造性地合理调配和利用各种既有因素，是设计的艺术。

但是如果仅将本书视作一本实用技术手册，则有可能枉费了作者的苦心。在翻译过程中，让我更有感触的是，作者通过介绍高尔夫球运动诞生和演变的过程，向读者展示了高尔夫球运动在不同经济状况下，在不同地域、气候条件下，各自适应而衍生出各异的形式。优秀的设计师并不是一味照搬现有图纸，而总是因地制宜地创造出好作品，一并向打球者的智力和体力发出挑战。另一方面，在很多场地条件上都有可能做出好的作品。作者在书中列举了许多不同类型的球场实例。在我国现阶段的设计工作中，这一点也许对于设计者更有意义。

本书的翻译工作由四人完成。其中孟宇翻译第四—七章及部分附录；王崇烈翻译第十二章、第十七章；李蕊芳翻译其余章节并统稿；杜鹏飞组织翻译。

我们在翻译中，虽已尽心尽力，仍不免多有纰缪，欢迎读者指正。

译者　李蕊芳